博碩文化

AI崛起 網路行銷的14堂關鍵必修課

ChatGPT UI/UX・行動支付・駭客・廣告・SEO
直播・Google Analytics・AI多媒體

胡昭民 著

- ☑ 系統且全面地說明網路行銷基礎概念，速懂E-Marketing架構精要
- ☑ 運用大量圖表結合分析工具，示範解析數位行銷商機趨勢
- ☑ 應用ChatGPT協助日常生活大小事與數位行銷推廣
- ☑ 利用AI多媒體技術打造吸引消費者互動及觀看的圖像影音
- ☑ 嚴選經典行銷案例，分享精采的全球網路創意，實務應用解析
- ☑ 重點行銷Tips、統整行銷專業術語，強化學習回顧及深入思考

作　　者：胡昭民
責任編輯：Cathy

董 事 長：曾梓翔
總 編 輯：陳錦輝

出　　版：博碩文化股份有限公司
地　　址：221 新北市汐止區新台五路一段 112 號 10 樓 A 棟
　　　　　電話 (02) 2696-2869　傳真 (02) 2696-2867

發　　行：博碩文化股份有限公司
郵撥帳號：17484299　戶名：博碩文化股份有限公司
博碩網站：http://www.drmaster.com.tw
讀者服務信箱：dr26962869@gmail.com
訂購服務專線：(02) 2696-2869 分機 238、519
（週一至週五 09:30 ～ 12:00；13:30 ～ 17:00）

版　　次：2024 年 10 月初版

建議零售價：新台幣 680 元
I S B N：978-626-333-997-2
律師顧問：鳴權法律事務所 陳曉鳴律師

國家圖書館出版品預行編目資料

網路行銷的 14 堂關鍵必修課：ChatGPT.UIUX.
行動支付.駭客.廣告.SEO.直播.Google
Analytics.AI 多媒體 / 胡昭民著 . -- 初版 . --
新北市：博碩文化股份有限公司 , 2024.10
　　面；　公分

ISBN 978-626-333-997-2(平裝)

1.CST: 網路行銷 2.CST: 網路社群 3.CST: 電
子商務

496　　　　　　　　　　　　　　113015451

Printed in Taiwan

歡迎團體訂購，另有優惠，請洽服務專線
博 碩 粉 絲 團　(02) 2696-2869 分機 238、519

序

　　網路行銷本質其實和傳統行銷一樣，主要差別在於溝通工具不同，現在可以透過網路通訊整合文字、聲音、影像與圖片，讓行銷標的變得更為生動與即時。簡單的說，網路行銷就是指在網際網路上從事商品促銷、議價、推廣及服務等活動，進而達成企業行銷的最後目標。

　　本書包含了最詳盡網路行銷的觀念解析，全書完整且詳實介紹網路行銷相關議題、重要觀念及最新行銷工具，精彩篇幅包括：

- 網路行銷的必修黃金入門課
- 網路經濟的商務與科技應用藍圖
- 顧客關係管理的超強集客祕笈
- 保證課堂上學不到的贏家行動行銷攻略
- 流量變現金的電商網站與 App 設計
- 秒殺拉客的網路行銷熱門宮心計
- 觸及率翻倍的社群行銷關鍵心法
- 大數據淘金術與精準智能行銷
- 買氣紅不讓的影音搶錢行銷
- 網路資安、倫理與法律 - 商機之外，小心！駭客就在你身邊
- 網路行銷未來贏家攻略與 Google Analytics 神器
- 專案企劃 - 打造集客瘋潮的遊戲產品行銷
- 超強大聊天機器人 -ChatGPT 與網路行銷
- AI 多媒體科技輕鬆打造吸睛網路行銷
- 老鳥鐵了心都要懂的最夯網路行銷專業術語

另外，因應 AI 時代的來臨，本書也加入了「地表最強聊天機器人 -ChatGPT 與網路行銷」及「AI 多媒體科技輕鬆打造吸睛網路行銷」等單元，店家或品牌若能善用目前最新的「AI 多媒體技術」，應可以打造吸睛、吸引消費者互動及觀看的圖像內容及影音素材，更有助提升社群的效果和消費體驗。

為了讓讀者可以接觸較新的網路行銷觀念，除了保有最完備的網路行銷資訊外，在各章節中也安排各種熱門議題的探討，這些精彩的單元包括：電子商務、物聯網與網路行銷、差異化行銷、顧客關係管理、行銷自動化、銷售自動化、顧客關係管理系統、顧客關係管理系統的種類、網路行銷與資料庫、行動行銷、行動裝置線上服務平台、達人必學的 App 行銷術、行動支付的熱潮、網路行銷通路模式、行動行銷創新亮點發展與應用、電子商務交易安全機制、邊緣運算、電商網站製作流程、響應式網頁設計、UI/UX、電商網站經營成效評估、網路廣告、按鈕式廣告、widget 廣告、原生廣告、即時競價廣告（RTB）、電子郵件行銷與電子報行銷、聯盟行銷、搜尋引擎行銷、Google 登錄行銷、關鍵字廣告、臉書行銷，Instagram 行動行銷、大數據行銷、大數據相關技術 –Hadoop 與 Sparks、人工智慧與智能行銷、聊天機器人、YouTube 影音王國、微電影爆紅行銷、臉書直播行銷、Instagram 直播行銷、YouTube 直播、資訊倫理、智慧財產權、網路侵權與犯罪、網路行銷的量化指標、虛擬實境行銷、擴增實境（AR）行銷、智慧家電行銷、網紅行銷、元宇宙行銷、數據分析神器、遊戲行銷…等。

本書中各種網路行銷的實例，儘量輔以簡潔的介紹方式，期許各位可以最輕鬆的方式了解這些重要新議題，我們相信這會是一本學習網路行銷最新理論與實務兼備的最佳工具書。

目錄

Chapter 01 網路行銷的必修黃金入門課

Chapter 02　網路經濟的商務與科技應用藍圖

Chapter 03 顧客關係管理的超強集客祕笈

目錄

Chapter **05** 流量變現金的電商網站與 App 設計

Chapter 06　秒殺拉客的網路行銷熱門宮心計

Chapter 07 觸及率翻倍的社群行銷關鍵心法

Chapter 08 大數據淘金術與精準智能行銷

Chapter 09 買氣紅不讓的影音搶錢行銷

Chapter **12** 地表最強的專案企劃
打造集客瘋潮的遊戲產品行銷

Chapter **13** 超強大聊天機器人－ **ChatGPT 與網路行銷**

Chapter **14**　**AI 多媒體科技輕鬆打造吸睛網路行銷**

Appendix **A** 老鳥鐵了心都要懂的最夯網路行銷專業術語

01
CHAPTER

網路行銷的
必修黃金入門課

我們的生活受到行銷活動的影響既深且遠，行銷的英文是 Marketing，簡單來說，就是「開拓市場的行動與策略」，行銷策略就是在有限的企業資源下，盡量分配資源於各種行銷活動，基本的定義就是將商品、服務等相關訊息傳達給消費者，而達到交易目的的一種方法或策略。

🌀 行銷活動已經和現代人日常生活形影不離

我們從廣義的角度來說明行銷，就是將商品、服務等相關訊息傳達給消費者，而達到交易目的的一種方法或策略，關鍵在於贏得消費者的認可和信任。如果是以狹義的角度來說，行銷就是對市場進行分析與判斷，繼而擬定策略並執行，也就是指在預算許可之下，進行上市行銷推廣策略擬定、營運操作、活動規劃、活動執行時程控管、目標達成設定與追蹤、媒體廣告分析等相關事項。

1-1 行銷、品牌與網路消費者

Peter Drucker 曾經提出：「行銷的目的是要使銷售成為多餘，行銷活動是要造成顧客處於準備購買的狀態。」行銷不但是一種創造溝通，並傳達價值給顧客的手段，也是一種促使企業獲利的過程，不管你在職場裡擔任什麼職務，這是一個人人都需

要行銷的年代，我們可以這樣形容：「在企業中任何支出都是成本，唯有行銷是可以直接幫你帶來獲利」，市場行銷的真正價值在於為企業帶來短期或長期的收入和利潤的能力。

在各位開始深入行銷領域時，經常會發現行銷的定義、內容與方式，會隨著科技與環境的演進而與時俱進。以往傳統的商品行銷策略中，大都是採取一般媒體廣告的方式來進行，例如報紙、傳單、看板、廣播、電視等媒體來進行商品宣傳，傳統行銷方法的範圍通常會有地域上的限制，而且所耗用的人力與物力的成本也相當高。

產品發表會是早期傳統行銷的主要模式

不過當傳統媒體的廣告都呈現衰退時，網路新媒體卻不斷在蓬勃成長，現在可透過網路的數位性整合，讓行銷的標的變得更為生動與即時，並且可以全年無休，全天候 24 小時的提供商品資訊與行銷服務。

生動吸睛的網路廣告，讓消費者增加不少購物動機

1-1-1 品牌行銷的小心思

現代的行銷最後目的，我們可以這樣形容：「行銷是手段，品牌才是目的！」。品牌（Brand）就是一種識別標誌，也是一種企業價值理念與商品品質優異的核心體現，甚至品牌已經成長為現代企業的寶貴資產，品牌建立的目的即是讓消費者無意識地將特定的產品意識或需求與品牌連結在一起。

時至今日，品牌或商品透過網路行銷儼然已經成為一股顯學，近年來更成為一個熱詞進入越來越多商家與專業行銷人的視野。

在產品與行銷的層面上，有些是天條，不能違背，網路行銷的第一步驟就是要了解你的產品定位，並且分析出你的目標受眾（Target Audience, TA），品牌更需要

🛒 蝦皮購物為東南亞及台灣最大的行動購物平台

去理解自己「存在的價值」，以及「為誰而服務」，最重要的是要能與目標受眾引發「品牌對話」的效果。過去企業對品牌常以銷售導向做行銷，忽略顧客對品牌的定位認知跟了解，其實做品牌就必須先想到消費者的獨特需求是什麼，而不能只想自己會生產什麼。

TIPS　目標受眾（Target Audience, TA）又稱為目標顧客，是一群有潛在可能會喜歡你品牌、產品或相關服務的消費者，也就是一群「對的消費者」。

在現今消費者如此善變的時代，顧客對你的第一印象取決於你們品牌行銷的成效，而且品牌滿足感往往會驅動消費者下一次回購的意願，例如最近相當紅的蝦皮購物平台在進行網路行銷的終極策略就是「品牌大於導購」，有別於一般購物社群把

目標放在導流上，他們堅信將品牌建立在顧客的生活中，建立在大眾心目中的好印象才是現在的首要目標。

1-1-2　揭開網路消費者的面紗

網際網路的迅速發展，改變了大部分店家與顧客的互動方式，並且創造出不同的行銷與服務成果，傳統消費者的購物決策過程，通常是想到要買什麼，再跑到實體商店裡逛逛，一家家的比價和詢問，必須由店家將資訊傳達給消費者，並經過一連串心理上的購買決策活動，最後才真的付諸行動，稱為 AIDA 模式，主要是讓消費者滿足購買需求的過程，所謂 AIDA 模式說明如下：

- **注意（Attention）**：網站上的內容、設計與活動廣告是否能引起消費者注意。
- **興趣（Interest）**：產品訊息是不是能引起消費者興趣，包括產品所擁有的品牌、形象、信譽。
- **渴望（Desire）**：讓消費者產生購買欲望，因為消費者的情緒會去影響其購買行為。
- **行動（Action）**：使消費者立刻採取行動的作法與過程。

全球網際網路的商業活動，仍然持續高速成長，也促成消費者購買行為的大幅改變，根據各大國外機構的統計，網路消費者以 30-49 歲男性為多數，教育程度則以大學以上為主，充分顯示出高學歷、青壯族群與相關專業人才，多半是網路購物主要客群。相較於傳統消費者來說，網路消費者可以使用網路收集（Search）資料，提升對商品了解的速度；另外，購買商品後也會主動在網路上分享（Share），給予商品體驗後的評價。這些購物經驗更會影響其往後的購物決策，因此網路消費者的模式就多了兩個 S，也就是 AIDASS 模式，代表搜尋與分享產品資訊的意思。

各位平時有沒有一種體驗,當心中浮現出購買某種商品的欲望,你對商品不熟,通常會不自覺打開 Google、臉書(Facebook)、IG 或搜尋各式網路平台,搜尋網友對購買過這項商品的使用心得或相關經驗,或專注在「特價優惠」的網路交易,購物者通常都會投入很多時間在這個產品搜尋的過程,特別是年輕購物者都有行動裝置,很容易用來尋找最優惠的價格,所以搜尋是網路消費者的一個重要特性。

搜尋與分享是網路消費者的最重要特性

此外,喜歡分享也是網路消費者的另一種特性之一,網路最大的特色就是打破了空間與時間的藩籬,與傳統媒體最大的不同在於「互動性」,由於大家都喜歡在網路上分享與交流,分享是行銷的終極武器,除了能迅速傳達到消費族群,也可以透過消費族群分享到更多的目標族群裡。

1-1-3　網路行銷的定義

隨著電子商務優勢得到高度認同與網路行銷技術的日趨成熟,店家可以利用較低的成本,開拓更廣闊的市場,**網路行銷**(Internet Marketing)或稱為數位行銷(Digital Marketing),本質上其實和傳統行銷一樣,最終目的都是為了影響目標消費者並達成交易,主要差別在於溝通工具不同,現在則可透過電腦與網路科技的數位性整合,使文字、聲音、影像與圖片可以整合在一起,讓行銷的標的變得更為生動、即時與多元。

由於網路行銷的龐大市場和多變特性,許多企業經營者一直在積極發展這個領域。網路行銷可以看成是企業整體行銷戰略的一個組成部分,是為實現企業總體經營目標所進行,也是一種雙向的溝通模式,能幫助無數在網路成交的電商網站創造訂單創造收入,跟所有其他行銷媒體相比,網路行銷的轉換率(Conversation Rate)及投資報酬率 ROI(Return of Investment)最高。

轉換率（Conversion Rate）就是網路流量轉換成實際訂單的比率，訂單成交次數除以同個時間範圍內帶來訂單的廣告點擊總數。投資報酬率（Return of Investment）則是指透過投資一項行銷活動所得到的經濟回報，以百分比表示，計算方式為淨收入（訂單收益總額－投資成本）除以「投資成本」。

網路行銷的定義就是藉由行銷人員將創意、商品及服務等構想，利用通訊科技、廣告促銷、公關及活動方式在網路上執行。簡單的說，就是指透過電腦及網路設備來連接網際網路，並且在網際網路上從事商品促銷、議價、推廣及服務等活動，進而達成企業行銷的最後目標。對於行銷人來說，任何可能的行銷溝通管道都有必要去好好認識，特別是傳統媒體與網路媒體的大融合，絕對是品牌與行銷人員不可忽視的熱門趨勢。

1-2 網路行銷的特性

隨著網路數位化時代來臨，地理疆界已被完全打破，行銷概念因為網路而做了空前的改變，網路行銷的模式不但具備全年無休，全天候 24 小時提供商品資訊與宣傳服務的功能，更可以隨時追蹤網友如何與品牌互動的軌跡。在網路世界獨特運作規則下，自然呈現全新的行銷哲學，也將帶來 e 世代的網路行銷革命。各位要做好網路行銷，必須先認識網路行銷的五種特性：

🔊 網路行銷的五種特性

1-2-1　互動性

　　網路最大特色就是打破了空間與時間的藩籬，與傳統媒體的不同在於「互動性」，不僅不會取代店家與消費者間的互動，反而提供了多種溝通模式，包括了線上瀏覽、搜尋、傳輸、付款、廣告及線上客服討論等，店家可隨時依照買方的消費與瀏覽行為，即時調整或提供量身定做的資訊與產品，買方也可以主動在線上傳遞服務要求。

用心回覆訪客貼文是提升商品信賴感的方式之一

🏅 晶華酒店透過 Facebook 與消費者互動

　　一個線上購物的網站，要達到行銷的目的，不只要有優質的內容，還要思考如何讓內容與消費者產生互動，傳統媒體都是由店家主導行銷活動，網路的互動性讓消費者可依個人喜好選擇各項行銷活動，還可延伸服務的觸角，以轉換為真正消費的動力。互動性就是一種精準行銷的模式，網路行銷的重點不再是店家對顧客的了解程度，而是讓顧客成為行銷的一部份，網路上買賣雙方可以立即回應，有效提高行銷範圍與加速資訊的流通，還可以透過線上數位機制來進行顧客滿意度調查、線上意見表、線上留言板、討論區、電子郵件等，無形中拉近買賣雙方的距離，提供消費者一種量身定做的尊榮體驗。

互動性可說是威力強大的行銷特質，店家透過網路對話、溝通以及資訊的交換，即時回覆功能對有問題的消費者來說非常便利，企業可以即時反應市場需求，不僅能夠以訂單為測試基礎，還可以獲得顧客的其他資料與建議。特別是科技快速進步及新冠疫情（Covid-19）流行所帶來的重大影響，消費者行為與購物習慣更多變，品牌與顧客必須進行更深層互動，再創造對話與反饋，讓顧客真實的反應呈現出來，服務品質也因而提升。

1-2-2　個人化

　　真實世界的商業行為與網路虛擬世界結合，多元化的購物網站提供消費者很多選擇機會，網路行銷並非單單只有意味廣告自己的網站，過去的消費者行為中，顧客必須向店家表達個人需求，才能獲得客製化的商品。現在當消費者進行特定商品諮詢或是準備購買某一項商品時，馬上能讓消費者有這個網站是專門為我設計的感覺，因為店家可以根據過去記錄、分析、歸類使用者的瀏覽行為，馬上提供個人化相關的購物建議，也可將行銷訊息精準傳達給目標族群，同時獲得改善網站產品與服務的能力。

獨具特色的客製化商品在網路上大受歡迎

　　全球熱愛網路消費的使用者，會經常使用網路購買各類商品，同時也促成消費者購買行為的大幅度改變，因為消費者多半只想收到對自己有價值的訊息，也使得具備「個人化」（Personalization）特色的商品大為流行，這意味著未來品牌將與消費者共同策劃體驗，以反映他們在任何時刻的喜好。「個人化」就是透過過去所蒐集的數據與資料，依照客戶個人經驗所打造的專屬行銷內容，因為唯有量身定做的商品才能快速擄獲客戶的心，未來的網路行銷勢必定走向客製化的趨勢，包括顧客的忠誠度、競爭優勢及洞悉高價值顧客關係的能力，來優化消費者體驗，因而對品牌產生正面印象。

1-2-3　全球化

　　隨著上網人口的持續成長，全球化整合是今天前所未見的行銷市場趨勢，因為網路無遠弗屆，所以範圍不再只是特定的地區或社團，也能使商業行為跨越文化與國家藩籬，遍及全球的無數商機不斷興起。對業者而言，可讓商品縮短行銷通路，全世界每一角落的網民都是潛在的顧客，也可以將全球消費者納入店家商品的潛在客群，不管我們走在台北、東京或紐約等城市的街頭，許多知名品牌的商品顯然都在進行**全球化行銷**（Global Marketing）。

🔘 ELLE 時尚網站透過網路成功在全球發行

　　國與國之間的經濟邊界已經不存在，全球化競爭更加白熱化，線上交易模式打破傳統的金錢交易方式，所以範圍不再只是特定地區，反而是遍及全球，藉由公司跨入網際網路的領域，小型公司也具有與大公司相互競爭的機會。網路行銷幫助了原本只有當地市場規模的企業擴大到國際市場，藉由多國語言網站的建置，可以讓潛在顧客與供應商等合作夥伴快速連結，直接進行全年無休的全球化行銷體驗。

　　同時全球化帶來前所未有的商機，由於網路科技帶動下的全球化的效應，Chris Anderson 於 2004 年首先提出**長尾效應**（The Long Tail）的現象，也顛覆了傳統以暢銷品為主流的觀念。長尾效應其實是全球化所帶動的新現象，只要通路夠大，非主流需求量小的商品總銷量也能夠和主流需求量大的商品銷量抗衡。

　　由於實體商店都受到 80/20 法則理論的影響，多數店家都將主要資源投入在 20% 的熱門商品（Big Hits），不過全球產業都有電子商務化的趨勢，因為能夠接觸到更大的市場與更多的消費者。過去一向不被重視，在統計圖上像尾巴一樣的小眾商品，因為全球化市場的來臨，眾多小市場匯聚成可與主流大市場相匹敵的市場能

量，可能就會成為意想不到的大商機，足可與最暢銷的熱賣品匹敵。全家前董事長潘進丁認為：「麻雀的尾巴一旦拉長，也會變成鳳凰。」，就像實體店面也可以透過虛擬的網路平台，讓平常迴轉率（Turnover Rate）低的商品免於被下架的命運。

🔊 全家超商成功利用長尾效應讓業績成長

商品迴轉率（Merchandise Turnover Rate）是指商品從入庫到售出時所經過的這一段時間和效率，也就是指固定金額的庫存商品在一定的時間內週轉的次數和天數，可以作為零售業的銷售效率或商品生產力的指標。

1-2-4 低成本

電子商務的競爭優勢，已經得到企業高度的認同，由於網路商店的經營時間是全天候，消費者可以隨時隨地利用網際網路進行購物，企業透過低成本網路行銷推廣，進行品牌宣傳來贏取訂單，開拓更廣闊的市場。網路行銷溝通管道多元化，讓原來企業和消費者間資訊不對稱狀態得到改善，這比起傳統媒體，例如出版物、廣播、以及電視，網路行銷擁有相對低成本的進場開銷金額，超過傳統媒體廣告

的快速效益回應。網路行銷已經進入一個高速發展的階段，經營之道必須不斷創新以及提供附加價值，才能使客戶不斷地回流，因為全球化與網際網路去中間化（De-Centralization）的優點，能夠提升效率與降低營運成本，創造品牌能見度及知名度，開拓更廣闊的市場。

🌑 易遊網經常舉辦許多實惠的低價促銷活動刺激買氣

1-2-5 可測量性

隨著消費者對網路依賴程度越來越高，網路媒體可以稱得上是目前所有媒體中滲透率最高的新媒體，消費者可依個人的喜好選擇各項行銷活動，而廣告主也可針對不同的消費者，提供個人化的廣告服務。網路行銷不但能幫助無數電商網站創造訂單與收入，而且網路行銷常被認為是較精準行銷，主要由於它是所有媒體中極少數具有「可測量」特性的數位媒體，可具體測量廣告的成效，因為更精確的測量就是成功行銷的基礎，這個「可測量性」使網路行銷與眾不同，不管哪種行銷模式，當行銷活動結束後，店家一定會做成效檢視，如何將網路流量帶來的顧客產生實質交易，做為未來修正行銷策略的依據。

在網路世界中客戶對購物的體驗旅程是不斷改變，成功網路行銷一定需要可靠的數據來追蹤行銷成果，選擇正確的測量指標，重視從接觸到完成銷售的整個過程，不僅能幫店家精準找出目標族群，還能有效評估網路行銷和線下銷售的連結，由於網路數據的可偵測性，使網路行銷成為市場競爭的利器，可以發揮傳統行銷所無法發展的境界。

🔊 Google Analytics(GA) 是免費且功能強大的網路行銷流量分析工具

1-3 網路新媒體的旋風

隨著 Web 技術的快速發展，打破過去被傳統媒體壟斷的藩籬，與新媒體息息相關的各個領域出現了日新月異的變化，而這一切轉變主要是來自於網路的大量普及。今天以網路為主的新媒體，更是現代網路行銷成長的重要推手，傳統媒體也受到了威脅而逐漸式微，因為在網路工具的精準分析下，新媒體能夠創造更有價值的潛在客群。

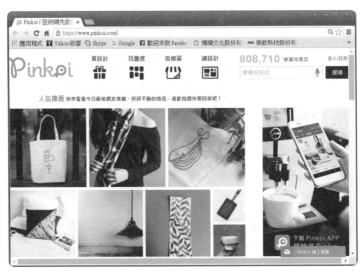

網路新媒體讓許多默默無名的商品一夕爆紅

1-3-1　什麼是新媒體？

新媒體（New Media）是目前相當流行的網路新興傳播形式，相對傳統四大媒體－電視、廣播、報紙和雜誌，在形式、內容、速度及類型所產生的根本質變。所謂「新媒體」就是不同於傳統媒體的媒體，可以視為是一種結合了電腦與網路新科技，涵蓋了所有數位化的媒體形式，讓使用者能有完善分享、娛樂、互動與取得資訊的平台，具有資訊分享的互動性與即時性。因為閱聽者不只可以瀏覽資訊，還能在網路上集結社群，發表並交流彼此想法，包括目前炙手可熱的 Facebook、推特、行動影音、網路電視（IPTV）等都可以算是新媒體的一種。

1-3-2　新媒體的發展現況

新媒體時代的來臨，傳統或現有主流媒體的資訊生產模式已漸漸式微，大家早已厭倦了重覆強迫式的單向傳播方式，現在觀看傳統電視、閱讀報紙的人數正急速下滑，閱聽者加速腳步投入新媒體的懷抱，傳統媒體的影響力和廣告收入，正被新

媒體全面取代與侵蝕。在資訊爆炸的年代，媒體的角色更加重要，人們對新聞和資訊的需求永遠不會消失，傳統媒體要面對的問題，不僅是網路新科技的出現，更是閱聽大眾本質的改變，他們已經從過去的被動接收訊息，逐漸轉變成主動傳播，這種轉變對於傳統媒體來說既是危機，也是新的轉機，如果說傳統媒體提供了資訊，那麼新媒體除了資訊之外，也提供了閱聽者體驗。

🎙 素人網紅－蔡阿嘎，坐擁百萬龐大粉絲群

　　新媒體本身型態與平台一直快速轉變，在網路如此發達的數位時代，很難想像沒有手機，沒有上網的生活如何打發。過去的媒體通路各自獨立，未來的新媒體通路必定互相交錯連結。傳統媒體必須嘗試滿足現代消費者隨時隨地都能閱聽的習慣，尤其是行動用戶增長強勁，各種新的應用和服務不斷出現，經營方向必須將手機、平板、電腦等裝置都視為是新興通路，節目內容也要跨越各種裝置與平台的界線，真正讓媒體的影響力延伸到每一個角落。

　　我們可以看到隨著多媒體技術發展和寬頻基礎設施不斷擴增下，網路影音串流正顛覆我們的生活習慣，宅商機的家用娛樂市場因此開始大幅成長，加上數位化高度發展打破過往電視媒體資源稀有的特性，網路影音入口平台再次受到矚目，傳統電視頻道的最強競爭對手不再是同業，而是網路電視。**網路電視**（Internet Protocol

Television, IPTV）也是一種快速發展的新媒體模式，透過網際網路來進行視訊節目的直播，提供觀眾在任何時間、任何地點來自行選擇節目，能充份滿足現代人對數位影音內容即時且大量的需求。

愛奇藝上的延禧攻略已經下載超過 200 億次

網路電視充分利用網路的即時性以及互動性，提供觀眾傳統電視頻道外的選擇，觀眾不再只能透過客廳中的電視機來收看節目，越來越多人利用智慧型手機或行動裝置看電視。只要有足夠的網路頻寬，網路電視提供用戶在任何時間、任何地點可以任意選擇節目的功能，因為在網路時代，終端設備可以是電腦、電視、智慧型手機、資訊家電等各種多元化平台。

例如在網路時代，網路發展加上公民力量的崛起後，吸引網民最有效的管道，無疑就是社群媒體，趁勢而起的社群力量也造就了新媒體進一步的成長。例如 2011 年「茉莉花革命」（或稱為阿拉伯之春）如秋風掃落葉般地從北非席捲到阿拉伯地區，引爆點卻是 Facebook 這樣的新媒體，一位突尼西亞年輕人因為被警察欺壓，無法忍受憤而自焚的畫面，透過 Facebook 等社群快速傳播，透過朋友間串連、分享、社團、粉絲頁，與 Facebook 上懶人包與動員令的高速傳遞，創造了互動性與影響力強大的平台，頓時讓長期積累的民怨爆發為全國性反政府示威潮，進而導致獨裁 23 年領導人流亡海外，接著迅速地影響到鄰近阿拉伯地區，如埃及等威權政府土崩瓦解，這場革命運動對媒體的真正意義，一方面是傳統媒體的再進化，另一方面是這群人共同建構了以網路科技為中心的新媒體契機，因此才能快速地將參與者的力量匯聚起來。

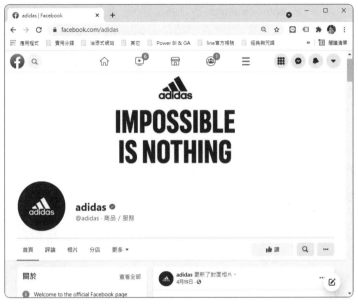

🛒 Facebook 是台灣最大的社群新媒體

1-4 網路 STP 策略規劃－我的客戶在哪？

　　企業所面臨的市場就是一個不斷變化的環境，消費者也變得越來越精明，首先我們要了解並非所有消費者都是你的目標客戶，企業必須從目標市場需求和市場行銷環境的特點出發，特別是應該要聚焦在目標族群，透過環境分析階段了解所處的市場位置，再透過網路 STP 規劃確認自我競爭優勢與精準找到目標客戶。網路 STP 規劃與傳統行銷規劃大致相同，所不同的是網路 STP 規劃在流程上更重視顧客思維與考量。

美國行銷學家 Wended Smith 於 1956 年提出 S-T-P 的概念，STP 理論中的 S、T、P 分別是**市場區隔**（Segmentation）、**市場目標**（Targeting）和**市場定位**（Positioning）。在企業準備開始擬定任何行銷策略時，必須先進行 STP 策略規劃，因為不是所有顧客都是你的買家，STP 的精神在於選擇確定目標消費者，然後定位目標市場，找到合適的客戶。通常不論是行銷規劃或是商品開發，第一步的思考都可以從 STP 策略規劃著手。

可口可樂的 STP 規劃相當成功

1-4-1　市場區隔

隨著網路市場競爭的日益激烈，產品、價格、行銷手段越發趨於同質化，店家或品牌應該要懂得區隔其他競爭市場，將消費者依照不同的需求與特徵，把某一產品的市場劃分為若干消費群的市場分類過程。「市場區隔」（Market Segmentation）是指任何企業都無法滿足市場的所有需求，應該著手建立產品差異化，行銷人員根據現有市場的觀察進行判斷，在經過分析潛在的機會後，接著便在該市場中選擇最有利可圖的區隔市場，並且集中企業資源與火力，強攻下該市場區隔的目標市場。

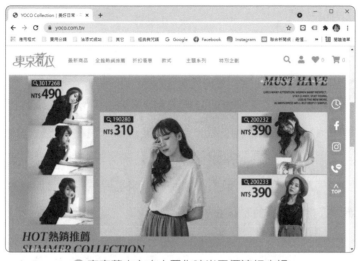

🖥 東京著衣主攻大眾化時尚平價流行市場

　　這個道理就是店家想辦法吸引某些特定族群上門，絕對比歡迎所有人更能為企業帶來利潤。例如東京著衣創下了網路世界的傳奇，更以平均每二十秒賣出一件衣服，獲得網拍服飾業中排名第一，就是因為打出了成功的市場區隔策略。東京著衣的市場區隔策略是以台灣與大陸的年輕女性，所追求大眾化時尚流行平價衣物為主。許多人希望能以低廉的價格買到物超所值的服飾，東京著衣讓大家用平價實惠的價格買到喜歡的優質商品，並以不同單品穿搭出風格多變的造型，更進一步採用「大量行銷」來滿足大多數女性顧客的需求，更可以依據不同區域的消費屬性，透過「顧客關係管理」系統（Customer Relationship Management, CRM）的分析來設定，達到與消費者間最良好的互動溝通。

 「顧客關係管理」（Customer Relationship Management, CRM）是由 Brian Spengler 在 1999 年提出，最早開始發展顧客關係管理的國家是美國。CRM 的定義是指企業運用完整的資源，以客戶為中心的目標，讓企業具備更完善的客戶交流能力，透過所有管道與顧客互動，並提供適當的服務給顧客。

1-4-2　市場目標

　　隨著網路時代的到來，比對手更準確地對準市場目標，是所有行銷人員所面臨最大的挑戰，**市場目標**（Market Targeting）是指完成了市場區隔後，就可以依照企業的區隔來進行目標選擇，把適合的目標市場當成最主要的戰場，將目標族群進行更深入的描述與追蹤。網路數位浪潮的衝擊來勢洶洶，現在對於行銷者來說，最重要的是聚焦目標消費者群體，創造對需求快速發展的行動用戶端競爭優勢，設定那些最可能族群，就其規模大小、成長、獲利、未來發展性等構面加以評估，並考量公司企業的資源條件與既定目標來投入。

漢堡王成功地與麥當勞的市場做出市場目標區隔

　　例如麥當勞遙遙遠遠領先漢堡王分店的數量，因此漢堡王針對麥當勞在成人市場行銷與產品策略不夠的弱點，而打出麥當勞是青少年們的漢堡，並開始主攻成人與年輕族群的市場，配合大量的網路行銷策略，大聲喊出成人就應該吃漢堡王的策略，以此區分出與麥當勞全然不同的市場目標，而帶來業績的大幅成長。

1-4-3 市場定位

市場定位（Positioning）是檢視企業向目標市場的潛在顧客所訂定商品的價值與價格位階。市場定位是 STP 的最後一個步驟，也就是根據潛在顧客的意識層面，為企業立下一個明確不可動搖的層次與品牌印象，創造企業在主要目標客群心中與眾不同、鮮明獨特的印象。各位會發現做好市場定位的店家，行銷人員可以透過定位策略，讓企業的商品與眾不同，並有效地與可能消費者進行溝通，當然市場定位最關鍵的步驟是跟產品的訂價有直接相關。

例如 85 度 C 的市場定位是主打高品質與平價消費的優質享受服務，將咖啡與烘焙結合，甚至聘請五星級主廚來研發製作蛋糕西點，以更便宜的創新產品進攻低階平價市場。因為許多社會新鮮人沒辦法消費星巴克這種走高價位的咖啡店，85 度 C 就主打平價的奢華享受，咖啡只要 39 元就可以享用，大規模拓展原本不喝咖啡的年輕消費族群來店消費，這也是 85 度 C 成立不到幾年，已經成為台灣飲品與烘焙業的最大連鎖店。

🔊 85 度 C 全球的市場定位相當成功

1-5　網路行銷的 4P 組合

行銷人員在推動行銷活動時，最常提起的就是行銷組合，所謂**行銷組合**，各位可以看成是一種協助企業建立各市場系統化架構的元件，藉著這些元件來影響市場上的顧客動向。美國行銷學學者 Jerome McCarthy 在 60 年代提出了著名的 4P 行銷組合（Marketing Mix），所謂行銷組合的 4P 理論是指行銷活動的四大單元，包括產品（Product）、價格（Price）、通路（Place）

與促銷（Promotion）等四項，也就是選擇產品、訂定價格、考慮通路與進行促銷等四種。

4P 行銷組合是近代市場行銷理論最具劃時代意義的理論基礎，屬於站在產品供應端（Supply Side）的思考方向，奠定了行銷基礎理論的框架，為企業思考行銷活動提供了四種淺顯易懂的分類方式。通常這四種元素要互相搭配，才能提高行銷活動的最佳效果。在網路行銷時代，基本上就是一個創新而且競爭激烈的市場，4P 理論是傳統行銷學的核心，對於情況複雜的網路行銷觀點而言，4P 理論的作用相對就弱化許多。因此我們必須重新來定義與詮釋網路的新 4P 組合。

1-5-1　產品

產品（Product）是指市場上任何可供購買、使用或消費以滿足顧客欲望或需求的東西，隨著市場擴增及消費行為的改變，產品策略主要研究新產品開發與改良，包括了產品組合、功能、包裝、風格、品質、附加服務等。如果沒有好的產品，再好的行銷策略也不會奏效。產品的選擇更關係了一家企業生存的命脈，成功的企業

必須不斷地了解顧客對產品的需求，當廠商面對產品市場銷貨量逐步下滑時，另一方面就必須開發新產品。

在過去的年代，產品只要本身賣相夠好，自然就會大賣，然而在現代競爭激烈的網路全球市場中，往往提供相似產品的公司絕對不只一家，顧客可選擇對象增多了。我們必須明白，顧客是一群喜新厭舊的人們，如果競爭對手能提供更好的產品或服務，產品取代性就會上升。二十一世紀初期手機大廠諾基亞以快速的創新產品設計及提供完整的手機功能，一度曾經在手機界獨領風騷，成為全世界消費者趨之若鶩的手機，不過隨著行動世代的快速來臨，因為錯失智慧型手機產品的生產而瀕臨崩壞。反觀國內手機大廠宏達電，由於新產品策略的成功而帶來公司業績的成長。

🖥 宏達電對於新產品的研發不遺餘力

產品的內容包括了實體產品與虛擬產品兩種，實體產品有電視、電腦、衣服、書籍文具等，虛擬產品就是無實體的商品，包括服務、數位化商品、影片、電子書、軟體等。例如以 B2B 電子商務中相當熱門的一個領域一應用軟體租賃服務業

（Application Service Provider, ASP）就是販賣虛擬產品為主，企業只要透過網際網路或專線，以租賃的方式向提供軟體服務的供應商承租，即可迅速導入所需之軟體系統，並享有更新升級的服務。

🔴 偉盟系統是國內相當知名的 ASP 軟體服務公司

在網路行銷的世界裡，訪客可能永遠不會給你第二次機會去認識你的產品，通常網路上最適合的行銷產品是流通性高與低消費風險的產品，如熟悉的日用品、3C消費性電子產品等，不過也可以利用產品組合，讓顧客有更多選擇，並增加其他產品的曝光率。

1-5-2　價格

店家或品牌可以根據不同的市場定位，配合制定彈性的價格（Price）策略，其中市場結構與效率都會影響定價策略，包括了定價方法、價格調整、折扣及運費等，再看看競爭者推出類似產品的價格水準，價格往往是決定產品銷售量與營業額的最關鍵因素之一，也是唯一不用花錢的行銷因素。

麥當勞以不定期降價行動來吸引消費者

　　顧客就像水一樣，水總會往低處流，我們都知道消費者對高品質、低價格商品的追求是永恆不變的。選擇低價政策可能帶來「薄利多銷」的榮景，卻不容易建立品牌形象，高價策略則容易造成市場上叫好不叫座的無形障礙。由於網路購物能降低中間商成本，並進行動態定價，價格決策須與產品設計、配銷、促銷互相協調。傳統定價方式往往是將消費者因素排斥到定價體系之外，沒有充分考慮消費者利益和承受能力。在現代競爭激烈的網路全球市場中，「貨比三家不吃虧」總是王道，消費者在購物之前或多或少都會到幾個自己常去的網站比價，因為網路上提供相似產品的公司絕對不只一家，消費者可選擇對象增多了，因此價格決定了商品在網路上競爭的實力。

🏩 Trivago 提供保證最低價格的全球訂房服務

　　產品的價格絕對不是一成不變的，隨著競爭者的加入及顧客需求的改變，價格必須予以調整，才能訂出具有競爭力且能被顧客接受的合理價格。消費者對於所要購買的產品，在心目中會有一個合理的價格，店家必須以消費者需求為基準點來提供，而不是一廂情願自行訂出價格。例如運費高低也是顧客考量價格的關鍵之一，低運費不僅能吸引顧客買更多，也能改善消費體驗，並且吸引顧客回流。

1-5-3　通路

　　通路（Place）是由介於廠商與顧客間的行銷中介單位所構成，通路運作的任務就是在適當的時間，把適當的產品送到適當的地點。隨著越來越競爭的市場，迫使廠商越來越重視通路的改善，掌握通路就等於控制了產品流通的咽喉，1978 年統一企業集資成立統一超商，將整齊、明亮的 7-ELEVEn 便利商店引進台灣，掀起台灣零售通路的革命。

🔴 7-ELEVEn 擁有台灣最大的實體零售通路

通路的選擇與開拓相當重要,掌握通路就等於控制了產品流通管道。這幾年來,許多以網路起家的品牌,靠著對網購通路的了解和特殊行銷手法,成功搶去相當比例的傳統通路的市場。由於網路通路的運作相當複雜且多元,讓原本的遊戲規則起了變化,行銷人員必須審慎評估,究竟要採取何種通路型態才能順利銷售產品,不論實體或虛擬店面,只要是撮合生產者與消費者交易的地方,都屬於通路的範疇,也是許多品牌最後接觸消費者的行銷戰場。

🔴 燦坤 3C 也成立了燦坤快 3 網路商城,強調 3 小時快速到貨

1-5-4 促銷

促銷（Promotion）或者稱為推廣，就是將產品訊息傳播給目標市場的活動，透過促銷活動試圖讓消費者購買產品，以短期的行為來促成消費的增長。每當經濟成長趨緩，消費者購買力減退，這時促銷工作就顯得特別重要，產品在不同市場周期時要採用什麼樣的行銷活動與消費者溝通，如何利用促銷手腕來感動消費者，配合廣告及公開宣傳來拓展市場，讓消費者真正受益，實在是行銷活動中最為關鍵的課題。

PC home 購物經常舉辦促銷活動來刺激買氣

網路行銷的最大功能其實就是店家和顧客間能直接溝通對話，由於削弱了原有的批發商、經銷商等中間環節的作用，終端消費者會因此得到更多的實惠。促銷無疑是銷售行為中最直接吸引顧客上門的方式，在網路上企業可以以較低的成本，開拓更廣闊的市場，加上網路媒體互動能力強，最好搭配不同工具進行完整的促銷策略運用，並讓促銷的效益擴展成行動力，精確地引導網友採取實際消費行動。

486 團購網經常推出俗擱大碗的促銷活動

　　例如近年來團購被市場視為「便宜」代名詞，琳瑯滿目的團購促銷廣告時常充斥在搜尋網站時的頁面上，成為眾多精打細算消費者紛紛追求的一種現代與時尚的購物方式。由於團購的商品多以店家提供的服務內容為主，在店家資源有限的情況下，往往會限時限量。他們的宗旨是以消費者為核心的模式，並持續開發有一定品質的店家與之合作，完全由消費者來主導商家提供的服務與價格，讓商家可以藉由團購網的促銷吸引大量人氣，呈現給消費者最美好的店家體驗，給店家最有效的精準行銷，也能使最在乎 CP 值的消費者搶到俗擱大碗的商品。

1-6　網路的 4C 組合

　　4P 理論主要是由上而下的施行原則，重視產品導向而非消費者導向，所追求的是企業利潤最大化。隨著網際網路與電子商務的興起，對於情況複雜的網路行銷觀點而言，單純 4P 理論的作用就相對要弱化許多。1990 年 Robert Lauterborn 提出了與傳統行銷的 4P 相對應的 4C 行銷理論，分別為顧客（Customer）、成本（Cost）、便利

（Convenience） 和 溝 通（Communication），對於網路時代而言，促使行銷理論由原來的重心—4P，逐漸往 4C 移動。

4C 就是一種以消費者為導向的 4P 升級模型，網路行銷理論中這 4P 必須與 4C 相對應，才能把顧客整合到整個行銷過程中，在滿足顧客需求的同時，最大限度地實現企業目標的一種雙贏的行銷模式。企業首先應該把以顧客需求為目標，以「注意消費者」為座右銘，因為未來企業的競爭不會是在價格或產品，而是「顧客體驗」，其次是努力降低購買成本，接著要注意購買便利性，最後更要學習以消費者為中心的互動溝通，也就是提供顧客更便利的環境，並追求顧客利益最大化。

🛒 4C 行銷理論

1-6-1　顧客（**Customer**）

當企業計畫推出每一件新產品時，不是急於制定產品策略，或者先考慮企業準備生產什麼產品，反而必須要很明確思考潛在顧客的需求與欲望（Customer's needs and wants）。一個成功的網路店家必須不斷地了解顧客對於產品的真正需求，因為目前最主流的產品行銷趨勢則是「顧客導向」，進而研究新產品開發與改良。在考慮產品策略的過程中，建立好的品牌形象，往往是贏得顧客青睞的最重要因素。

例如全球知名化妝品公司雅芳（Avon）以一句『雅芳比女人更了解女人』的廣告詞，塑造出品牌鮮明的形象，滿足了目標的客群，因為企業提供的不應該只是產品和服務，更重要的是由此產生的顧客價值。未來商業核心與市場利基的決定就是顧客需求，行銷如同打仗，當擁有越完整有用資訊，獲得勝利的機會就越高，行銷人員可以藉由大數據（Big Data）分析，將消費者的意見化為改善產品的參考一句，創造讓顧客認為：「這就是我想要的！」的口碑。

🔊 「比女人更了解女人」的信念讓雅芳成功建立了顧客忠誠度

TIPS 大數據（又稱大資料、海量資料、big data），由 IBM 於 2010 年提出，主要特性包含三種層面：大量性（Volume）、速度性（Velocity）及多樣性（Variety）。由於數據的來源有非常多的途徑，大數據的格式也將會越來越複雜，甚至大數據也在美國大選中為歐巴馬陣營的競選活動提供大量的參考資訊，並成功打贏選戰。

1-6-2 成本（Cost）

　　面對全球化的商業競爭，企業現今所面對的市場競爭是有增無減，必須暫時把行銷組合的定價策略放一邊，成本因素已經不單是企業的生產成本，或者說 4P 策略中的價格部份，它還包括顧客的購買成本。傳統的定價方式將消費者排斥到定價體系之外，沒有充分考慮消費者的利益和承受能力，企業必須首先了解和研究顧客，不要依照競爭者或者自我的獲利策略定價，而是要透過一系列分析來了解消費者為滿足需求所願付出的成本為基準點來提供產品，而不是一廂情願訂出價格。

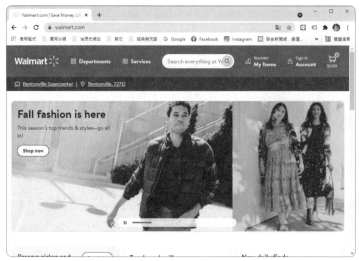

🛒 Walmart 卓越的成本管控績效保證了對消費者天天低價的承諾

　　例如全球零售業巨擘 Walmart 是控制成本費用的專家，高級的倉儲和資訊系統使得它的管理費用降低了 16%，在物流運營過程中盡可能降低成本，以縮短送貨時間，把節省後的成本提供較低價格回饋顧客。消費者只要一想到購物，腦袋中就會出現 Walmart 應有盡有的完美品牌印象，許多消費者寧願走比較遠的路到 Walmart 購物，而不在附近的商店購買，Walmart 特別提出「一站式購物」（one-stop shopping）概念，讓所有上門的顧客在商場可以一次滿足所有需求的購物環境，同時保證了對消費者天天低價的承諾。雖然企業為了追求利潤，期待採取高毛利戰略，然而在網路時代企業，必須設法在消費者容忍的價格限度內來增加利潤，真正充分考慮顧客願意支付的成本，短期似乎減少了企業利潤，但從長期效應來看，從網路上面帶來更大的銷售額將會有快速的成長，並在此基礎上獲得更多業績的成長。

1-6-3　便利（Convenience）

　　「還要讓我等多久？」、「到底什麼時候會到貨？」這些是所有電商會普遍碰到顧客抱怨的最頭痛問題，也幾乎是網路購物者最在意的問題，這個問題主要與購物

的便利性息息相關。企業不再只是觀察市場而是積極參與市場，從參與中了解市場需求。現代人由於工作和生活的忙碌，必須思考如何給消費者方便買到此產品，不再以企業的角度思考行銷組合的相關通路策略，而是如何讓消費者更直接快速取得產品與得到更滿意的服務。購買的便利性也是消費者利益的一部分，與傳統的行銷管道相比，新的行銷觀念更重視服務環節。在銷售過程中強調為顧客提供便利，讓顧客既買到商品也買到便利，例如在各大便利超商、大賣場、超市、網路、販賣機等能販售，或是透過如快遞、宅配、郵局、海外航空快遞等方式，送貨範圍可以覆蓋到全國各地甚至國外，從而使讀者的整個購買過程更加輕鬆便利。

IKEA 的物流與供應鏈管理整合相當成功

世界知名大廠 IKEA 在物流政策上就是以客戶的便利性為主，例如將商品從設計開始就徹底模組化，商品大都以配件為主流，並採用好運送的平整包裝模式，達到多層疊放的優點，讓消費者可以很方便地搬運及組裝商品，提高了運輸便利和降低運輸成本。IKEA 更區隔成高低兩種流動型物流中心來存放商品，大幅降低 IKEA 的物流與時間成本，並讓供應鏈的每個環節都徹底發揮最大效率，以最低成本即時供應出貨。

供應鏈（Supply Chain）就是產品從製造端到消費端的過程，包含原物料取得、製造、倉儲，以及配送等，範圍包括了上游供應商、製造商到下游分銷商、零售商以及最終消費者等成員。早期供應鏈只要求生產與製造的穩定供貨，其來源是由許多上、中、下游的合作廠商活動所連接組成的網路結構。

1-6-4　溝通（Communication）

行銷不再只是關注被客戶看到的次數，更在於消費者的參與和溝通，企業與顧客進行積極有效的雙向溝通，了解消費者對產品及服務的評價，促進產品與服務的改進及創新，建立基於共同利益的新型商務關係。網際網路互動的本質允許企業增加更多管道與互動，行銷人員為了研究顧客的特性與喜好，必須進行各種研究，有些企業還會透過網路行銷計畫來建立與顧客的關係。

中華航空的華夏會員服務提供會員雙方溝通的平台

大部份的傳統廣告大多是單向推廣，缺乏雙向的溝通，網路行銷則是一種「互動式行銷」，企業可以透過網路將產品與服務的資訊提供給顧客，也可以讓顧客參

與產品或服務的規劃。網路行銷其實就是企業和顧客間能直接溝通對話,由於削弱了原有批發商、經銷商等中間環節的作用,終端消費者會因此得到更多的實惠。例如航空公司的哩程數計畫,透過網路消費者在決策時有許多隨時更新的資訊可供參考,並維繫企業與消費者的良好關係,進而提升滿意度,如果顧客對企業的產品或服務不滿意,將承諾給予顧客合理的補償,以此來建立顧客長期關係。

1-7 手機遊戲行銷的 SWOT 分析

SWOT 分析(SWOT Analysis)是由世界知名的麥肯錫諮詢公司所提出,又稱為態勢分析法,是一種很普遍的策略性規劃分析工具,也是最經典的行銷分析法。在這個資訊發達的年代,網路行銷越來越普及,我們可以採用 SWOT 分析來探討有關網路行銷所具備的相對優勢與劣勢。行銷企劃人員具備的最基本分析能力,就是針對企業或品牌做內外部環境分析,當使用 SWOT 分析架構時,面對的四個構面分別是企業的優勢(Strengths)、劣勢(Weaknesses)、與外在環境的機會(Opportunities)和威脅(Threats),就此四個面向去分析行銷策略的競爭力。

🔊 手機遊戲已成為目前主流的遊戲平台

行銷人員可作為分析企業競爭力與網路行銷規劃的基礎架構,優勢部份可列出企業的核心競爭優勢,劣勢部份則可以考慮企業有哪些弱勢層面,解決的策略共有 4 種:提升優勢、降低劣勢、把握可利用的機會與消除潛在威脅。

接下來我們將實際利用 SWOT 來分析台灣手機遊戲產業策略的競爭力,由於遊戲產業變化非常快速、產品類型也多,從最早的單機遊戲、線上遊戲到近年來崛起的手機遊戲又造成一股狂熱,現在打開電視,10 支廣告中可能有高達 7 成比例是手機遊戲,更令全球遊戲行銷市場產生重大變化。對於遊戲產品而言,開發遊戲就等

於其他產業的商品研發，從開發一個產品開始，就代表必須要思考如何行銷，行銷方法的轉變是必須更符合人們的習慣與行為，特別是如何制定一個好的行銷策略對遊戲商業模式的成功更是至關重要。

1-7-1 優勢（Strengths）：企業內部優勢

在各國遊戲業者紛紛朝向全球化經營的趨勢下，隨著線上與線上交易規模不斷擴大，傳統通路商的優勢不再，將傳統便利超商的通路行為，導引到行動支付，有效改善遊戲付費體驗，這對於遊戲公司內部的獲利能力，更有機會大幅提升。對於遊戲產品而言，遊戲行銷的巨大變化。最顯著的一個變化就是從傳統桌機行銷轉向以網路為中心的行銷，網路所帶來行銷方式的轉變更能即時符合全球玩家的習慣與喜好，各種新的行銷工具及手法不斷推陳出新，傳統媒體與網路媒體的大融合是遊戲行銷人員不可忽視的熱門趨勢，無論你的團隊規模或預算大小，都可以利用網路行銷快速制定適合自己的廣告活動。例如透過世界知名的遊戲與地區社群合作，從而打入不同的地區市場，這些遊戲社群網站的討論區，一字一句都強烈左右著遊戲在當地玩家心中的地位。

遊戲基地 gamebase、巴哈姆特電玩資訊站

1-7-2　劣勢（Weaknesses）：企業內部劣勢

在過去的年代，遊戲產品的種類較少，一款遊戲只要本身夠好玩，東西自然就會大賣，然而在現代競爭激烈的全球市場中，能夠提供類似產品的公司百家爭鳴，顧客可選擇對象增多了，但是市場也慢慢趨向飽和。現在主流遊戲走的都是「Free to play」的免費路線，「免費行銷」就是透過免費提供產品或者服務，達到極小化玩家轉移到自家遊戲的移轉成本，相對於過去以消費者購買點數卡為主，玩家得支付月費才能進入遊戲，因此近幾年遊戲廠商在整體收入方面有逐漸萎縮的趨勢。

🔊 免費行銷方式會讓遊戲產商的獲利減少

1-7-3　機會（Opportunities）：企業外部機會

雖然大量「免費行銷」方式讓整體穩定收入減少，隨著行動科技不斷進步，現在每個玩家都人手一機，可以隨時收到訊息。廠商可以透過各種五花八門的加值服務來獲利，靠著利用走馬燈視窗展示虛擬物品或是觀戰權限、VIP 身分、介面外觀等商城機制來獲利。例如手機轉珠遊戲「神魔之塔」曾經廣受低頭族歡迎，就是官方

經常辦促銷活動送魔法石，並活用社群工具以及跟遊戲網站合作，吸引大量玩家的加入，想要獲得魔法石，全新角色等免費寶物，達到線上與線下虛實合一的效果，畢竟只要能贏得夠多玩家的青睞，對這款遊戲而言始終是佔有競爭優勢。

近年來「宅經濟」（Stay at Home Economic）這個名詞迅速火紅，在許多報章雜誌中都可以看見它的身影，「宅男、宅女」這名詞是從日本衍生而來，暗指許多整天在家中看影片、玩線上遊戲等消費群，然而在這一片不景氣當中，宅經濟帶來的「宅」商機卻創造出另一個經濟奇蹟，也為手機遊戲產業注入一股新的活水。

神魔之塔的行銷手法是令遊戲火紅的關鍵

近年來「宅經濟」這個名詞迅速火紅，在許多報章雜誌中都可以看見。而從日本衍生而來的「宅男、宅女」一詞，在台灣被用來形容足不出戶，整天在家中看影片、玩線上遊戲、逛網路拍賣平台沒其他嗜好的人們，這些消費者只要動動手指頭，即能輕鬆在網路上購物，每一樣商品都可以宅配到家。宅經濟訴求不必出門，一個人生活的選擇，這些為數不少的人也帶動了宅經濟的興起。

1-7-4　威脅（Threats）：企業外部威脅

隨著遊戲市場競爭越來越激烈，必須認真思考外部大環境所帶來的可能風險，許多遊戲新產品的生命週期與以往的作品相較變得越來越短，加上虛擬貨幣及寶物價值日漸龐大，因此有不少針對遊戲設計的寶物取得外掛程式，甚至有些遊戲玩家運用自己豐富的電腦知識，透過特殊軟體（如特洛依木馬程式）進入電腦暫存檔獲

取其他玩家的帳號及密碼，或用外掛程式洗劫對方的虛擬寶物，再把那些玩家的裝備轉到自己的帳號來，讓該款遊戲的公平性受到質疑，導致該款遊戲人數大量減少。

網路上有許多讓玩家交換寶物或購買的網站

> **TIPS** 全球知名的策略大師 Michael E. Porter 於 80 年代提出以**五力分析模型**（Porter five forces analysis）作為競爭策略的架構，他認為有 5 種力量促成產業競爭，每一個競爭力都是對稱關係，透過這五方面力的分析，可以測知該產業的競爭強度與獲利潛力，並且有效的分析出客戶的現有競爭環境。五力分別是供應商的議價能力、買家的議價能力、潛在競爭者進入的能力、替代品的威脅能力、現有競爭者的競爭能力。

1. 網路行銷的定義為何？

2. 請簡述行銷的內容。

3. 何謂行銷組合（Marketing Mix）？

4. 請簡介新媒體的特色。

5. 什麼是網路廣告的「轉換率」（Conversation Rate）及「投資報酬率」（ROI）？

6. 什麼是五力分析模型（Porter five forces analysis）？

7. 試簡述 STP 理論。

8. 請説明 SWOT 分析。

9. 什麼是智慧電視（Smart TV）？

10. 請説明串流媒體（Streaming Media）技術。

11. 網路行銷有哪五種特性？

12. 什麼是網路電視（IPTV）？

13. 請説明長尾效應（The Long Tail）。

14. 什麼是 4C 行銷理論？

02
CHAPTER

網路經濟的商務
與科技應用藍圖

- ⊙ 網路經濟簡介
- ⊙ 認識電子商務
- ⊙ 網路行銷通路模式
- ⊙ 電子商務交易安全機制
- ⊙ 網路科技的發展與應用

隨著電子商務在全球市場得到高度認同，企業可以利用較低的成本，開拓更廣闊的市場，由於網路行銷和電子商務是相輔相成的一體兩面，網路行銷所帶來的潮流已經進入一個高速發展的階段，在各位要進入網路行銷的專業範疇時，首先就必須對網路經濟與電子商務有基本認識。

圖片來源：http://www.toyota.com.tw

圖片來源：https://store.sony.com.tw

🏆 網站的多元化行銷內容是吸引廣大客群的關鍵因素

　　蒸氣機的發明帶動了工業革命，網路的發明則帶動了**網路經濟**（Network Economy）與商務革命，改變了無數企業經營模式，也改變了大眾的消費模式，以無國界、零時差的優勢，提供全年無休的服務。尤其是市場上逐漸興起一股電子商務風潮，更期待建立有別於傳統型式的商業交易行為。

2-1 網路經濟簡介

　　在二十世紀末期，隨著電腦的平價化、作業系統操作簡單化、網際網路興起等種種因素組合起來，帶動了網路經濟的盛行，更帶來數位化科技的衝擊與變革。從技術的角度來看，人類利用網路通訊方式進行交易活動已有幾十年的歷史了，網路經濟就是利用網路通訊進行傳統的經濟活動的創新模式，而這樣新的經濟型態正以極快的速度影響著社會經濟與徹底改變人們的生活。網路經濟是一種分散式的經

濟，帶來了與傳統經濟完全不同的模式，最重要的優點就是可以去除中間化，降低市場交易成本，整個經濟體系的市場結構也出現了劇烈變化，這種現象讓自由市場更有效率地運作。在傳統經濟時代，價值來自產品的稀少珍貴性。

🌐 網際網路帶來了現代社會與經濟的巨大變革

對於網路經濟所帶來的網路效應（Network Effect），有一個很大的特性就是產品價值取決於其使用人數的規模，透過網路無遠弗屆的特性，一旦使用者數目跨過門檻，也就是越多人持有這個產品，那麼它的價值自然越高。網際網路突破了傳統的國家、地區界限，使整個世界緊密聯繫起來，並且產生了新的外部環境與經濟法則，全面改變了世界經濟的營運框架，Downes 與 Mui 提出了以下四大定律是促進全球化網路經濟的因素：

■ **梅特卡夫定律（Metcalfe's Law）**：3Com 公司的創始人 B. Metcalfe 於 1995 年的 10 月 2 日專欄上提出網路的價值是和使用者的平方成正比，稱為「梅特卡夫定律」，是一種網路技術發展規律，也就是使用者越多，其價值便大幅增加，產生大者恆大之現象，對原來的使用者而言，反而產生的效用會越大。

- **摩爾定律（Moore's Law）**：由 Intel 名譽董事長 Gordon Mores 於 1965 年所提出，表示電子計算相關設備不斷向前快速發展的定律，主要是指一個尺寸相同的 IC 晶片上，所容納的電晶體數量，因為製程技術的不斷提升與進步，造成電腦的普及運用，每隔約十八個月會加倍，執行運算的速度也會加倍，但製造成本卻不會改變。

- **擾亂定律（Law of Disruption）**：由唐斯及梅振家所提出，結合了「摩爾定律」與「梅特卡夫定律」的第二級效應，主要是指社會、商業體制與架構以漸進的方式演進，但是科技卻以幾何級數發展，社會、商業體制都已不符合網路經濟時代的運作方式，遠遠落後於科技變化速度，當這兩者之間的鴻溝越來越擴大，使原來的科技、商業、社會、法律間的漸進式演化平衡被擾亂，因此產生了所謂的失衡現象與鴻溝（Gap），就很可能產生革命性的創新與改變。

- **公司遞減定律（Law of Diminishing Firms）**：是指由於摩爾定律及梅特卡夫定律的影響之下，網路經濟透過全球化分工的合作團隊，加上縮編、分工、外包、聯盟、虛擬組織等模式運作，將比傳統業界更為經濟有績效，進而使得現有公司的規模有呈現逐步遞減的現象。

2-2 認識電子商務

全球電子商務市場正蓄勢待如發飛越式的增長，根據市場調查機構 eMarketer 的最新報告指出，2021 年的全球零售電子商務銷售額將可成長至 5 兆美元，電子商務市場能有現在的發展，主要歸功於為網路上無所不在的客群、建立了更優惠的價格和快速出貨的物流平台，不論是傳統產業或新興科技產業都深深受到電子商務這股潮流的影響。

年輕人沉迷的線上遊戲也可算是一種電子商務型態

　　由於今日實體與虛擬通路趨於更完善的整合，都使電子商務購物環境日趨成熟，從 Amazon 對 Walmart 造成威脅，到阿里巴巴屢次在 1111 光棍節創下令人瞠目結舌的銷售額，電子商務（Electronic Commerce, EC）讓現代商務活動具有安全、可靠、便利快速的特點，沒有了時間及空間條件上的限制，越來越多的電子化貨幣與線上付款方式將在電子交易中使用，現代人的生活和工作將變得方便與靈活。

光棍節又稱雙十一節、單身節，對中國大陸從事電子商務的網購業者來說是個大日子，這個大陸自創的 1111 光棍節是流傳於中國大陸年輕人的娛樂性節日，隨著今天晚婚、抱獨身主義的人數越來越多，成了一股網購消費新勢力，淘寶（低價便宜商品，C2C 為主）及其子品牌天貓（相對高價產品，B2C 為主）為首的商家特別將該日宣傳為「單身狂歡購物節」，打造成了男男女女都為之瘋狂的購物狂歡日。

2-2-1　電子商務的定義

電子商務的主要功能是將供應商、經銷商與零售商結合在一起，透過網際網路提供訂單、貨物及帳務的流動與管理，大量節省傳統作業的時程及成本，從買方到賣方的流程都能產生極大的助益。如果正式談到電子商務的定義，美國學者 Kalakota 與 Whinston 認為電子商務是一種現代化經營模式，也就是利用網際網路進行購買、銷售或交換產品與服務，並達到降低成本的要求。

🔴 透過電子商務模式，小資族就可在樂天網路市集上開店

根據經濟部商業司的定義，只要是經由電子化形式所進行的商業交易活動，都可稱作「電子商務」，也就是「商務＋網際網路＝電子商務」。從更嚴謹的角度來看，電子商務主要是指透過網際網路上所進行的任何實體或數位化商品的交易行為，交易的標的物可能是實體商品，例如線上購物、書籍銷售，或是非實體的商品，例如廣告、軟體授權、交友服務、遠距教學、網路銀行等商業交易活動也算是電子商務的範疇。

2-2-2 電子商務的架構

談到電子商務的架構，許多學者分別提出了不同的見解，從宏觀的角度來看，我們特別以 Kalakota 與 Whinston 在 1997 年提出電子商務的架構是較完整架構，包含了電子商務應用、電子商務支柱以及電子商務基礎建設。在這穩固的支柱和基礎上，架構了完整的電子商務相關應用，並且以產業區隔為導向，利用網際網路進行購買、銷售或交換產品與服務。

電子商務架構圖

共同支柱

Kalakota 與 Whinston 對於電子商務架構所描述的兩大支柱（Two supporting pillars），分別是**公共政策**（Public policy）與**技術標準**（Technical Standards）。由於電子商務是網路高科技下的產物，可能製造出許多前所未有的問題，必須要制定相關的公共政策及法律條文來配合，如法律（Legal）、隱私權（Privacy）、電子簽章法等議題。技術標準則是為了確定網際網路技術的相容性與標準性，包括文件安全性、網際網路通訊協定、訊息交換的標準協定等。

電子商務基礎建設

電子商務基礎建設包括一般商業服務架構、訊息及資訊分配架構、多媒體內容及網路出版基礎架構、多媒體內容及網路出版基礎架構與網路基礎架構，說明如下：

1. **一般商業服務架構**（Common Business Service Infrastructure）：支援線上買賣的交易與認證流程，此部分為交易時會使用到的相關服務，主要是以金流與資訊流為主。例如解決線上付款工具的不足（如電子錢包、信用卡、電子現金、電子支票），保障安全交易及安全的線上付款工具的相關技術與服務，與包括安全技術、驗證服務、網路搜尋、電子型錄與資訊安全防護等，都屬於本架構的範圍。

2. **訊息及資訊分配架構**（Messaging and Information Distribution Infrastructure）：為了確保訊息以電子化傳遞的基礎與資訊收發的確認性及電子商務的安全起見，主要是提供格式化及非格式化資料進行傳輸與交換的中介媒體，包括了電子資料交換（EDI）、電子郵件與 WWW 排版的超文件標示語言（HTTP）等議題。

3. **多媒體內容及網路出版基礎架構**（Multimedia Content and Network Publishing Infrastructure）：主要是建構網路內容豐富的多媒體介面，例如全球資訊網（WWW）可以說是目前網路出版最普及的資訊結構，也是一個多媒體製作與出版中心，利用超文字標示語言（Hyper Text Markup Language, HTML）的描述，出版於 Web 伺服器上面供使用者瀏覽，並包含使用 XML、JAVA、WWW 來提供一個統一的資訊出版環境，瀏覽器也屬於本架構中。

> **TIPS** XML（可延伸標記語言），是一種專門應用於電子化出版平台的標準文件格式，由標籤定義出文件的架構，像是標題、作者、書名等等，補足了 HTML 只能定義文件格式的缺點，並且可以跨平台使用。

4. **網路基礎架構**（Network Infrastructure）：主要是提供電子化資料的實際傳輸，就如同高速公路一般，整合不同類型的傳送系統及傳輸網路，包括區域網路、電話線路、有線電視網、無線通訊、網際網路及衛星通訊系統，這個架構是推動電子商務必備的基礎建設，包括電信公司、ISP、防火牆、連接器與路由器都是屬於本架構。

💡 電子商務應用

電子商務系統相關的從業人員，例如顧客與上下游合作廠商間的關係，大部份都是接觸此電子商務應用層面，包含各種領域的不同服務產業，主要提升電子商務的應用層面，本層具有以下主要功能：行動商務、隨選視訊、供應鏈管理、網路銀行、網路化採購、網路廣告、線上購物等。

 隨選視訊（Video On Demand, VoD）服務是互動電視眾多的功能之一，也是一種嶄新的視訊服務，使用者可不受時間、空間的限制，透過網路隨選並即時播放影音檔案，並且可以依照個人喜好「隨選隨看」，不受播放權限、時間的約束。

供應鏈（Supply Chain）的觀念源自於物流（Logistics），目標是將上游零組件供應商、製造商、流通中心，以及下游零售商上下游供應商成為夥伴，以降低整體庫存之水準或提高顧客滿意度為宗旨。

2-2-3 電子商務交易流程

雖然網際網路普及後，帶來了龐大商機，但電子商務仍然面臨商業競爭與來自消費者習性的挑戰。整個電子商務的交易流程是由消費者、網路商店、金融單位與物流業者等四個基本組成單元，對現代企業而言，今天從電子商務交易流程的角度來說，主要可以區分為四種流（Flow），如下圖所示：

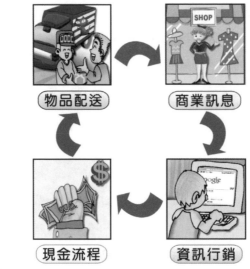

🐤 電子商務的四種主要流（商流、物流、金流、資訊流）

💡 商流

電子商務的本質是商務，商務的核心就是商流，商流是指交易作業的流通，或是市場上所謂的「交易活動」，就是將實體產品的策略模式移至網路上來執行與管理的動作，代表資產所有權的轉移過程，內容則涵蓋將商品由生產者處傳送到批發商手後，再由批發商傳送到零售業者，最後則由零售商處傳送到消費者手中的商品販賣交易程序，包括了銷售行為、商情蒐集、商業服務、行銷策略、賣場管理、銷售管理、產品促銷、消費者行為分析等活動。

💡 金流

金流就是指資金的流通，就是有關電子商務中「錢」的處理流程，包含應收、應付、稅務、會計、信用查詢、付款指示明細、進帳通知明細等，並且透過金融體系安全的認證機制完成付款。金流體系的健全與否，重點在付款系統與安全性，為了增加線上交易的安全性，市場不斷有新的解決方案出現，通常金流可概分為線上

付款（On Line）與非線上付款（Off Line）兩類，不可避免的各種金流方案都可以嘗試選擇使用，目前常見的方式有貨到付款、線上刷卡、ATM 轉帳、電子錢包、手機小額付款、超商代碼繳費等。

 PayPal 是全球最大的線上金流系統與跨國線上交易平台，適用於全球 203 個國家，屬於 ebay 旗下的子公司，可以讓全世界的買家與賣家自由選擇購物款項的支付方式。各位如果常在國外購物的話，應該常常會看到 PayPal 付款，只要提供 PayPal 帳號即可，不但拉近買賣雙方的距離，也能省去不必要的交易步驟與麻煩，如果你有足夠的 PayPal 餘額，購物時所花費的款項將直接從餘額中扣除，或者 PayPal 餘額不足的時候，還可以直接從信用卡扣付購物款項。

💻 PayPal 是全球最大的線上金流系統

💡 物流

物流（logistics）是指產品從生產者移轉到經銷商、消費者的整個流通過程，主要重點就是當消費者在網際網路下單後的產品，廠商如何將產品利用運輸工具就可以抵達目地的，最後遞送至消費者手上的所有流程，並結合包括倉儲、裝卸、包

裝、運輸等相關活動。由於電子商務主要功能是將供應商、經銷商與零售商結合一起，通常當經營網站事業進入成熟期，接單量越來越大時，物流配送是電子商務不可缺少的重要環節，重要性甚至不輸於金流，目前常見的物流運送方式有郵寄、貨到付款、超商取貨、宅配等。

Foodpanda 就是物流的一種模式

資訊流

在商業現代化的機能中，資訊流是一切電子商務活動的核心，是店家與消費者之間透過商品或服務的交易，使得彼此相關的資訊得以運作的情形，也就是為達上述三項流動而造成的資訊交換。資訊流是目前環境發展比較成熟的構面，好的資訊流是電子商務成功的先決條件。所有上網的消費者首先接觸到的就是資訊流，例如貨物線上上架系統，銷售系統、出貨系統，都可以透過系統連接來確認訂單的流向。網站上的商品不像真實的賣場可以親自感受商品，因此商品的圖片、詳細說明與各式各樣的促銷活動就相當重要，規劃良好的資訊流讓消費者可以快速的找到自己要的產品，企業應注意維繫資訊流暢通，以有效控管電子商務正常運作，是電子商務成功很重要的因素。

油漆式速記多國語言網站的資訊流構面建置相當成功

2-2-4　跨境電商的崛起

　　從實體商店到線上購物，在這電商蓬勃發展的年代，全球跨境電子商務市場正快速成長，所謂**跨境電商**（Cross-Border Ecommerce）是一種全新的國際電子商務貿易型態，指的就是消費者和賣家在不同的國境（實施同一海關法規和關稅制度境域）交易主體，透過電子商務平台完成交易、支付結算與國際物流送貨、完成交易的一種國際商業活動。跨境電商衍生出大量而多元化的繁雜業務，除網站翻譯、跨境支付系統、跨境物流與跨境行銷外，就像打破國境通路的圍籬，透過網路外銷全世界，讓消費者滑手機或玩桌機，就能直接購買全世界任何角落的商品。

　　隨著時代及環境變遷，跨境電商已經成為新世代的產業火車頭，當這些企業面臨產業轉型時，跨境電商便成為相當具有潛力的重要管道。雖然網路購物近幾年來飛速成長，預期國內市場在需求有限，競爭激烈的狀況下，跨境電商會扮演營運成績能否達標的關鍵角色。跨境電商並不僅是一個純粹的貿易技術平台，只要涉及到跨境交易，就會牽扯出許多物流、文化、語言、市場、匯兌與稅務等問題，例如阿

里巴巴也發表了「天貓出海」計畫,打著「一店賣全球」的口號,幫助商家以低成本、低門檻地從國內市場無縫拓展,許多熱賣商品都是台灣製造的強項,因此本土業者應該快速了解大陸跨境電商的保稅進口或直購進口模式,目標將天貓生態模式逐步複製並推行至東南亞、乃至全球市場。

「天貓出海」計畫打著「一店賣全球」的口號

電子商務自貿區就是發展跨境電子商務方向的專區,開放外資在區內經營電子商務,配合自貿區的通關便利優勢與提供便利及進口保稅、倉儲安排、物流服務等,並且設立有關跨境電商的服務平台,向消費者展示進口商品,進而大幅促進區域跨境電商發展與便利化的制度環境。

2-3　網路行銷通路模式

對現代企業而言，電子商務與網路行銷服務早就已經融合為一體，網路行銷經過近年來快速的發展，大大提高了商務活動的水平和服務品質，也接觸到過去接觸不到的市場與買家，通路的選擇往往決定了一個企業的成敗，至於通路模式則會隨著時間的演進與實務觀點有所不同，已經成為企業競爭優勢的重要組成元素。

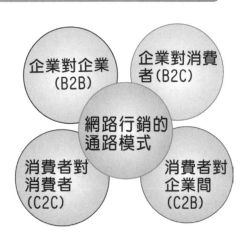

網路行銷的通路模式相當廣泛，如果依照交易對象的差異性，大概可以區分為四種類型：**企業對企業**（Business to Business, B2B）、**企業對消費者**（Business to Customer, B2C）、**消費者對消費者**（Customer to Customer, C2C）及**消費者對企業**（Customer to Business, C2B），因為銷售對象及型態的不同，其行銷策略也會隨之改變，接下來我們為各位介紹相關通路模式。

 B2E 模式就是讓企業的員工透過無線上網連結公司內部系統，並隨時隨地查詢各項商品資訊或更新客戶資料的行銷模式。若有需要，員工也可以在任何時間、任何地點進入公司的入口網站（EIP），檢閱最新的公司內部行事曆或更新個人行程。至於「企業資訊入口」（EIP），是指在 Internet 的環境下，將企業內部各種資源與應用系統，整合到企業資訊的單一入口中，以企業內部的員工為對象。

2-3-1　B2C 通路模式

　　企業對消費者間（Business to Customer, B2C）通路就是指企業直接和消費者間進行交易的行為模式，販賣對象是以一般消費大眾為主，就像是在實體百貨公司的化妝品專櫃，或是商圈中的服飾店等。B2C 通路模式使用的行銷工具比較多元，而且直接面對消費市場，是以產品或服務為主的購買決策過程，決策期短及單一決策者居多，所以行銷動機是以感情訴求為主。企業店家直接將產品或服務推上行銷平台提供給消費者，而消費者也可以利用平台搜尋喜歡的商品，並提供 24 小時即時互動的資訊與便利來吸引消費者選購，將傳統由實體店面所銷售的實體商品，改以透過網際網路直接面對消費者進行的行銷活動，這也是目前一般網路行銷最常見的通路模式，例如 Amazon、天貓、KKBOX 都是經營 B2C 通路的知名網站。

KKBOX 的歌曲都已取得唱片公司的合法授權

圖片來源 http://www.kkbox.com.tw/funky/index.html

2-3-2　B2B 通路模式

　　企業對企業間（Business to Business, B2B）的通路模式指的是企業與企業間或企業內透過網際網路所進行的一切行銷活動，大至工廠機械設備與零件，小到辦公室文具，都是 B2B 的範圍，包括上下游企業的資訊整合、產品交易、貨物配送、線上交易、庫存管理、行銷推廣等，這種模式可以讓供應鏈得以做更好的整合，交易模式也變得更透明化，企業間的實施將帶動企業成本的下降，同時擴大企業收入來源。

　　隨著電商化採購逐漸成為趨勢，B2B 通路模式在虛擬的網路國度中所發揮的效益，大大震撼了傳統企業的行銷模式，B2B 行銷的產業型態變化直接影響到企業採購模式的轉變，直接透過網路媒體，大量向產品供應商或零售商訂購，以低於市場價格獲得產品或服務的採購行為。由於 B2B 通路模式參與的雙方都是企業，特點是訂單數量金額較大，適用於有長期合作關係的上下游廠商，例如阿里巴巴（http://www.1688.com/）就是典型的 B2B 批發貿易平台，即使是小買家、小供應商也能透過阿里巴巴進行採購或銷售。

阿里巴巴是大中華圈相當知名的 B2B 交易網站

2-3-3 C2C 通路模式 - 共享經濟

許多人最早接觸的通路模式反而是「消費者對消費者」(Consumer to Consumer, C2C) 通路模式,就是指透過網際網路交易與行銷的買賣雙方都是消費者,由客戶直接賣東西給客戶,網站則是抽取單筆手續費。網路使用者不僅是消費者也可能是提供者,供應者透過網路虛擬電子商店設置展示區,提供商品圖片、規格、價位及交款方式等行銷資訊,最常見的 C2C 型網站就是拍賣網站。每位消費者可以透過競價得到想要的商品,就像是一個常見的傳統跳蚤市場。從 1995 年開始的 eBay、Yahoo 拍賣、1999 年到後來在中國的淘寶網,都是 C2C 電子商務通路的經典代表,提供平台給大眾,讓人人都能經商。至於拍賣平台的選擇,免費只是網拍者的考量因素之一,擁有大量客群與具備完善的網路行銷環境才是最重要關鍵。

淘寶網為亞洲最大的 C2C 網路商城

由於 C2C 通路模式是以消費者間的互相交易為主,這類型的網站很容易聚集人氣,賣家來自四面八方,因此有各式各樣的商品,讓消費者利用此網站販賣或行銷其他消費者的商品。在個人品牌效應盛行的今天,C2C 行銷必須利用有影響力的消費者當做是行銷的媒介,想要讓消費者間口耳相傳,唯有把想要行銷的內容,例

如影片、圖片、甚至是文字變成消費者有興趣的議題，才能引起消費者主動分享的意願。

　　由於近年來 C2C 通路模式不斷發展和完善，以 C2C 精神發展的「共享經濟」（The Sharing Economy）模式正在日漸成長，這樣的經濟體系是讓個人都有額外創造收入的可能，就是透過網路平台所有的產品、服務都能被大眾使用、分享與出租的概念，共享經濟的成功取決於建立互信，以合理的價格與他人共享資源，同時讓閒置的商品和服務創造收益。例如類似計程車「共乘服務」（Ride-sharing Service）的 Uber，絕大多數的司機都是非專業司機，開的是自己的車輛，大家可以透過網路平台，只要家中有空車，人人都能提供載客服務。

Uber 提供比計程車更為優惠的價格與服務

　　隨著金融科技（FinTech）熱潮席捲全球，P2P 網路借貸（Peer-to-Peer Lending）是由一個網路與社群平台作為中介業務，和傳統借貸不同，特色是個體對個體的直接借貸行為（C2C），如此一來金錢的流動就不需要透過傳統的銀行機構，主要是個人信用貸款，網路就能夠成為交易行為的仲介，讓雙方能在平台上自由媒合，因為免去了利差，通常可讓信貸利率更低，貸款人就可以享有較低利率，放款的投資人也能更靈活地運用閒置資金。

🖥 台灣第一家 P2P 借貸公司

 近年來台灣的群眾集資（Crowdfunding）發展逐漸成熟，打破傳統資金的取得管道。所謂群眾集資就是過群眾的力量來募得資金，讓原本的 C2C 模式由生產銷售模式，延伸至資金募集模式，以群眾的力量共築夢想，來支持個人或組織的特定目標，用小額贊助來尋求贊助各類創作與計畫。

2-3-4　C2B 模式

消費者對企業間（Customer to Business, C2B）的通路模式是指聚集一群有消費能力的消費者共同消購買某種商品，當這群消費者透過網路形成虛擬社群，這群消費者就擁有直接面對廠商議價與行銷的能力，最經典的 C2B 模式就是「團購」網站。隨著新的消費環境來臨，消費者將會成為主導市場的新力量，並取代傳統產業大量製造的生產方式，C2B 是未來行銷策略發展下的必然趨勢，也就是改為以客戶為中心的互動與行銷模式，面對越來越聰明的消費者，抓住人心就能掌握商機，透

過網路行銷的力量,把分散的消費者及其購買需求整合起來,進而主導廠商來提供優惠價格。

🛒 17Life 網站是國內相當知名的 C2B 網站

2-4 電子商務交易安全機制

　　目前電子商務的發展受到最大的考驗,就是線上交易的安全性。由於線上交易時,必須於網站上輸入個人機密的資料,例如身分證字號、信用卡卡號等資料,為了讓消費者線上交易能得到一定程度的保障,到目前為止,最被商家及消費者所接受的電子安全交易機制是 SSL/TLS 及 SET 兩種。

2-4-1　SSL/TLS 協定

　　安全資料傳輸層協定(Secure Socket Layer, SSL)是一種 128 位元傳輸加密的安全機制,由網景公司於 1994 年提出,目的在於協助使用者在傳輸過程中保護資料安全。是目前網路上十分流行的資料安全傳輸加密協定。

SSL 憑證包含一組公開及私密金鑰，以及已經通過驗證的識別資訊，並且使用 RSA 演算法及證書管理架構，它在用戶端與伺服器之間進行加密與解密的程序，由於採用公眾鑰匙技術識別對方身份，受驗證方須持有認證機構（CA）的證書，其中內含其持有者的公共鑰匙，最新版本為 SSL3.0，並使用 128 位元加密技術。當各位連結到具有 SSL 安全機制的網頁時，在瀏覽器下網址列右側會出現一個類似鎖頭的圖示，表示目前瀏覽器網頁與伺服器間的通訊資料均採用 SSL 安全機制：

　　例如右圖是網際威信 HiTRUST 與 VeriSign 所簽發之「全球安全網站認證標章」，讓消費者可以相信該網站確實是合法成立之公司，並說明網站可啟動 SSL 加密機制，以保護雙方資料傳輸的安全。

　　至於**傳輸層安全協定**（Transport Layer Security, TLS）是由 SSL 3.0 版本為基礎改良而來，有時候仍將 TLS 憑證稱為 SSL，會利用公開金鑰基礎結構與非對稱加密等技

術來保護在網際網路上傳輸的資料,使用該協定將資料加密後再行傳送,以保證雙方交換資料之保密及完整,在通訊的過程中確保對象的身份,提供了比 SSL 協定更好的通訊安全性與可靠性,避免未經授權的第三方竊聽或修改,可以算是 SSL 安全機制的更新進階版。

憑證管理中心(Certificate Authority, CA)為一個具公信力的第三者身分,是由信用卡發卡單位所共同委派的公正代理組織,負責提供持卡人、特約商店以及參與銀行交易所需的電子證書(Certificate)、憑證簽發、廢止等等管理服務。國內知名的憑證管理中心如下:

政府憑證管理中心:http://www.pki.gov.tw

網際威信:http://www.hitrust.com.tw/

2-4-2　SET 協定

　　由於 SSL 並不是一個最安全的電子交易機制,為了達到更安全的標準,於是由信用卡國際大廠 VISA 及 MasterCard,於 1996 年共同制定並發表的「安全電子交易協定」(Secure Electronic Transaction, SET),並陸續獲得 IBM、Microsoft、HP 及 Compaq 等軟硬體大廠的支持,加上 SET 安全機制採用非對稱鍵值加密系統的編碼方式,並採用知名的 RSA 及 DES 演算法技術,讓傳輸於網路上的資料更具有安全性,將可以滿足身份確認、隱私權保密資料完整和交易不可否認性的安全交易需求。SET 機制的運作方式是消費者網路商家並無法直接在網際網路上進行單獨交易,雙方都必須在進行交易前,預先向「憑證管理中心」(CA)取得各自的 SET 數位認證資料,進行電子交易時,持卡人和特約商店所使用的 SET 軟體會在電子資料交換前確認雙方的身份。

2-5 網路科技的發展與應用

由於寬頻網路的發展與普及，熱衷使用網際網路的人口也大幅的增加，而在網際網路所提供的服務中，又以「全球資訊網」（WWW）的發展最為快速與多元化。「全球資訊網」（World Wide Web, WWW），又簡稱為 Web，可說是目前 Internet 上最流行的一種新興工具。

🌀 全球資訊網上充斥著各式各樣的網站

WWW 主要是由全球大大小小的網站所組成的，是一種建構在 Internet 的多媒體整合資訊系統，透過一種超文件（Hypertext）的表達方式，將整合在 WWW 上的資訊連接在一起。WWW 主要就是以「主從式架構」（Client ／ Server）為主，並區分為「用戶端」（Client）與「伺服端」（Server）兩部份。

WWW 的運作原理是透過網路客戶端的程式去讀取指定的文件，並將其顯示於您的電腦螢幕上，而這個客戶端（好比我們的電腦）的程式，就稱為「瀏覽器」（Browser）。目前市面上常見的瀏覽器種類相當多，各有其特色。

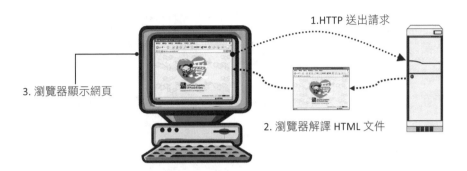

例如我們可以使用家中的電腦（客戶端），並透過瀏覽器與輸入 URL 來開啟某個購物網站的網頁。這時家中的電腦會向購物網站的伺服端提出顯示網頁內容的請求。一旦網站伺服器收到請求時，隨即會將網頁內容傳送給家中的電腦，並且經過瀏覽器的解譯後，再顯示成各位所看到的內容。

 URL 全名是全球資源定址器（Uniform Resource Locator），主要是在 WWW 上指出存取方式與所需資源的所在位置來享用網路上各項服務。使用者只要在瀏覽器網址列上輸入正確的 URL，就可以取得需要的資料，例如「http://www.yahoo.com.tw」就是 yahoo! 奇摩網站的 URL。

2-5-1 Web 演進史－ Web 1.0~Web 4.0

隨著網際網路的快速興起，從最早期的 Web 1.0 到目前即將邁入 Web 4.0 的時代，每個階段都有其象徵的意義與功能，對人類生活與網路文明的創新也影響越來越大，尤其目前即將進入了 Web 4.0 世代，帶來了智慧更高的網路服務與無線寬頻的大量普及，更是徹底改變了現代人工作、休閒、學習、行銷與獲取訊息方式。

在 Web 1.0 時代，受限於網路頻寬及電腦配備，對於 Web 上網站內容，主要是由網路內容提供者所提供，使用者只能單純下載、瀏覽與查詢，例如我們連上某個政府網站去看公告與查資料，使用者只能乖乖被動接受，不能輸入或修改網站上的任何資料，單向傳遞訊息給閱聽大眾。

Web 2.0 時期寬頻及上網人口的普及，其主要精神在於鼓勵使用者的參與，讓使用者可以參與網站平台上內容的產生，如部落格、網頁相簿的編寫等，這個時期帶給傳統媒體的最大衝擊是打破長久以來由媒體主導資訊傳播的藩籬。PChome Online 董事長詹宏志就曾對 Web 2.0 作了個論述：如果說 Web 1.0 時代，網路的使用是下載與閱讀，那麼 Web 2.0 時代，則是上傳與分享。

部落格是 Web 2.0 時相當熱門的新媒體創作平台

在網路及通訊科技迅速進展的情勢下，我們即將進入全新的 Web 3.0 時代，Web 3.0 跟 Web 2.0 的核心精神一樣，仍然不是技術的創新，而是思想的創新，強調的是任何人在任何地點都可以創新。人們可以隨心所欲地獲取各種知識，而這樣的創新改變，也使得各種網路相關產業開始轉變出不同的樣貌。Web 3.0 能自動傳遞比單純瀏覽網頁更多的訊息，還能提供具有人工智慧功能的網路系統，隨著網路資訊的爆炸與氾濫，整理、分析、過濾、歸納資料更顯得重要，網路也能越來越了解你的偏好，而且基於不同需求來篩選，同時還能夠幫助使用者輕鬆獲取感興趣的資訊。

Web 4.0 雖然到目前為止，還沒有一致的定義，通常會被認為是網路技術的重大創新變革，屬於人工智慧（AI）與實體經濟的真正融合，將在人類與機器之間建立新的共融共生關係，除了資料與數據收集分析外，也可以透過回饋進行各種控制，關鍵在於它在任何時候、任何地方能夠提供給你任何需要的資訊。例如智慧物聯網（AIoT）將會是電商與網路行銷產業未來最熱門的趨勢，未來電商可藉由智慧型設備與 AI 來了解用戶的日常行為，包括輔助消費者進行產品選擇或採購建議等，並將其轉化為真正的客戶商業價值。

🔊 Web 3.0 時代，許多電商網站還能根據 Facebook 來提出產品建議

2-5-2　雲端運算與服務

　　隨著網路技術和頻寬的發達，雲端運算（Cloud Computing）已經成為下一波電腦與網路科技的重要商機，或者可以看成將運算能力提供出來作為一種服務，由於雲端運算環境日益成熟，現在許多電商開店的解決方案，不再需要在硬體或資料庫的建置作太多的投資，有利於業者進行全球市場的佈局。雲端運算時代來臨將大幅加速電子商務市場發展，到了 2021 年時全球 B2C 電子商務市場規模預估將向上飆升到的 3.5 兆美元以上。

🔊 雲端運算帶動電子商務快速興起，小資族可以輕鬆在雲端開店

　　所謂「雲端」其實就是泛指「網路」，希望以雲深不知處的意境，來表達無窮無際的網路資源，更代表了規模龐大的運算能力。與過去網路服務最大的不同就是「規

模」。雲端運算將虛擬化公用程式演進到軟體即時服務的夢想實現，也就是利用分散式運算的觀念，將終端設備的運算分散到網際網路上眾多的伺服器來幫忙，讓網路變成一個超大型電腦。未來每個人面前的電腦，都將會簡化成一臺最陽春的終端機，只要具備上網連線功能即可。例如雲端概念的辦公室應用軟體，可以將編輯好的文件、試算表或簡報等檔案，直接儲存在網路硬碟空間中，提供各位一種線上儲存、編輯與共用文件的環境。

所謂「雲端服務」，簡單來說，其實就是「網路運算服務」，如果將這種概念進而衍生到利用網際網路的力量，讓使用者可以連接與取得由網路上多台遠端主機所提供的不同服務，就是「雲端服務」的基本概念。根據美國國家標準和技術研究院（National Institute of Standards and Technology, NIST）的雲端運算明確定義了三種服務模式：

雲端運算要讓資訊服務如同家中水電設施一樣方便

- **軟體即服務**（Software as a service, SaaS）：是一種軟體服務供應商透過 Internet 提供軟體的模式，使用者用戶透過租借基於 Web 的軟體，使用者本身不需要對軟體進行維護，可以利用租賃的方式來取得軟體的服務，而比較常見的模式是提供一組帳號密碼。例如：Google docs。

🛒 只要瀏覽器就可以開啟雲端的文件

- **平台即服務**（Platform as a Service, PaaS）：是一種提供資訊人員開發平台的服務模式，公司的研發人員可以編寫自己的程式碼於 PaaS 供應商上傳的介面或 API 服務，再於網絡上提供消費者的服務。例如：Google App Engine。

🛒 Google App Engine 是全方位管理的 PaaS 平台

■ **基礎架構即服務**（Infrastructure as a Service, IaaS）：消費者可以使用「基礎運算資源」，如 CPU 處理能力、儲存空間、網路元件或仲介軟體。例如：Amazon. com 透過主機託管和發展環境，提供 IaaS 的服務項目。

中華電信的 HiCloud 即屬於 IaaS 服務

1. 公用雲（Public Cloud）：是透過網路及第三方服務供應者，提供一般公眾或大型產業集體使用的雲端基礎設施，通常公用雲價格較低廉。

2. 私有雲（Private Cloud）：和公用雲一樣，都能為企業提供彈性的服務，而最大的不同在於私有雲是一種完全為特定組織建構的雲端基礎設施。

3. 社群雲（Community Cloud）：是由有共同的任務或安全需求的特定社群共享的雲端基礎設施，所有的社群成員共同使用雲端上資料及應用程式。

4. 混合雲（Hybrid Cloud）：結合公用雲及私有雲，使用者通常將非企業關鍵資訊直接在公用雲上處理，但關鍵資料則以私有雲的方式來處理。

雲端服務包括許多人經常使用 Flickr、Google 等網路相簿來放照片，或者使用雲端音樂讓筆電、手機、平板來隨時點播音樂，打造自己的雲端音樂台；甚至於透過免費雲端影像處理服務，就可以輕鬆編輯相片或者做些簡單的影像處理。例如雲端筆記本是目前相當流行的一種雲端服務，我們可以使用雲端筆記本記錄來隨時待辦事項、創意或任何想法，還可將它集中儲存在雲端硬碟，無論人在哪何處，只要手邊有電腦、平板電腦和手機，都可以快速搜尋到所建立的筆記，讓筆記資料跨平台同步。

按此鈕上傳相片

🔊 Google 相簿可以和你的親友閨蜜共享 / 共用相簿

🔊 Google 雲端硬碟可以連結到超過 100 個以上的雲端硬碟應用程式

2-5-3 邊緣運算

我們知道傳統的雲端資料處理都是在終端裝置與雲端運算之間,這段距離不僅遙遠,當面臨越來越龐大的資料量時,也會延長所需的傳輸時間,特別是人工智慧運用於日常生活層面時,常因網路頻寬有限、通訊延遲與缺乏網路覆蓋等問題,遭遇極大挑戰,未來 AI 從過去主流的雲端運算模式,必須大量結合邊緣運算(Edge Computing)模式,搭配 AI 與邊緣運算能力的裝置也將成為幾乎所有產業和應用的主導要素。

🗨 雲端運算與邊緣運算架構的比較示意圖

圖片來源:https://www.ithome.com.tw/news/114625

邊緣運算(Edge Computing)屬於一種分散式運算架構,可讓企業應用程式更接近本端邊緣伺服器等資料,資料不需要直接上傳到雲端,而是盡可能靠近資料來源以減少延遲和頻寬使用,而具有了「低延遲(Low Latency)」的特性,這樣一來資料就不需要再傳遞到遠端的雲端空間。例如在處理資料的過程中,把資料傳到在雲端環境裡運行的 App,勢必會慢一點才能拿到答案;如果要降低 App 在執行時出現延遲,就必須傳到鄰近的邊緣伺服器,速度和效率就會令人驚艷,如果開發商想要提

供給用戶更好的使用體驗，最好將大部份 App 資料移到邊緣運算中心進行運算。

　　許多分秒必爭的 AI 運算作業更需要進行邊緣運算，這些龐大作業處理不用將工作上傳到雲端，即時利用本地邊緣人工智慧，便可瞬間做出判斷，像是自動駕駛車、醫療影像設備、擴增實境、虛擬實境、無人機、行動裝置、智慧零售等應用項目，例如無人機需要 AI 即時影像分析與取景技術，由於即時高清影像低延傳輸與運算大量影像資訊，只有透過邊緣運算，資料就不需要再傳遞到遠端的雲端，就可以加快無人機 AI 處理速度，在即將來臨的新時代，AI 邊緣運算象徵了全新契機。

◉ 音樂類 App 透過邊緣運算，聽歌不會卡卡

◉ 無人機需要即時影像分析，邊緣運算可以加快 AI 處理速度

2-5-4　物聯網

物聯網（Internet of Things, IOT）是近年資訊產業中一個非常熱門的議題，物聯最早的概念是在 1999 年時由學者 Kevin Ashton 所提出，是指將網路與物件相互連接，實際操作上是將各種具裝置感測設備的物品。例如 RFID、環境感測器、全球定位系統（GPS）雷射掃描器等種種裝置與網際網路結合起來而形成的一個巨大網路系統，全球所有的物品都可以透過網路主動交換訊息，透過網際網路技術讓各種實體物件、自動化裝置彼此溝通和交換資訊，現代人的生活正逐漸進入一個始終連接（Always Connect）網路的世代，最終的目標則是要打造一個智慧城市。

物聯網系統的應用概念圖

圖片來源：www.ithome.com.tw/news/88562

無線射頻辨識技術（Radio Frequency IDentification, RFID）是一種自動無線識別數據獲取技術，可以利用射頻訊號以無線方式傳送及接收數據資料。全球定位系統就是透過衛星與地面接收器，達到傳遞方位訊息、計算路程、語音導航與電子地圖等功能，目前有許多汽車與手機都安裝有 GPS 定位器作為定位與路況查詢之用。

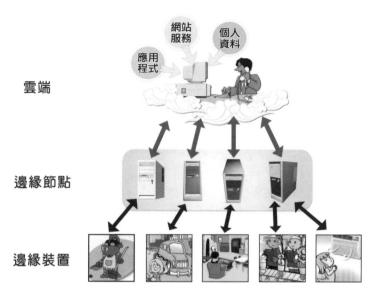

智慧物聯網的應用

　　現代人的生活正逐漸進入一個始終連接網路的世代，物聯網的快速成長，快速帶動不同產業發展，除了資料與數據收集分析外，也可以回饋進行各種控制，這對於未來人類生活的便利性將有極大的影響，AI 結合物聯網（IoT）的智慧物聯網（AIoT）將會是電商產業未來最熱門的趨勢，未來電商可藉由智慧型設備來了解用戶的日常行為，包括輔助消費者進行產品選擇或採購建議等，並將其轉化為真正的客戶商業價值。物聯網的多功能智慧化服務被視為實際驅動電商產業鏈的創新力量，特別是將電商產業發展與消費者生活做了更緊密的結合，因為在物聯網時代，手機、冰箱、桌子、咖啡機、體重計、手錶、冷氣等物體變得「有意識」且善解人意，最終的目標則是要打造一個智慧城市，搭載 5G 基礎建設與雲端運算技術，更能加速現代產業轉型。

　　例如物聯網還可以進行智慧商務應用，智慧場域行銷就是透過定位技術，把人限制在某個場域裡，無論在捷運、餐廳、夜市、商圈、演唱會等場域，都可能收到量身定做的專屬行銷訊息，舊式大稻埕是台北市第一個提供智慧場域行銷的老商

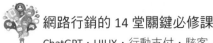
圈，配合透過佈建於店家的 Beacon，藉由 Beacon 收集場域的環境資訊與準確的行銷訊息交換，夠精準有效導引遊客及消費者前往店家，並提供逛商圈顧客更美好消費體驗，讓示範性場域都有良好成效。

● 大稻埕是台北市第一個提供智慧場域行銷的老商圈

> **TIPS**
>
> Beacon 是種低功耗藍牙技術（Bluetooth Low Energy, BLE），藉由室內定位技術應用，可做為物聯網和大數據平台的小型串接裝置，具有主動推播行銷應用特性，比 GPS 有更精準的微定位功能，是連結店家與消費者的重要環節，只要手機安裝特定 App，透過藍牙接收到代碼便可觸發 App 做出對應動作，可以包括在室內導航、行動支付、百貨導覽、人流分析，及物品追蹤等近接感知應用。隨著支援藍牙 4.0 BLE 的手機、平板裝置越來越多，利用 Beacon 的功能，能幫零售業者做到更深入的行動行銷服務。

1. 何謂網路經濟（Network Economy）？網路效應（Network Effect）？

2. 請簡介梅特卡夫定律（Metcalfe's Law）。

3. 請簡述電子商務的定義。

4. 請簡介 XML（可延伸標記語言）。

5. Kalakota 與 Whinston 對於電子商務架構所描述的兩大支柱（Two supporting pillars）是什麼？試簡述之。

6. PayPal 是什麼？

7. 什麼是隨選視訊（VoD）？可以應用在哪些領域？

8. 請說明商流的意義。

9. 通常金流可概分為哪兩種模式？

10. 什麼是跨境電商（Cross-Border Ecommerce）？

11. 請舉出 4 種網路行銷的通路模式。

12. 請簡介「共享經濟」（The Sharing Economy）。

13. 請說明 SET 與 SSL 的最大差異在何處？

14. 試簡介混合雲（Hybrid Cloud）。

15. 試簡述 Web 3.0 的精神與特性。

16. 試介紹物聯網（IOT）與最終的目標。

17. 請簡介傳輸層安全協定（TLS）。

03
CHAPTER

顧客關係管理的
超強集客祕笈

- ⊙ 認識顧客關係管理（CRM）
- ⊙ 顧客關係管理功能
- ⊙ 顧客關係管理系統的建立
- ⊙ 顧客關係管理系統的種類
- ⊙ 網路行銷與資料庫

　　自從網際網路應用於商業活動以來，改變了全球企業經營模式，也改變了商業行銷模式，以無國界、零時差的優勢，提供全年無休的推廣服務。管理大師 Peter F. Drucker 曾經說過，商業的目的不在「創造產品」，而在「創造顧客」，企業存在的唯一目的就是提供服務和商品去滿足顧客的需求。俗話常說，要抓住男人的心就要先抓住他的胃，在競爭激烈的網路行銷時代，「美好的顧客體驗」背後關鍵是完善的**顧客關係管理**（CRM），想要擁有忠誠的顧客，唯一的解決之道就是顧客關係管理。

🛒 亞馬遜（Amazon）的顧客關係管理系統做得相當成功

　　網路行銷的目標不斷追逐新顧客已經不是聰明的策略了，隨著新顧客的獲客成本逐漸上升，店家或品牌想在高度競爭的市場中生存，必須體認到除了在行銷面持續升級外，勢必得回歸「以顧客為本」的經營守則，全面爭取持續性的關係行銷機會。網路科技與行銷活動的整合，可加速店家實現許多行銷相關能力的競爭優勢，不論是經營舊顧客，或是接觸潛在新顧客時，店家能夠收集到顧客資料的方式變得越來越多，進而可使其從以往「管理」顧客關係的層次，進一步提升到「服務」顧客的層次，提供全方位的管理視角，也是獲得顧客忠誠的最重要行銷策略。

3-1 認識顧客關係管理（CRM）

顧客是企業的資產也是收益的來源，市場是由顧客所組成，任何企業對顧客都有存在的價值，這個價值決定了顧客的期望，當顧客的期望能夠得到充分的滿足，他們自然會對你的產品情有獨鍾。今日企業要保持盈餘的不二法門就是保住現有顧客，根據 20-80 定律在行銷上的意義表示，對於一個企業而言，贏得一個新客戶所要花費的成本，幾乎是維持一個舊客戶的五倍，留得越久的顧客，帶來越多的利益。小部分的優質顧客提供企業大部分的利潤，也就是 80% 的銷售額或利潤往往來自於 20% 的顧客。

面對全球化與網路化的競爭趨勢，從企業的角度來說，獲得顧客資訊與同步記錄樣貌是首要的工作，顧客的使用經驗透露出許多珍貴的商業訊息，為了建立良好的關係，企業必須不停地與顧客互動，因此現代許多企業越來越重視「顧客關係管理」的範疇，未來衡量一家企業是否成功的指標，也將不再是投資報酬率或市場佔有率，而應該是顧客維持率，如何有效進行顧客關係管理才能夠真正協助企業創造更多收益。

3-1-1　CRM 與差異化行銷

「顧客關係管理」（CRM）這個概念是在 1999 年時由 Gartner Group Inc. 提出來，最早開始發展顧客關係管理的國家是美國，企業在行銷、銷售及顧客服務的過程中，則可透過「顧客關係管理」系統與顧客建立良好的關係。CRM 的定義是指企業運用完整的資源，以客戶為中心的目標，就是與客戶維持良好的關係，讓企業具備更完善的客戶交流能力，透過所有管道與顧客互動，並提供優質服務給顧客，CRM 不僅僅是一種以客戶為導向的管理工具，好處不只有降低行銷成本，更是品牌成長的關鍵，當然也是一種品牌戰略思維的參考工具。

早期企業面對顧客的方式是採用**大眾行銷**（Mass Marketing）的態度，即運用行銷媒體，針對廣大的顧客群進行行銷活動。特別是在網路行銷時代，因應消費型態改變，電子商務成為目前商業發展的主要趨勢，企業競爭力與經營模式必須受到來自全球挑戰時，產品價格幾近透明，利潤因而受到嚴重的擠壓，許多企業的行銷預算都花在非提升顧客價值的地方。有鑒於此，現代企業為了提高行銷的附加價值，開始對每個顧客量身打造產品與服務，塑造個人化服務經驗與採用差異化行銷，蒐集並分析顧客的購買產品與習性，並針對不同顧客需求提供產品與服務，為顧客提供量身定做式的服務。

所謂**差異化行銷**（Differentiated Marketing）的效用在於同時選擇數個區隔市場經營，針對不同的市場需求，了解每一位顧客的個別偏好，創造與競爭對手的不同，一一滿足他們的需要，使顧客掏心也掏腰包，並考量公司企業的資源條件與既定目標，推出不同產品與服務，以他們的條件來攏絡他們，藉由提供顧客優異的價值，讓他們感覺真的有所不同，這也是客製化（Customization）服務的一種。

3-1-2 博客來顧客關係管理

目前許多大企業都有引入 CRM 系統，不管是對內管理客戶、員工，或是對外經營會員，例如博客來網路書店是目前台灣最悠久，市場佔有率最高的網路書店，從兩岸三地最早成立的網路書店出身，至今獨佔台灣網路書店鰲頭。值得一提的博客來的顧客關係管理相當成功而且先進，不但全天候的經營服務所提供的便利性，更透過強大的搜尋引擎與分類瀏覽功能，打造消費者完美選購體驗，甚至推出會員分級制度差異化經營，讓會員具有歸屬感，來提升會員的黏著度，依據不同顧客的特性而提供量身定做的產品與不同的服務，消費者可在任何時間和地點，透過網際網路進入網站購買到滿足個人需求的書籍。

🔊 博客來的顧客關係管理系統十分有特色

目前已經有超過 700 萬名會員,也就是全台灣每 4 人當中至少就有 1 人是會員,博客來提供上百萬齊全的繁簡體外文書籍雜誌,而且對每本新書都提供了非常詳細的導讀。由於博客來網路書店的顧客主要是網路族和知識工作者,除了持續改善購物介面及流程、方便金流付款機制為基本門檻外,更加強網路資訊的透明性與提升出貨速度與客服服務品質,並且不定時通知最新活動與出版資訊情報,為不同客群推薦智慧選書書單,成為消費者品味知性閱讀的推動者,隨時提供更優質的閱讀體驗與優惠方案,讓大家在選購書籍享受貼心的服務,更與統一超商合作,同時提供快速物流服務,訂書後等待 2 至 3 天就可以至鄰近的 7-11 超商取貨,而且只要是會員所購買的商品均享有到貨 10 天的鑑賞期與退貨服務。

3-2 顧客關係管理功能

顧客關係管理（CRM）就是企業藉由與顧客充分地互動，找出顧客的痛點並優化銷售前、中、後的服務體驗，能夠規範企業與顧客往來的一切互動行為資訊，整合各管道接觸的客戶資料到同一平台集中管理，進而分析客群及消費行為，來提高顧客對品牌滿意度和忠誠度，包括獲取、發展和維繫顧客關係，可以視為一種持續性的行動，來了解及影響顧客的消費行為，凡是與顧客互動、顧客服務、以及業務活動有關的功能都包括在內。

從網路行銷角色的角度來說，現代企業已經由傳統功能型組織轉為網路型的全方位組織，透過網路無所不在的特性，主動掌握客戶動態及市場策略，進而鎖定銷售目標及擬定最佳的服務策略。例如吸引消費者加入會員、定期寄送活動簡訊或電子報、紅利點數、購物記錄等，並且透過活動開發潛在客戶，進一步分析行銷活動效益，創造顧客最高滿意度與貢獻度的行銷模式，進而創造出以「關係行銷」（Relationship Marketing）為行銷的核心價值，整合社群平台的粉絲網頁，讓行銷管道更加多元化，精準將行銷資源投注於最有價值及發展的客戶群中，來創造企業長期的高利潤營收。

「關係行銷」（Relationship Marketing）是以一種建構在「彼此有利」為基礎的觀念，以消費者為中心的行銷方式，強調銷售是關係的開始，而非交易的結束，發展出了解顧客需求，而進行顧客服務，以建立並維持與個別顧客的關係，創造顧客最高滿意度與貢獻度的行銷模式，其中兩個關鍵要素是互動與互利，謀求雙方互惠的利益。

隨著網際網路的應用，縮減了企業與顧客從事交易的搜尋成本，CRM 透過不斷地收集與分析這些客戶資料，甚至能夠協助管理階級進行市場佈局與行銷決策。所包含的功能範圍相當廣泛，如果以功能性來看，主要是利用先進的 IT 工具來支援企

業價值鏈中的行銷、銷售與服務等三種自動化功能，並根據數據分析來了解您的會員，確保品牌與客戶的每個接觸環節給予極佳的服務，可涵蓋行銷、銷售以及任何與服務客戶和吸引新客戶相關的服務活動，為他們帶來最棒的消費者體驗。請看以下說明：

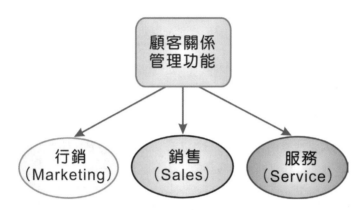

3-2-1　行銷自動化功能

CRM 除了可以視為一種管理模式之外，同時也被看成一種行銷模式，不論是從事行銷、銷售，或服務的工作，「人」往往才是最關鍵的因素。過去企業的行銷多以產品生產為導向，認為企業與顧客之間往往只存在交易關係，經過多年來的管理思維演進，企業漸漸發現到，企業在進行策略規劃時，建立健全的顧客關係原來是從行銷開始，例如在適當的時機點自動發送行銷訊息推播來提醒顧客，他的優惠票券、點數、贈品、活動即將到期等。企業吸引新顧客只是行銷過程中的一部分，如何緊緊抓住消費者的心，打造親切友善的第一印象，建立消費者對於企業和商品的忠誠度，才是現代網路行銷應考慮的重心。

許多企業往往希望不斷拓展更多市場，經常把焦點放在吸收新顧客上，卻忽略了手頭上原有的舊客戶，如此一來，在費盡心思地將新顧客拉進來時，被忽略的舊用戶又從後門悄悄的溜走了，這種現象便造成了所謂的「旋轉門效應」（Revolving-door Effect）。

3-2-2　銷售自動化功能

企業身處於高度競爭力及快速變化的商業環境中，銷售向來被視為帶動企業營運成長的關鍵成功因素，隨著電子商務的興起，傳統的銷售方式似乎已經走到窮途末路了，銷售人員正經歷著新的內部與外部挑戰。

現代銷售人員的主要責任在於管理大量顧客關係，並且提供顧客在雙方關係裡更多的附加價值，因此銷售人員必須有正確的心態與足夠的知識，來全力配合 CRM 系統與作業流程。由於關係的發展是一個持續不間斷的過程，以往業務人員可能會花許多時間在業務行政工作上，CRM 系統能提供銷售自動化（Sales Force Automatin, SFA）功能，幫助銷售人員快速處理大部分日常工作，以最短時間內快速連結工作記錄、待辦事項與潛在銷售案等，並藉由業務銷售專案及預估客戶需求狀況追蹤。

CRM 系統的目的，不是要來取代銷售人員對顧客的照顧，而是希望幫助銷售人員在整個銷售流程中，在正確時刻提供顧客精確的產品或服務，包括經銷商通路管理，一手掌握所有顧客情資，以更加有效率的管理與顧客的關係，將客戶資源轉化成有形的資產，進而達到更多銷售機會的開創，才是最終的王道。

3-2-3　服務自動化功能

進入競爭激烈的網路行銷時代中，雖說低價商品或服務，是許多顧客的希望，但更多顧客注重服務品質，將成本降低，換位思考很重要，設身處地為顧客著想，企業應更專注於創造顧客的附加價值，只有以服務取勝，才能顯示出企業的競爭優勢。顧客的忠誠度往往和售後服務成正比，相對上來說，忠誠的顧客可以買得更多或願意購買更高價的產品。

優質的服務可維繫舊顧客、感動新客源，對顧客而言，優質服務的提供可以滿足消費者在情感面的需求，也可能擴展到消費者實際體驗的價值，顧客有好的購買經驗，當然會增加其對於品牌忠誠度。CRM 系統能協助建立共同平台與服務專屬的

整合專頁，簡化跨部門資源溝通協調時間，包括快速回應顧客的抱怨、協助解決顧客問題、個人化諮詢服務、主動監控服務狀況、24 小時電話服務、顧客重要性優先順序處理、快速查詢服務延伸資訊、人力控管等，這些附加價值有助於協助顧客解決問題，企業也可以運用這樣的數據結果為每個消費族群制定出一套專屬的品牌行銷策略，並且創造出企業營收與獲利的多重價值。

3-3 顧客關係管理系統的建立

CRM 系統既是一套方法與制度，也是一套軟體和技術，企業可以整合所有與客戶相關聯的活動與數據，藉由資訊科技的輔助直接接觸到每一位個別的顧客，將對應的管理流程自動化，了解顧客的想法、消費習慣及模式與需求來帶動企業的運作，相對於 ERP、SCM 等系統對企業的效益著重在節流的效果，CRM 系統對企業的效益著重在創造企業營收目標，可以說是屬於開源的系統。例如透過電商網站，由訪客的個人資訊與購買行為可以從網頁瀏覽記錄得知，透過流量來源的特性分析，初期可以了解潛在客戶，提高顧客的滿意度，中期則著重與顧客的互動與溝通，建立客戶的忠誠度，長期則以提高顧客獲利率為目標。

● 叡陽資訊是國內顧客關係管理系統的領導廠商

建立顧客關係管理系統對企業而言，是一種變革，也是一種創新，任何企業對顧客都有存在的價值，這個價值決定了顧客的期望。要做好顧客關係管理必須要有一組完整的運作流程，我們建議有以下四個步驟：

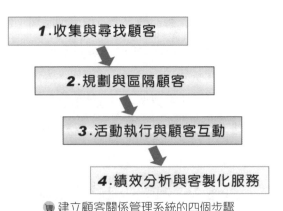

建立顧客關係管理系統的四個步驟

3-3-1　收集與尋找顧客

現代企業無論規模大小，成功的重要關鍵在於能夠有效做好顧客管理，進而創造商機與增加獲利。通常顧客管理的重點就是好好的收集客戶資料，經由與客戶接觸所獲得的資訊，將這些資訊以客製化商業模式及策略運用，例如從過去的購買記錄、聯繫資料和客戶人口統計數據、銷售時點系統、企業網站、電話客服中心等來獲取顧客資訊與情報，包括客戶資料、會員制度、紅利點數、購物記錄、退貨／問答記錄等都是屬於 CRM 的一環。顧客管理的範疇涉及內容很廣泛，從收集尋找客戶來源開始，許多企業都有成千上萬的顧客，透過認知、搜尋、比較、下單、付款、取貨等程序，整合、定義與收集顧客的基本資料。

3-3-2　規劃與區隔顧客

顧客關係管理最極致的目標是為顧客提供量身定做式的服務。滿足與超越顧客需求是創造顧客價值的重要手段，想要創造顧客價值，首先需要了解顧客的需求與使用經驗，這些相關訊息可能透露出其個性、偏好程度、消費習慣等，同時收集顧客問題與心得，再設計最適當的流程與顧客接觸。當收集會員資料後，電商可以運用「CRM 數據分析」了解客戶喜好，企業透過顧客數據分析，針對所有的顧客進行分層化區隔與差異化服務，找出對企業有利的顧客，並建立資訊架構，將顧客的生命週期延長，可以增加客戶留存率，並將利潤最大化，讓公司有更多的獲利。

顧客區隔是依照顧客不同的特性、需求及使用經驗或行為區隔,例如針對客戶群做市場調查,吸引最大獲利的潛在客戶,識別並除去無法為企業帶來獲利的顧客,主要的訴求點是運用顧客資料庫的大量資料,以便對顧客有更精確的區隔,不同區隔的顧客予以不同的待遇,建立完整客戶資料庫,掌握顧客全貌,而使得所有顧客的總價值極大化。

3-3-3　活動執行與顧客互動

顧客關係管理主要目的是透過與顧客的互動,為顧客提供有價值之產品、服務或開創價值,為了了解顧客需求,企業必須不斷地與顧客互動,接著擬定互動方案,如何能引領顧客進入企業交易的最適管道,將可省下巨額的成本。企業與顧客互動方案之目的,就是希望為顧客增值,也許是透過特定活動來獎勵你的客戶或吸引潛在客戶,傳送訊息給相對應的客戶,讓他們覺得與自己切身相關,提高對品牌的好感度,例如折扣碼、抽獎活動、來店好禮等機制來吸引他們購買。

企業與顧客互動過程中,資料要轉化為有用資訊,必須有賴於資訊科技的運用,社群媒體當然也是一種能幫助企業更容易接近客戶與互動的方式之一。例如創建一個 Facebook 粉絲團,不僅能擴大品牌知名度,也是你擴大與客戶或潛在客戶接觸溝通的機會,並且能從中挖掘與聆聽他們的真正需求。

3-3-4　績效分析與客製化服務

電商業面臨高度競爭,消費者有太多的選擇,CRM 的流程設計應該以消費者為導向,而非以產品為導向,外在環境變動速度越快,就更需要使用 CRM 來輔助企業分析環境的變動。從企業與顧客之間的互動流程或顧客決策過程中,也可以幫助我們分析顧客關係管理的有效方法,增加每一個顧客所帶來的利潤,同時在正確的通路與時點上,提供適切的服務給需要的顧客。

顧客關係管理是項長期、牽涉層面廣泛的工作，績效分析是在衡量 CRM 系統與相關策略，以更有效率去執行相關的行銷策略，做為日後改進的依據。例如滿意度是一種客觀或主觀的情緒性反應，顧客滿意度一般是以服務品質為基礎，定做客製化且專業性的產品和服務，以符合顧客的需要，為顧客提供量身定做式的服務，是顧客關係管理最極致的目標。

3-4　顧客關係管理系統的種類

一位成功的網路行銷人員不只是要了解顧客的需求、體貼顧客的感受，還必須懂得善用現代的新工具來幫助你更貼近你的顧客。CRM 系統重視與顧客的交流，對企業而言，導入 CRM 系統可以記錄分析所有的客戶行為，同時將客戶分類為不同群組，並調整企業的相關產品線。無論是

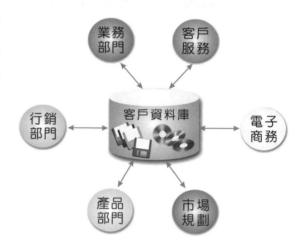

供應端產品的供應鏈管理、需求端的客戶需求鏈管理，都應該全面整合包括行銷、業務、客服、產品、市場規劃、電子商務等部門，還應該在服務客戶的機制與流程中，主動了解與檢討客戶滿意的依據，並適時推出滿足客戶個人的商品，進而達成企業獲利的整體目標。

發展已有十多年的 CRM 系統曾經歷經多次演進，不但能提供企業 360 度的客戶管理視角與最好的客戶交流能力，搭配電子商務興起的 CRM 風潮，主要是希望透過資訊技術與管理思維，強化與客戶之間的關係，並將利潤收益最大化。由於企業內部的活動相當繁多，並且常因企業型態、規模、以及各企業本身的文化異質性等因素，顧客關係管理系統所包含的範圍相當廣泛，就產品所訴求之重點加以區分，

可分為操作型（Operational）、分析型（Analytical）和協同型（Collaborative）三大類
CRM 系統，彼此間還可以透過各項機制整合，讓整體效能發揮到最高。

3-4-1 操作型 CRM 系統

「操作型 CRM 系統」主要是透過作業流程的制定與管理，即運用企業流程的整
合與資訊工具，乃是致力整合企業前、後端與行動辦公室等，藉由 IT 技術手段的實
施，協助企業增進其與客戶接觸各項作業的效率，包括銷售、行銷與服務三大功能
作業的自動化與供應鏈管理系統等，並以最佳方法取得最佳效果，讓企業在進行銷
售、行銷和服務的時候，能夠獲得最好的效果。

3-4-2 分析型 CRM 系統

「分析型 CRM 系統」是收集各種與客戶接觸的資料，經過整理、匯總、分
析、轉換等資料處理過程，其中要發揮良好的成效則有賴於完善的**資料倉儲**（Data
Warehouse），並藉由線上交易處理（OLTP）、線上分析處理（OLAP）與資料探勘等
技術，經過整理、匯總、轉換、儲存與分析等資料處理過程，幫助企業全面了解客
戶的需求和滿意度等資訊，並提供給管理階層做為決策依據。如果企業已導入完整
的 ERP、SCM 等系統，分析型 CRM 系統可以協助企業與客戶之間的各種統計分析資
訊，進而找出企業的未來經營管理方向與策略。

> **線上交易處理**（Online Transaction Processing, OLTP）是指經由網路與資
> 料庫的結合，以線上交易的方式處理一般即時性的作業資料，主要用在
> 自動化的資料處理工作與基礎性的日常事務處理，有別於傳統的批次處
> 理，常見例子為航空訂票系統和銀行交易系統。
>
> **線上分析處理**（Online Analytical Processing, OLAP）可被視為是多維度資
> 料分析工具的集合，使用者在線上即能完成的關聯性或多維度的資料庫
> （例如資料倉儲）的資料分析作業並能即時快速地提供整合性決策，主
> 要是提供整合資訊，以做為決策支援為主要目的。

資料倉儲與資料探勘都是顧客關係管理系統（CRM）的核心技術之一，兩者的結合可幫助快速有效地從大量整合性資料中，分析出有價值的資訊，有效幫助建構商業智慧（Business Intelligence, BI）與決策制定。

3-4-3　協同型 CRM 系統

「協同型 CRM 系統」是透過一些功能組件與流程的設計，整合了企業與客戶接觸與互動的管道，用來建立企業與其顧客間超越交易的長期夥伴關係，功能上包含客服中心（Call Center）、網站、Email、社群機制、網路視訊、電子郵件等負責與客戶溝通聯絡的機制，客戶透過企業的多種聯絡管道，目標是提升企業與客戶的溝通能力，同時強化服務的時效與品質。目前國內外運用協同型顧客關係管理的企業相當多，其中超過半數是服務業與零售業，例如零售業可將顧客關係管理系統（CRM）與進銷存系統整合，尤其是航空公司、餐飲、銀行、3C 量販、保險公司、廣告公司等。

🍽 王品集團建立了相當完善的服務業顧客關係管理系統

3-5 網路行銷與資料庫

在早期電腦尚未全面普及的時代裡，企業組織以傳統紙筆或印刷的方式記錄公司所有的日常文件，例如醫院會將事先設計好的個人病歷表格準備好，當有新病患上門時，就請他們自行填寫，之後管理人員可能依照某種次序，例如姓氏或是年齡將病歷表加以分類，然後用資料夾或檔案櫃加以收藏。日後當某

🔈 電腦化作業的增加，同時帶動了數位化資料的大量成長

位病患回診時，只要詢問病患的姓名或是年齡。讓管理人員可以快速地從資料夾或檔案櫃中找出病患的病歷表，而這個檔案櫃中所存放的病歷表就是一種「資料庫」管理的雛型概念。

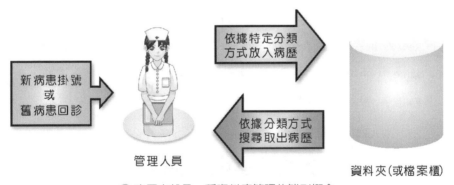

🔈 病歷表就是一種資料庫管理的雛型概念

人們當初試圖建造電腦的主要原因之一，主要就是用來儲存及管理一些數位化資料清單與資料，這也是資料庫觀念的由來。相信大家一定去過 Costco 等大賣場買過東西！只要是一家稍具規模的商店，都會將物品分門別類存放，方便購物時能找

到，若以資料庫的特徵來看，商店本身就是一個資料庫。隨著消費市場需求型態的轉變與資訊技術的快速發展，為了要應付現代龐大的網際網路資訊收集與分析，資料庫系統除了提供資料儲存管理之外，還必須能夠提供即時分析結果。

🖱 圖書館的管理就是一種資料庫的應用

3-5-1 資料庫簡介

尤其在資訊科技發達的今日，日常的生活已經和資料庫產生密切的結合。例如目前最熱門的網路拍賣，如何讓千萬筆交易順利完成，或者透過手機記錄著他人電話號碼，並能分類與查詢電話。資料庫是什麼？簡單來說，就是**存放資料的所在**。更嚴謹的定義，「資料庫」是以一貫作業方式，將一群相關「資料集」（Data Set）或「資料表」（Data Table）所組成的集合體，儘量以不重覆的方式儲存在一起。

「資料表」是一種二維的矩陣，縱的方向稱為「欄」（Column），橫的方向稱為「列」（Row），每一張資料表的最上面一列用來放資料項目名稱，稱為「欄位名稱」（Field Name），而除了欄位名稱這一列外，通通都用來存放一項項資料，則稱為「值」（Value），如下表所示：

欄位名稱　　欄位

姓名	性別	生日	職稱	薪資
李正衡	男	61/01/31	總裁	200,000.0
劉文沖	男	62/03/18	總經理	150,000.0
林大牆	男	63/08/23	業務經理	100,000.0
廖鳳茗	女	59/03/21	行政經理	100,000.0
何美菱	女	64/01/08	行政副理	80,000.0
周碧豫	女	66/06/07	秘書	40,000.0

列（記錄）　　　　　　　　　　　　　值

在資料表的架構下,每一列記錄就是一筆完整的個人資料,所以也將一列稱為一筆「記錄」(Record)。換句話說,如果以這張個人資料表為例,當我們往下找到1000 筆記錄,那就表示我們總共收集了 1000 個人的資料。

當然光是一張資料表所能處理的業務並不多,如果要符合各式各樣的業務需求,一般都得結合好幾張資料表才足夠應付。以學校為例,光是學生註冊後選課的業務就至少應該包含學生資料、課程資料、教室資料及老師資料等資料表,彼此之間相互關聯配合才能完成,當我們因為業務或功能的需求所建立的各種資料表集合,那麼這一堆資料表就可以把它稱為「資料庫」(Database),如下圖所示:

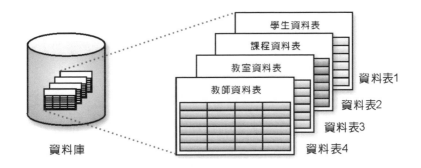

談到「資料庫系統」(Database System),就是電腦上所應用的數位化資料庫,一個完整的資料庫系統須包含儲存資料的資料庫,管理資料庫的「資料庫管理系統」(DataBase Management System, DBMS),還有讓資料庫運作的電腦硬體設備和作業系統,以及管理和使用資料庫的相關人員。

「資料庫管理系統」(DBMS),就是負責管理資料庫的系統軟體,它讓一個資料庫除了具有儲存資料功能外,還可提供共享資料資源的管理與定義資料庫的結構,讓資料之間的聯繫能有完整性。使用者可以透過人性化操作介面進行新增、修改的基本操作,系統也要能提供各項查詢功能,針對資料進行安全控管機制。如右圖所示:

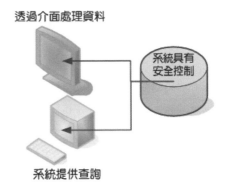

因此資料庫、資料庫管理系統和資料庫系統可以是三個不同的概念，資料庫提供的是資料的儲存，資料庫的操作與管理必須透過資料庫管理系統，而資料庫系統提供的是一個整合的環境：

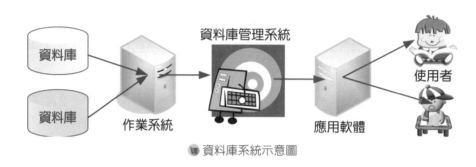

🐞 資料庫系統示意圖

3-5-2　資料庫行銷

隨著消費市場需求型態的轉變與資訊技術的快速發展，資料獲取和追溯績效分析改變既有的行銷模式，至於資料庫對直效行銷（Direct marketing）來說，是個相當重要的依據。資料庫行銷（Database Marketing）的觀念在近年來受到店家與品牌廣泛的注意，也被視作是「直效行銷」的一個分支。顧客關係管理的策略應用必須藉由資料庫行銷的相關科技來達成，就行銷策略面而言，資料庫行銷是利用資料庫技術動態的維護顧客名單，並加以尋找出顧客行為模式和潛在需求，也就是回到行銷最基本的核心──分析消費者行為，企業就可以用最少的資源或行銷投資，針對不同喜好的客戶，給予不同的行銷文宣以達到企業對目標客戶的需求供應，造成所謂雙贏（Win-win）的行銷結果，進而創造出更多的潛在商業價值。

從企業角度來看，清楚鎖定目標市場及有效的與顧客溝通，是企業決策的重要依據。對於傳統大眾行銷而言，行銷是根據顧客的需求來做區隔，而現今的資料庫行銷必須從顧客思考的角度來思考行銷概念，進行客戶深度挖掘與關係維護的行銷方式。資料庫行銷是一套中央資料庫系統，用來蒐集現在或以前顧客的資料，建立起一個資料庫來改善市場行銷的績效，資料庫行銷與顧客關係管理都是針對顧客提供一對一的

互動關係行銷，提供個人化與服務建立顧客忠誠與長期的顧客關係，進而提升企業的競爭優勢，以創造銷售業績，並整合至企業顧客關係管理系統的策略應用。

資料庫行銷系統也能夠將顧客資料庫中未使用的資料轉換成重要的知識，解決之道就是近年來相當流行的資料倉儲與資料探勘技術。一般來說，企業在資訊技術整合程度越高，則在顧客關係管理上發展資料倉儲與資料探勘技術，才能做到成功的資料庫行銷。我們都知道消費者的心是善變的，應用資料倉儲與資料探勘技術於資料庫行銷，對企業而言是一種創新技術的導入，從資料庫中發掘出消費者的特徵（包括客戶行銷管道偏好、消費金額、消費時間、消費頻率、消費抱怨等）與產品的銷售特徵，並進行趨勢比較與分析，以提昇企業的競爭力。接下來我們將為各位進一步說明資料倉儲與資料探勘的功用。

3-5-3 資料倉儲

企業在變動快速又充滿競爭的經營環境中，取得正確的資料是相當重要的因素，隨著企業中累積相關資料量的大增，且資料來源數量和類型也越來越多，如果沒有適當的管理模式，將會造成資料大量氾濫。許多企業為了有效的管理運用這些資訊，紛紛建立資料倉儲模式來整合眾多來源的資料與收集資訊以支援管理決策，設計良好的資料倉儲能夠非常快速的執行查詢，並為終端使用者提供充分的資料運用彈性。

資料倉儲於 1990 年由資料倉儲 Bill Inmon 首次提出，就是資訊的中央儲存庫，以分析與查詢為目的所建置的系統，這種系統能整合及運用資料，協助與提供決策者有用的相關情報。建置資料倉儲的目的是希望整合企業的內部資料，並綜合各種外部資料，經由適當的安排來建立一個資料儲存庫，使作業性的資料能夠以現有的格式進行分析處理，讓企業的管理者能有系統的組織已收集的資料，目的是要協助資料從營運系統進而支援如顧客關係管理（CRM）、決策支援系統（DSS）、主管資訊系統（EIS）、銷售點交易、行銷自動化等，最後能快速支援使用者的管理決策。

決策支援系統（Decision Support System, DSS）是一套針對特定型態的商業資料進行資料收集及匯集報表，並幫助專業經理人制定更佳化的決策，主要特色是利用「電腦化交談系統」來協助企業決策者使用「資料與模式」（Data and Models）來解決企業內的「非結構化作業」，強調的不是決策的自動化，而是提供支援，讓管理者在解決問題的過程中，能夠嘗試各種可行的途徑。

主管資訊系統（Executive Information System, EIS）主要功用是使決策者擁有超強且「友善介面」的工具，以使他們對銷售、利潤、客戶、財務、生產力、顧客滿意度、股匯市變動、景氣狀況、市調狀況等領域的資訊，加以檢視和分析各項關鍵因素與績效趨勢，及提供多維分析（Multi-Dimension）、整合性資料來輔助高階主管進行決策。

　　資料倉儲對於企業而言，是一種整合性資料的儲存體，僅用於執行查詢和分析，且經常包含大量的歷史記錄資料，能夠適當的組合及管理不同來源的資料的技術，兼具效率與彈性的資訊提供管道。資料倉儲與一般資料庫雖然都可以存放資料，但是儲存架構有所不同，最好能先建立資料庫行銷的**資料市集**（Data Mart），再建置整合性顧客行銷資料倉儲系統，以了解客戶需求，才能對顧客進行一對一的行銷活動。建立顧客忠誠度必須先建立長期的顧客關係，而維繫顧客關係的方法即是要建置一個顧客資料倉儲，是作為支援決策服務的分析型資料庫，運用大量平行處理技術，將來自不同系統來源的營運資料作適當的組合彙總分析，通常可使用線上分析處理技術建立**多維資料庫**（Multi Dimensional Database），這有點像試算表的方式，整合各種資料類型，日後可以設法從大量資料中統計、挖掘出有價值的資訊，能夠有效的管理及組織資料，進而幫助決策的建立。

3-5-4　資料探勘

　　資料探勘（Data Mining）則是一種資料分析技術，可視為資料庫中知識發掘的一種工具。因為在數位化時代裡，氾濫的大量資料卻未必馬上有用，資料探勘可以從一個大型資料庫所儲存的資料中萃取出有價值的知識，主要利用自動化或半自動化的方法，從大量的資料中探勘、分析發掘出有意義的模型以及規則，是將資料轉化為知識的過程，也就是從一個大型資料庫所儲存的大量資料中萃取出有用的知識，例如可以從現有客戶資料中找出他們的特徵，再利用這些特徵到潛在客戶資料庫裡去篩選出可能成為未來客戶的名單，資料探勘技術係廣泛應用於各行各業中，現代商業及科學領域都有許多相關的應用。

　　由於現代經營環境的競爭白熱化，在面對低忠誠度的消費者及產業快速變遷等因素之下，資料庫行銷系統能夠將顧客資料庫中未使用的資料轉換成重要的知識，可降低行銷所需的成本，更能掌握住客戶資源，為企業取得競爭優勢。例如在市場區隔上應用最新的趨勢就是資料探勘。資料探勘是整個 CRM 系統的核心，可以分析來自資料倉儲內所收集的顧客行為資料，資料探勘技術常會搭配其他工具使用，例如統計、人工智慧或其他分析技術，嘗試在現有資料庫的大量資料中進行更深層分析，由複雜無序的資訊中，找出上網者個人的喜好，發掘出隱藏在龐大資料中的可用資訊，找出消費者行為模式，並且利用這些模式進行區隔市場之行銷。

　　對於企業界而言，資料探勘的基本理念是假設顧客過去的消費行為可作為未來採購意願的指標並作為提供決策過程之用，為了掌握市場特性和消費者喜好以選擇適合產品的行銷手法，國內外許多的研究都存在著許許多多資料探勘成功的案例，例如零售業者可以更快速有效的決定進貨量或庫存量。資料倉儲與資料探勘的共同結合可幫助建立決策支援系統，以便快速有效的從大量資料中，分析出有價值的資訊，幫助建構商業智慧與決策制定。

商業智慧（Business Intelligence, BI）是企業決策者決策的重要依據，屬於資料管理技術的一個領域。BI 一詞最早是在 1989 年由美國 Gartner Group 分析師 Howard Dresner 提出，主要是利用線上分析工具（如 OLAP）與資料探勘技術來萃取、整合及分析企業內部與外部資訊系統的資料，將各個獨立系統的資訊緊密整合在同一套分析平台，並進而轉化為有效的知識。商業智慧（BI）重視企業分析面，支援企業決策，綜合企業營運與策略，並轉化為定量化分析資訊，提供線上報表、業務分析與預測，目的是為了能使使用者能在決策過程中，即時解讀出企業自身的優劣情況。

1. 顧客關係管理包括哪三種自動化功能？

2. 什麼是差異化行銷（Differentiated Marketing）？

3. 什麼是 20-80 定律？

4. 有哪幾種類型的顧客關係管理系統？

5. 試敘述顧客關係管理系統的目標。

6. 請簡述顧客關係管理系統。

7. 什麼是「關係行銷」（Relationship Marketing）？

8. 請簡述「旋轉門效應」（Revolving-door Effect）。

9. 請簡介顧客關係管理系統的建立步驟。

10. 何謂線上分析處理（OLAP）？

11. 什麼是資料庫中的資料表？試詳述之。

12. 請介紹資料庫行銷（Database Marketing）。

13. 請介紹資料倉儲（Data Warehouse）。

14. 請介紹資料探勘（Data Mining）。

15. 什麼是「主管資訊系統」（EIS）？

16. 請簡介商業智慧（BI）。

MEMO

04
CHAPTER

保證課堂上學不到的
贏家行動行銷攻略

- ⊙ 行動行銷簡介
- ⊙ 行動裝置線上服務平台
- ⊙ 達人必學的 App 行銷術
- ⊙ 行動行銷創新亮點發展與應用
- ⊙ 行動支付的熱潮
- ⊙ 邁向成功店家的 LINE 行銷術
- ⊙ 個人檔案的貼心設定
- ⊙ 建立你的 LINE 群組
- ⊙ LINE 官方帳號

在 5G 行動寬頻、網路和雲端服務產業的帶動下，全球行動裝置快速發展，結合了無線通訊充斥著我們的生活，這股「新眼球經濟」所締造的市場經濟效應，正快速連結身邊所有的人、事、物，改變著我們的生活習慣，讓現代人在生活模式、休閒習慣和人際關係上有了前所未有的全新體驗。

> **TIPS**　5G 是行動電話系統第五代，5G 技術是整合多項無線網路技術而來，對一般用戶而言，最直接的感覺是 5G 比 4G 更快與不耗電，預計未來將可實現 10Gbps 以上的傳輸速率。

尤其智慧型手機普及後，行動行銷成為數位行銷的最新課題，對於企業或店家來說，這種利用行動裝置來行銷的策略，將可以為企業業績帶來全新的商業藍海，企業與品牌該如何改變既有觀念與做法，將成為行銷人員當前最大的挑戰。時至今日，消費者在網路上的行為越來越複雜，這股行動浪潮也帶動行動上網逐漸成為網路服務之主流，行動行銷（Mobile Marketing）可以看成是數位行銷的延伸，越來越多消費者使用行動裝置購物，藉由人們日益需求行動通訊，而讓行銷的活動從線上（Online）延伸到線下（Offline）生活。網路家庭董事長詹宏志曾經在一場演講中發表：「越來越多消費者使用行動裝置購物，這件事極可能帶來根本性的轉變，甚至讓電子商務相關產業一切重來。」

🟤 PChome24h 購物 App，讓你隨時隨地輕鬆購

4-1 行動行銷簡介

　　行動商務（Mobile Commerce, m-Commerce）是電商發展最新趨勢，不但促進了許多另類商機的興起，更有可能改變現有的產業結構。行動商務最簡單的定義，就是行動通訊結合電子商務的一種資訊化商業服務。自從 2015 年開始，行動商務的使用者人數，開始呈現爆發性的成長，人手一機的視線已經逐漸從電視螢幕轉移到智慧型手機上，從**網路優先**（Web First）向**行動優先**（Mobile First）靠攏，而且這股行銷趨勢越來越明顯。在分秒必爭，講求資訊行動化的環境下，行動載具全面融入消費者生活，開始全面影響過去的媒體使用邏輯，更為網路行銷領域增加了更多的新媒體通道，伴隨著這一趨勢，行動行銷迅速發展，所帶來的正是快速到位、互動分享後所產生的無限商機。

世界知名 UNIQLO 服飾相當努力經營行動品牌行銷

知名日本服飾品牌 UNIQLO 曾經推出過多款實用品牌 App 與消費者互動，例如曾經推出一款 UT CAMERA App，能讓世界各地的消費者在試穿時用智慧型手機拍攝短片，再將短片上傳至活動官網，並能上傳 Facebook 與朋友分享，將自己的作品上與全世界熱愛穿搭的消費者分享，這充分利用消費者平日的愛秀的個性來介紹品牌，並且吸引了更多消費者到實體門市購買。

行動行銷就是透過行動工具與無線通訊技術為基礎來進行行銷的一種方式，這同時也宣告真正無縫行動銷售服務及跨裝置體驗的時代來臨。行動行銷爆炸性的成長，成為全球品牌關注的下一個戰場，相較於傳統的電視、平面、甚至於網路媒體，行動媒體除了讓消費者在使用時的心理狀態和過去大不相同，特別是行動消費者缺乏耐心、渴望和自己相關的訊息，如果訊息能引發消費者興趣，他們會立即行動，並且能同時創造與其他傳統媒體相容互動的加值性服務。行動行銷已經成為一種必然的趨勢，因為行動行銷擁有如此廣大的商機，使得許多企業紛紛加速投入這塊市場，企業或品牌唯有掌握行動行銷的四種特性，才能發揮行動行銷的最大效益。

🔖 行動行銷的四種特性

4-1-1 個人化

智慧型手機是一種比桌上型電腦更具個人化特色的裝置，就像鑰匙一樣，已成為現代大部份人出門必帶的物品，因為消費者使用行動裝置時，眼球能面向的螢幕只有一個，有助於協助廣告主更精準鎖定目標顧客，將可發揮大量傳播訊息管道的傳播效果，因為越貼近消費者，發生實質轉換的機會越高，真正達到進行一對一的行銷，讓消費者感到賓至如歸以及獨特感。目前以年輕族群為主的滑世代，已經從過往需要被教育的角色，轉變到主動搜尋訊息來主導一切的特質，行動行銷的最大價值就是可以依照個人經驗所打造的專屬行銷內容和服務，因此增加許多行銷策略與活動的可能性。

最普遍的是服務是讓使用者在行動時能同步獲得資訊、服務、及滿足個人的需求，讓消費者覺得這個網站是專門為我設計，個人化的特性帶給行動行銷的價值，在於能精確掌握消費者行為習慣，提供貼心與客製化的服務，增加顧客的忠誠度。在 NIKEiD.com 官網上，顧客可以選擇鞋款、材質、顏色等各種選項，並提交自己的設計，甚至藉由 NIKEiD AR 機台，在手機或平板上進行選色後，還能馬上投影於眼前，最後直接到店面拿到個人專屬的鞋款，特定訂單可享有免費寄送與退貨服務。

🔈 NIKE 近來也提供客製化的服務

4-1-2 即時性

因為行動行銷相較於傳統行銷有更多的**即時性**（Instantaneity），擺脫了以往必須在定點上網的限制，消費者可以透過各種行銷管道，不但能立即連結產品資訊，還可延伸到更多服務的觸角，以轉換成真正消費的動力，增加消費者購物的便利性。

由於**碎片化時代**（Fragmentation Era）來臨，如何抓緊消費者眼球是重要行銷關鍵，當消費者產生購買意願時，習慣透過行動裝置這類最貼身的工具達到目的，消費者對即時性的需求與訊息持有更高期待，即時又便利的訊息能夠讓品牌被消費者所選擇，此時最容易能吸引他們對於行銷訴求的注意。

🔈 行動行銷提供即時購物商品資訊

行動網路的出現打破了人們原本固有的時間板塊，現代人幾乎每幾分鐘就會查手機，每天的上網時間已經被切割成許多微小片段，於是「時間碎片化」成為常態。所謂**碎片化時代**（Fragmentation Era）是代表現代人的生活被很多碎片化的內容所切割，因此想要抓住受眾的眼球越來越難，同樣的品牌接觸消費者的地點也越來越不固定，接觸消費者的時間越來越短暫，碎片時間搖身一變成為贏得消費者的黃金時間，電商想在行動、分散、碎片的條件下讓消費者動心，成為今天行動行銷的重要課題。

相信未來行動通訊的服務品質還會越來越好，更可用較低廉的費用享受到更便利的行動服務，網路上買賣雙方可以立即回應，有效提高行銷範圍與加速資訊的流通，例如外出旅遊時，可以直接利用手機搜尋天氣、路線、當地名勝、商圈、人氣小吃與各種消費資訊等等，讓消費者時時刻刻接收各項行動服務新資訊，增加購物的多元選擇，更能進一步加深品牌或產品的印象。

4-1-3　定位性

定位性（Localization）的行銷活動長期以來一直是廣告主的夢想，它代表能夠透過行動裝置探知消費者目前所在的地理位置，並能即時將行銷資訊傳送到對的客戶手中，讓服務能清楚衡量效益，更能掌握精準目標族群，甚至還可以隨時追蹤並且定位，甚至搭配如 GPS 技術，讓使用者的購物行為可以根據地理位置的偵測，就可以名正言順的提供適地性行動行銷服務，使得消費者能夠立即得到想要的消費訊息與店家位置，例如手機的定位功能更像是消費者的導航系統，帶領消費者參觀整個體驗之旅。

全球定位系統（Global Positioning System, GPS）是透過衛星與地面接收器，達到傳遞方位訊息、計算路程、語音導航與電子地圖等功能，目前有許多汽車與手機都安裝有 GPS 定位器作為定位與路況查詢之用。

台灣奧迪汽車推出可免費下載的 Audi Service App，專業客服人員提供全年無休的即時服務，為提供車主快速且完整的行車資訊，並且採用最新行動定位技術，當路上有任何緊急或車禍狀況發生，只需按下聯絡按鈕，客服中心與道路救援團隊可立即定位取得車主位置。

奧迪汽車推出 Audi Service App，並採用行動定位技術

4-1-4 隨處性

目前行動通訊範圍幾乎涵蓋現代人活動的每個角落，行動化已經成為一股勢不可擋的力量，「消費者在哪裡、品牌行銷訊息傳播就到哪裡！」，隨著無線網路越來越普及，消費者不論上山下海隨時都能帶著行動裝置到處跑，因為隨處性（Ubiquity）能夠清楚連結任何地域位置，除了隨處可見的行銷訊息，還能協助客戶隨處了解商品及服務，滿足使用者對即時資訊與通訊的需求。當行動購物已成趨勢，行動通路熱點越來越多，行銷的下一步將勢必得朝向「隨經濟」（Ubiquinomics）的走向來發展。

 隨經濟（Ubiquinomics）是盧希鵬教授所創造的名詞，是指因為行動科技的發展，讓消費時間不再受到實體通路營業時間的限制，行動通路成了消費者在哪裡，通路即在哪裡。消費者隨時隨處都可以購物，不僅改變你我的生活，也翻轉了品牌的行銷與經營策略，隨處經濟的第一個特點，就在搶消費者的時間，因此任何節省時間的想法，都能提高隨經濟時代附加價值。

4-2 行動裝置線上服務平台

　　智慧型手機所以能廣受歡迎，就是因為不再受限於內建的應用軟體，透過 App 的下載，擴充無限可能的應用。App 是 Application 的縮寫，就是軟體開發商針對智慧型手機及平板電腦所開發的一種應用程式，App 涵蓋的功能包括了圍繞於日常生活的各項需求。行動 App 是企業或品牌經營者直接與客戶溝通的管道，有了行動 App，企業就等同於建立自己的媒體，App 市場交易的成功，帶動了如憤怒鳥（Angry Bird）這樣的 App 開發公司爆紅，讓 App 下載開創了另類的行動商務模式，許多知名購物商城或網站，開發專屬 App 也已成為品牌與網路店家必然趨勢。

🔴 憤怒鳥公司網頁

4-2-1　App Store

　　App Store 是蘋果公司針對使用 iOS 作業系統的系列產品，如 iPod、iPhone、iPad 等，所開創的一個讓網路與手機相融合的新型經營模式，iPhone 用戶可透過手機或上網購買或免費試用裡面 App，與 Android 的開放性平台最大不同，App Store 上面的各類 App，都必須事先經過蘋果公司嚴格的審核，確定沒有問題才允許放上 App Store 讓使用者下載，加上裝置軟硬體皆由蘋果控制，因此 App 不容易有相容性的問題。目前 App Store 上面已有數百萬個 Apps。各位只需要在 App Store 程式中點幾下，就可以輕鬆的更新並且查閱任何 App 的資訊。App Store 除了將所販售軟體加以分類，讓使用者方

🔴 App Store 首頁畫面

便尋找外,還提供了方便的金流和軟體下載安裝方式,甚至有軟體評比機制,讓使用者有選購的依據。店家如果將 App 上架 App Store 銷售,就好像在百貨公司租攤位銷售商品一樣,每年必須付給 Apple 年費 $99 美金,你要上架多少個 App 都可以。

目前最當紅的手機 iPhone 就是使用原名為 iPhone OS 的 iOS 智慧型手機嵌入式系統,可用於 iPhone、iPod、iPad 與 Apple TV,為一種封閉的系統,並不開放給其他業者使用。iPhone 14 所搭載的 iOS 16 是一款全面重新構思的作業系統。

4-2-2 Google Play

Google 也推出針對 Android 系統所開發 App 的一個線上應用程式服務平台— Google Play,允許用戶瀏覽和下載使用 Android SDK 開發,並透過 Google 發布的應用程式(App),透過 Google Play 網頁尋找、購買、瀏覽、下載及評級,使用手機免費或付費的 App 和遊戲,包括提供音樂,雜誌,書籍,電影和電視節目,或是其他數位內容。

Google Play 為一開放性平台,任何人都可上傳其所開發的應用程式,Google Play 的搜尋除了比 App Store 多了同義字結果以外,還能夠處理錯字,有鑑於 Android 平台的手機設計各種優點,可見得未來將像今

🔵 Google Play 商店首頁畫面

日的 PC 程式設計一樣普及,採取開放策略的 Android 系統不需要經過審查程序即可上架,因此進入門檻較低。不過由於 Android 陣營的行動裝置採用授權模式,因此在手機與平板裝置的規格及版本上非常多元,因此開發者需要針對不同品牌與機種進行相容性測試。

Android 是 Google 公佈的智慧型手機軟體開發平台，結合了 Linux 核心的作業系統，可使用 Android 軟體來開發套件。Android 擁有的最大優勢，就是跟各項 Google 服務的完美整合，不但能享有 Google 上的優先服務，憑藉著開放程式碼優勢，越來越受手機品牌及電訊廠商的支持。Android 目前已成為許多嵌入式系統的首選，目前 Android SDK 的版本已經到 Android 12 的版本，包括應用快捷方式、圖像鍵盤等新增功能，使用者可以自行上網下載。

4-3　達人必學的 App 行銷術

在智慧型手機成為現代人隨身不可或缺的設備時，App 與人們的生活產生更緊密的關聯，也改變了數位行銷生態，當 App 行銷逐漸成為有力的行銷工具的此時，現代企業必須將行動 App 化為行銷策略的一環，透過 App 滿足行動使用者在生活各方面的需求外，對於品牌行銷而言，這也是一個不容忽視的溝通管道。

App 不僅能夠帶給用戶視覺上的愉悅，還為用戶提供相對於網站而言更多樣化的服務，透過用戶主動下載與分享，企業就等同於建立自己的媒體，隨時隨地都能推播訊息給客戶，配合成熟的銷售導購機制，能讓消費者變得更容易手滑買下去。為了因應使用者在運用行動設備時的情境與使用模式，接下來我們將為各位介紹幾種目前相當常見的 App 行銷方式。

🔵 京站時尚廣場推出專屬 App 拓展行動市場

4-3-1 創意行銷與智慧無人商店

創意往往是行銷的最佳動力,尤其是在面對一個三百六十度行動整合行銷的時代,有趣的 App 絕對可以吸引大家注意,品牌 App 不只是下廣告,還必須打造有梗的點子,更要具體傳達品牌背後的目的,為了提高 App 的下載量與知名度,如果能夠在創意中加入客製化行銷,那絕對會帶給用戶很大的驚喜。

由於行動使用者同樣也會是一般媒體的使用者,App 與傳統商店方可以彼此整合資源,因此還可以不斷的跨足各種實體商品的販售,Amazon 是電子商務網站的先驅與典範,除了擁有幾百萬種多樣商品之外,成功的因素不只是懂得傾聽客戶需求,而且還不斷努力提升消費者購買動機,在行動應用領域的創新作法也沒有缺席。

Amazon 針對手機 App 購物者,不但推出限定折扣優惠商品,並在優惠開始時推播提醒訊息到消費者手機,同時結合商品搜尋與自定客製化推薦設定等功能,透過各種行銷措施來打造品牌印象與忠誠度。近年來更推出智慧無人商店 Amazon Go,只要下載 Amazon Go 專屬 App,當你走進 Amazon Go 時,打開手機 App 感應,在店內不論選擇哪些零食、生鮮或飲料都會感測到,然後自動加入購物車中,除了在行動平台上進行廣告外,更可以透過 App 作為最前端的展示,甚至於等到消費者離開時手機立即自動結帳,自動從 Amazon 帳號中扣款,讓客戶免去大排長龍之苦,享受「拿了就走」的流暢快速消費體驗。

🔊 Amazon 經常與實體商店進行創意整合行銷

🔊 Amazon 推出的智慧無人商店 Amazon Go

4-3-2　App 品牌行銷

App 已成為品牌界新平台，品牌運用 App 行銷已是不可或缺的新媒體選擇，不再是單純提供產品或服務，而是創造多樣化的行銷策略，App 中則可以包含圖片、影音諸多元素，用戶可以全方位的感受品牌的溫度，並讓消費者有更好的體驗與好感度。

由於人們使用 App 的時間比瀏覽網站的時間多，有些品牌的 App 可以說是與消費者接觸的最直接管道，並且具備更多與顧客溝通與互動的機會。因為有了專屬 App，對於品牌行銷而言，不僅能夠帶給用戶服務便捷性的提升，透過使用者參與，甚至是取得促銷優惠，隨時隨地把顧客應該知道的需求，直接送到顧客「手上」。行動行銷重點在有限的產品週期內找到精準的目標，知名日本服飾品牌 UNIQLO 也相當著重 App 品牌行銷，曾經推出過多款實用品牌 App 與消費者互動。

● 消費者只要打開「零點選」App，熱呼呼的披薩立刻送到家

4-3-3　App 遊戲化行銷

談到遊戲，想必將勾起許多人年少輕狂時的快樂回憶，遊戲本身就有一種樂趣會使人著迷，追求更多的樂趣也成為了品牌應用不可或缺的行銷主軸。遊戲化行銷（Gamification Marketing）是指將遊戲中有好玩的元素與機制，透過行銷活動讓受眾「玩遊戲」，同時深化參與感，將你的目標客戶緊緊黏住，因此成了各個品牌不斷探索的新行銷模式。

遊戲化行銷借助遊戲化的平台建立與消費者之間的關係，像是積分、闖關、升級等等，融入與運用於行銷策略上，有助於提高消費者的參與度，讓消費者可以在

玩遊戲過程中體驗品牌的魅力。例如透過不同的關卡提升經驗值，或者根據使用者參與的程度給予不同積分，甚至於利用集點的方式誘導消費者持續購買，嘗試與消費者建立更友善的互動關係，增加消費者與品牌的連結。全球連鎖咖啡星巴克早就致力將 App 應用到品牌服務的各個環節，不但能得知星巴克行銷活動訊息，傳送一般生日特惠、個人化專屬優惠與折扣，查詢星巴克門市、商品等資訊，並結合遊戲化行銷的概念來推動品牌行銷。

🔊 星巴克咖啡將顧客分級，並鼓勵顧客努力爭取升級

例如推出手機 App 蒐集顧客資料，藉由分析這些潛在客戶，從中找到最有價值的潛在客戶進行精準行銷，還推出了「星禮程」隨行卡的會員優惠，加入星禮程會員，只要消費即可累積星點回饋，鼓勵會員比賽努力升級，並且透過會員分級競賽的方式給予不同優惠回饋，星巴克的核心價值就是要透過和顧客的連接，並且配合各種推廣活動的遊戲化行銷概念來提升業績。

4-3-4　App 嵌入廣告行銷

現代人追求更多的樂趣成為了不可或缺的消費主題，行動裝置功能上已從通訊功能昇華為社交、娛樂、遊戲等更多層次的運用，透過行動裝置 App 來達到行銷宣傳的最大功臣，莫過於免費 App 的百花爭鳴了，透過免費 App 滿足使用者在生活各方面的需求外，全球 App 數量目前仍在增加中，且多數的 App 都有其營收、獲利模式，然而大約 80% 以上開發者選擇 App 嵌入廣告為單一營利方式。

例如 App 嵌入廣告在許多手機遊戲行銷方面也獲得了快速的發展，有些 App 動輒下載達百萬次，各種置入性廣告便急速成長，以眼花撩亂的手段吸引玩家注意，只差沒直接叫玩家付錢。以 Android 手機來說，廣告種類有內嵌式與全螢幕的推播廣

告兩種，其中 Google 的 AdMob 無庸置疑是最受歡迎，甚至還能夠在自己的 iOS App 中嵌入廣告，在手機遊戲市場這一種方式尤其流行。App 開發商會在廣告聯盟中設定 CPA（回應數收費），由於遊戲開發商了解消費者的生命周期價值，他們更願意按每次下載付費。訪客每次透過廣告聯盟下載 App 後，遊戲開發商才會向廣告聯盟支付一定的費用。

 TIPS Cost per Action, CPA（回應數收費）：廣告店家付出的行銷成本是以實際行動效果來計算付費，例如註冊會員、下載 App、填寫問卷等。畢竟廣告對店家而言，最實際的就是廣告期間帶來的訂單數，可以有效降低廣告店家的廣告投放風險。

App 嵌入廣告也是目前很熱門的行銷方式

4-4 行動行銷創新亮點發展與應用

科技是影響企業未來營運的最大革新因素，行動商務的應用發展已經超乎了你我的想像，各種行銷與服務型態逐漸擴大到每個人的生活圈，行動行銷近年更成為各電商業者的兵家必爭之地，更重新詮釋了新的電商市場行銷型態。同樣是網路行銷，換到行動裝置就是完全不同的戰場，要了解消費者行為，就必須進入其日常情境。行動行銷最重要的目標是在低頭族們快速滑手機的當下，透過行動行銷模式的持續創新，以吸引消費者的目光，在短時間內認識品牌訊息或進一步消費。

🔘 使用 App 行動購物已經成為現代人的流行風潮

　　行動購物族有三高：黏著度高、下單頻率高、消費金額也比一般消費者高。對於企業或店家來說，這種利用行動裝置來行銷的策略，將可以為企業業績帶來全新的商業藍海。在投入行動行銷前，企業的思考重心，應放在如何滿足客戶價值與興趣，創新才是真正能促進行動行銷持續發展的重要驅動因素。當前許多實體零售店想切入行動商務的領域，或是小型品牌商想開拓 App 商機，無論是線上消費或帶動客戶到實體通路購買，顯然透過行動商務的應用已經從過去單純的訊息傳遞，變成引導消費者完成消費過程的行銷工具。行動商務已逐漸融入我們的生活，為了因應新興行動網路應用服務模式的演進趨勢，許多行動行銷的型態已日新月異，接下來我們將會為各位介紹目前最當紅行動商務與科技的創新應用。

4-4-1　穿戴式裝置

　　由於電腦設備的核心技術不斷往輕薄短小與美觀流行等方向發展，備受矚目的**穿戴式裝置**（Wearables）更因健康風潮的盛行，為行動裝置帶來多樣性的選擇，更將促使行動商務商機升溫，被認為是下一世代的最火紅電子產品。手機配合的穿戴

式裝置也越來越吸引消費者的目光，就是希望與個人的日常生活產生多元連結，同時也將造成下一波的行動行銷模式的革命。

韓國三星推出了許多時尚實用的穿戴式裝置

穿戴式裝置未來的發展重點，主要取決於如何善用可攜式與輕便性，簡單的滑動操控界面和創新功能，持續發展出吸引消費者的應用，講求的是便利性，其中又以腕帶、運動手錶、智慧手錶為大宗。穿戴式裝置的特殊性，並非裝置本身，特殊之處在於將為全世界帶來全新的行動商業模式，實際上在倉儲、物流中心等商品運輸領域，早已可見工作人員配戴各類穿戴式裝置協助倉儲相關作業，或者相關行動行銷應用可以同時扮演連結者的角色。

在目前的行動跨螢時代，如果大家想要站上這波穿戴式裝置行銷的浪頭，任何螢幕款式都應該被允許展現行銷的機會，例如一名準備用餐的消費者戴著 Google 眼鏡在速食店前停留，虛擬優惠套餐清單立刻就會呈現給他參考，或者以後透過穿戴式裝置，乘客可以直接向計程車司機叫車，不像現在透過車隊的客服中心轉接，從一般消費者的食衣住行日常生活著手，運用創意吸引消費者來開發更多穿戴式裝置的廣告工具，未來肯定有更多想像和實踐的可能性，可預期的潛在廣告與行銷收益將大量引爆，目前有越來越多的知名企業搭上這股穿戴裝置的創新列車。

所謂的「跨螢」就是指使用者擁有兩個以上的裝置數，通常購買商品時可能利用時間在手機上先行瀏覽電商網站的商品介紹，再利用空檔時間將要購買的商品先行放入購物車，等一切要購買的商品選齊後，也許在手機上直接下單，但也有可能在自己的平板電腦或桌上型電腦作下單的行為。

4-4-2　定址服務

　　行動行銷的發展帶給人們生活上的便利，除了基本的音樂、圖鈴、影視及遊戲下載等服務，環境感知系統是行動行銷中被視為潛力無窮的一塊，也就是「人在哪，生意就在哪？」就是指透過行動隨身設備的各式感知裝置，從而得知周遭物理環境所發生的變化。「適地性」（Location-Based）的行銷活動本來就一直是廣告主的夢想，「定址服務」（Location Based Service, LBS）或稱為「適地性服務」，就是網路行銷中相當成功的環境感知的種創新應用，例如提供及時的定位服務，達到更佳的個人化服務。LBS 能夠提供符合個別需求及差異化的服務，使人們的生活帶來更多的便利，從許多手機加值服務的消費行為分析，都可以發現地圖、定址與導航資訊主要是消費者的首選。

　　例如當消費者在到達某個商業區時，可以利用手機等無線上網終端設備，快速查詢所在位置周邊的商店、場所以及活動等即時資訊，對商家而言，LBS 有著目標客群精準、預算低廉和即時廣告效果的顯著優點，只要消費者的手機在指定時段內進入該商家所在的區域，就會立即收到相關的行銷簡訊，實體店家也可以利用定位資訊服務鎖定一定範圍內的潛在顧客進行行動行銷，為商家創造額外的營收。

4-4-3　QR Code

　　QR Code（Quick Response Code）是由日本 Denso-Wave 公司發明的二維條碼，利用線條與方塊所結合而成的黑白圖紋二維條碼，不但比以前的一維條碼有更大的資料儲存量，除了文字之外，還可以儲存圖片、記號等相關訊。QR Code 隨著行動裝置的流行，越來越多企業使用它來推廣商品。因為製作成本低且操作簡單，只要利用手機內建的相機鏡頭「拍」一下，馬上就能得到想要的資訊，或是連結到該網址進行內容下載，讓使用者將資料輸入手持裝置的動作變得簡單。

這就是 QR Code

🔋 QR Code 在行動行銷的使用越來越普遍

QR Code 連結行銷相關的應用相當廣泛，可針對不同屬性活動搭配不同的連結內容，例如我們常會邀請消費者利用 QR code 採取某些行動，例如訂閱電子報、加入粉絲團、按讚、分享給他人，現在走到哪裡都會看到 QR 碼，同時藉由 QR 碼的輸入取得商品資訊，還可應用在行動行銷上。

行動版的優惠券功能使用也相當的多元，掃描優惠券馬上可以幫自己省錢，這樣的觀念深植行動用戶的心裡，更可以讓店家依活動需求而特別設計，有些商店或餐廳也會利用在宣傳 DM 上置放 QR 碼，只要將這些行銷刊物配上 QR Code 連結至手機網站，掃描後就會進入優惠券專區，在取得電子式的折價券後，消費時只要出示手機螢幕上的優惠券，就可享有特定的優惠。市場上

🔋 美美旅遊提供優惠券 QR Code 免列印－手機帶著走活動

更有迴轉壽司利用 QR Code 控制食物的新鮮度，甚至在菜單加上 QR Code，讓消費者直接掃描點餐，有些賣場更讓消費者只需在虛擬牆面掃描訂購商品，節省許多購物時間，大幅提升消費者的購物意願。

4-4-4 RFID

「無線射頻辨識技術」（Radio Frequency Identification, RFID）是一種自動無線識別數據獲取技術，可以利用射頻訊號以無線方式傳送及接收數據資料，而且卡片本身不需使用電池，就可以永久工作。RFID 主要是由 RFID 標籤（Tag）與 RFID 感應器（Reader）兩個主要元件組成，原理是由感應器持續發射射頻訊號，當 RFID 標籤進入感應範圍時，就會產生感應電流，並回應訊息給 RFID 辨識器，以進行無線資料辨識及存取的工作，最後送到後端的電腦上進行整合運用，也就是讓 RFID 標籤取代了條碼，RFID 感應器也取代了條碼讀取機。

例如在所出售的衣物貼上晶片標籤，透過 RFID 的辨識，可以進行衣服的管理。因為 RFID 讀取設備利用無線電波，只需要在一定範圍內感應，就可以自動瞬間大量讀取貨物上標籤的訊息。不用像讀取條碼的紅外掃描儀般需要一件件手工讀取。RFID 辨識技術的應用層面相當廣泛，包括如地方公共交通、汽車遙控鑰匙、行動電話、寵物所植入的晶片、醫療院所應用在病患感測及居家照護、航空包裹、防盜應用、聯合票證及行李的識別等領域內，甚至於 RFID 在企業供應鏈管理（Supply Chain Management, SCM）上的應用，例如採用 RFID 技術讓零售業者在存貨管理與貨架補貨上獲益良多。

🔊 RFID 也可以應用在日常生活的各種領域

全球最大的連鎖通路商 Walmart 也要求其前 100 大上游供應商在貨品的包裝上裝置 RFID 標籤，以便隨時追蹤貨品在供應鏈上的即時資訊，或者運用在 Web 上的訂單進度查詢，還能讓業者清楚了解什麼商品值得放在特定位置展售的好工具，定期掃瞄核對商品，以了解物品銷售情形。此外，RFID 更能與行銷活動做結合成為有效的宣傳手法之一，除了可連結 Facebook、影片、留言與相片等收集，還能與個人資料結合將是一大利器，整合資料庫行銷，算是進行一對一精準行銷的好用工具。

4-4-5　NFC

NFC（Near Field Communication，近場通訊）是由 PHILIPS、NOKIA 與 SONY 共同研發的一種短距離非接觸式通訊技術，又稱**近距離無線通訊**，以 13.56MHz 頻率範圍運作，能夠在 10 公分以內的距離達到非接觸式互通資料的目的，資料交換速率可達 424 kb/s，可在您的手機與其他 NFC 裝置之間傳輸資訊，因此逐漸成為行動支付、行銷接收工具的最佳解決方案。

NFC 目前是最為流行的金融支付應用

NFC 技術其實並不是新技術，它是由 RFID 感應技術演變而來的一種非接觸式感應技術，簡單來說，RFID 是一種較長距離的射頻識別技術，而 NFC 是更短距離的無線通訊技術。NFC 的應用是只要讓兩個 NFC 裝置相互靠近，就能夠啟動 NFC 功能，接著迅速將內容分享給其他相容於 NFC 行動裝置。

近年來 NFC 相關技術也逐漸與行動行銷結合，包括下載音樂、影片、圖片互傳、交換名片、折價券和交換通訊錄和電影預告片等，或者門禁、學生員工卡、數位家電識別、商店小額消費、交通電子票證等。目前許多行動行銷案例也開始應用這項技術來進行推廣，例如有些書籍雜誌也開始應用 NFC 技術，只要將手機靠了過去就可以聽到悅耳的宣傳音樂，還可以結合各種 3C 家電產品的連結應用，透過手機感應 NFC 後，再透過專屬品牌 App 來連線與行銷推廣特定商品。

4-5 行動支付的熱潮

隨著行動商務的興起，未來將會有更多樣化的無店舖銷售型態通路，根據各項數據都顯示消費者已經使用手機來包辦處理生活中大小事情，甚至包括了行銷、購物與付款，特別是漸漸開始風行的行動支付，也對零售業帶來相當大的改變。所謂**行動支付**（Mobile Payment），就是指消費者透過行動裝置對所消費的商品或服務進行帳務支付的一種方式，很多人以為行動支付就是用手機付款，其實手機只是一個媒介，平板電腦、智慧手錶，只要可以行動聯網都可以拿來做為行動支付。零售門市不僅不用擺刷卡機也能接受信用卡支付，使用行動支付如支付寶，更可吸引陸客至門市消費。就消費者而言，直接用行動裝置刷卡、轉帳，甚至用來付費搭乘交通工具，提供快速收款及付款服務，讓你的手機直接變身為錢包。

 2004 年淘寶網開創支付寶，寫下**第三方支付**（Third-Party Payment）的新里程碑，讓 C2C 的交易不再因為付款不方便，買家不發貨等問題受到阻擾，在淘寶網購物，都是需要透過支付寶才可付，也支援台灣的信用卡刷卡，是很便利的一種付費機制。

第三方支付機制就是在交易過程中，除了買賣雙方外，透過第三方來代收與代付金流，不同的購物網站，各自有不同的第三方支付的機制，例如美國很多網站會採用 PayPal 來當作第三方支付的機制，在中國最著名的淘寶網，採用「支付寶」就是屬於第三方支付的模式。

自從金管會宣布開放金融機構申請辦理手機信用卡業務開始，正式宣告引爆全台「行動支付」的商機熱潮，成功地將各位手上的手機與錢包整合，真正出門不用帶錢包的時代來臨！對於行動支付解決方案，目前主要是以 QR Code、條碼支付與 NFC（近場通訊）三種方式為主。

4-5-1　QR Code 支付

在這 QR Code 被廣泛應用的時代，未來商品也可以透過 QR Code 結合行動支付應用，QR Code 行動支付的優點則是免辦新卡，可以突破行動支付對手機廠牌的仰賴，不管 Android 或 iOS 都適用，可設定多張信用卡，等於把多張信用卡放在手機內，還可以上網購物，民眾只要掃描支援廠商商品的 QR Code，就可以直接讓消費者以手機進行付款，讓交易更安心更方便。QR Code 行動支付有別傳統支付應用，不但可應用於實體與網路特店等傳統型態通路，更可以開拓多元化的非傳統型態通路，中華電信推出 QR Code 信用卡行動支付 App「QR 扣」，與玉山銀行、國泰世華、萬泰銀行、中國信託、元大銀行、台灣銀行、合作金庫及台新銀行等 8 家銀行信用卡合作，只要用手機或平板電腦拍攝商品 QR Code，串接銀行信用卡收單系統完成付款，就可以透過行動上網輕鬆完成購物。

🔵 玉山信用卡首創 QR Code 行動支付一機在手即拍即付

4-5-2　條碼支付

條碼支付近來在世界各地掀起一陣旋風，各位不需要額外申請手機信用卡，同時支援 Android 系統、iOS 系統，也不需額外申請 SIM 卡，免綁定電信業者，只要下

載 App 後,以手機號碼或 Email 註冊,接著綁定手邊信用卡或是現金儲值,手機出示付款條碼給店員掃描,即可完成付款。條碼行動支付現在最廣泛被用在便利商店,不僅可接受現金、電子票證、信用卡,還與多家行動支付業者合作,目前有「GOMAJI」、「歐付寶」、「Pi 行動錢包」、「街口支付」、「LINE Pay」及甫上線的「YAHOO 超好付」等 6 款手機支付軟體。

例如 LINE Pay 主要以網路店家為主,將近 200 個品牌都可以支付,LINE Pay 支付的通路相當多元化,越來越多商家加入 LINE 購物平台,可讓您透過信用卡或現金儲值,信用卡只需註冊一次,同時支援線上與實體付款,而且 LINE Pay 累積點數非常快速,且許多通路都可

LINE Pay 行動錢包,可以快速累積點數

以使用點數折抵。至於 PChome Online(網路家庭)旗下的行動支付軟體「Pi 行動錢包」,與台灣最大零售商 7-11 與中國信託銀行合作,可以利用「Pi 行動錢包」在全台 7-11 完成行動支付。

4-5-3 NFC 行動支付 -TSM 與 HCE

NFC 主要是因為其在行動支付中扮演重要的角色,NFC 感應式支付在行動支付的市場可謂後發先至,越來越多的行動裝置配置這個功能,NFC 手機進行消費與支付已經是一個未來全球發展的趨勢,只要您的手機具備 NFC 傳輸功能,就能向電信公司申請 NFC 信用卡專屬的 SIM 卡,再將 NFC 行動信用卡下載於您的數位錢包中,購物時透過手機感應刷卡,輕輕一嗶,結帳快速又安全。對於行動支付來說,都會以交易安全為優先考量,目前 NFC 行動支付有兩套較為普遍的解決方案,分別是 TSM(Trusted Service Manager)信任服務管理方案與 Google 主導的 HCE(Host Card Emulation)解決方案。

TSM 平台的運作模式主要是透過與所有行動支付的相關業者連線後，使用 TSM 必須更換特殊的 TSM-SIM 卡才能順利交易，NFC 手機用戶只要花幾秒鐘下載與設定 TSM 系統，經 TSM 系統及銀行驗證身分後，將信用卡資料傳輸至手機內 NFC 安全元件（Secure Element）中，便能以手機進行消費。

🌐 台灣行動支付公司推出 PSP TSM 平台

> **TIPS** 信任服務管理平台（Trusted Service Manager, TSM）是銀行與商家之間的公正第三方安全管理系統，也是一個專門提供 NFC 應用程式下載的共享平台，主要負責中間的資料交換與整合，商家可直接向 TSM 請款，銀行則付款給 TSM，這個平台提供了各式各樣的 NFC 應用服務，未來的 NFC 手機可以透過空中下載（Over the Air, OTA）技術，將 TSM 平台上的服務下載到手機中。

HCE（主機卡模擬）是 Google 於 2013 年底所推出的行動支付方案，可以透過 App 或是雲端服務來模擬 SIM 卡的安全元件。HCE 的加入已經悄悄點燃了行動支付大戰，僅需 Android 5.0（含）版本以上且內建 NFC 功能的手機，申請完成後卡片資訊（信用卡卡號）將會儲存於雲端支付平台，交易時由手機發出一組虛擬卡號與加密金鑰來驗證，驗證通過後才能完成感應交易，能避免刷卡時卡片資料外洩的風險。

🌐 國內許多銀行推出 NFC 行動付款

HCE 手機信用卡的優點是不限定電信門號，不用在手機加入任何特定的安全元件，因此無須行動網路業者介入，也不必更換專用 SIM 卡、一機可綁定多張卡片，僅需要有網路連上雲端，降低了一般使用者申辦的困難度。基本上，無論哪一種方案，NFC 行動支付要在台灣蓬勃發展，關鍵還是支援 NFC 技術的手機在台灣能越來越普及才好。

 Apple Pay 是 Apple 的一種手機信用卡付款方式，只要使用該公司推出的 iPhone 或 Apple Watch（iOS 9 以上）相容的行動裝置，並將自己卡號輸入 iPhone 中的 Wallet App，經過驗證手續完畢後，就可以使用 Apple Pay 來購物，還比傳統信用卡來得安全。

4-6 邁向成功店家的 LINE 行銷術

在台灣，國人最常用的前十名 App 中，即時通訊類佔了四個，而第一名便是 LINE。隨著 LINE 社群的熱門而蓬勃興起的行動行銷，也能做為一種創新的行銷與服務通道。例如其他像是 FB 與 IG 社群，本身雖然算是媒體平台，內容才是重點，功能就在資訊的產出與傳播，LINE 則是專注在個人，雖然在資訊傳播上不如 FB 與 IG，但是著重於品牌與人之間的交流，讓加入的用戶能夠在與 LINE 的接觸中感受出品牌與眾不同的特殊魅力！

LINE 更提供了多元服務與應用內容，不但創造足夠的眼球與目光，更讓行銷可以不僅限於社群媒體的內容創作，而是屬於共同連結思考的客製化行銷模式，只要一個人、一部手機與朋友圈就可以準備在行動社群網路開賣賺錢了，才是 LINE 社群的真正行銷價值所在。

 LINE 儼然成為現代台灣人生活的重心了

4-6-1　LINE 行銷的特色

　　LINE 主要是由韓國最大網路集團 NHN 的日本分公司開發設計完成，是一種可在行動裝置上使用的免費通訊 App。它能讓各位在一天 24 小時中，隨時隨地盡情享受免費通訊的樂趣，甚至透過免費視訊通話和遠地的親朋好友聊天，就好像 Skype 即時通軟體一樣可以利

 LINE 與 LINE 官方帳號圖示並不相同

用網路打電話或留訊息。LINE 也是亞洲最大的通訊軟體，全世界有接近三億人口是 LINE 的用戶，而在台灣就有二千多萬的人口在使用 LINE 手機通訊軟體來傳遞訊息及圖片。LINE 在台灣就相當積極推動行動行銷策略，LINE 公司推出最新的 LINE@ 生活圈 2.0 版 -LINE 官方帳號，類似 FB 的粉絲團，讓 LINE 以「智慧入口」為遠景，打造虛實整合的 O2O 生態圈，一方面鼓勵商家開設官方帳號，另一方面自己也企圖將社群力轉化為行銷力，形成新的社群行銷平台。

LINE 不再只是在朋友圈發發照片，反而快速發展成為了一種新時代下的經營與行銷方式，核心價值在於快速傳遞信息，包括照片分享、位置服務即時線上傳訊、影片上傳下載、打卡等功能變得更能隨處使用，然後再藉由社群媒體廣泛的擴散效果，透過朋友間的串連、分享、社團、粉絲頁的高速傳遞，使品牌與行銷資訊有機會直接觸及更多的顧客。

4-6-2　LINE 貼圖療癒行銷

　　LINE 設計團隊真的很會抓住東方消費者含蓄的個性，例如用貼圖來取代文字，活潑的表情貼圖是 LINE 的很大特色，不僅比文字簡訊更為方便快速，還可以表達出內在情緒的多元性，不但十分療癒人心，還能馬上拉近人與人之間的距離，非常受到亞洲手機族群的喜愛。LINE 貼圖可以讓各位盡情表達內心悲傷與快樂，趣味十足的主題人物如熊大、兔兔、饅頭人與詹姆士等，更是 LINE 的超人氣偶像。

　🔊 只要加入好友就可下載免　　🔊 可愛貼圖行銷對於保守的亞
　　費的企業貼圖　　　　　　　　　洲人有一圖勝萬語的功用

　　由於手機的文字輸入沒有像桌上型電腦那麼便捷快速，對於聊天時無法用文字表達心情與感受時，圖案式的表情符號就成了最佳的幫手，只要選定圖案後按下「傳送」▶鈕，對方就可以馬上收到，讓聊天更精彩有趣。

貼圖顯示效果

❶ 按此鈕會在下方顯示各種貼圖

❷ 直接點選圖樣即可進行傳送

很多貼圖按下「下載」鈕即可使用

　　LINE 的免費貼圖，不但使用者喜愛，也早已成了企業的行銷工具，特別是一般的行動行銷工具並不容易接觸到掌握經濟實力的銀髮族，而使用 LINE 幾乎是全民運動，能夠真正將行銷觸角伸入中大齡族群。通常企業為了做推廣，會推出好看、實用的免費貼圖，打開手機裡的 LINE，會不定期推出免費的貼圖，吸引不想花錢買貼圖的使用者下載，下載的條件是加入好友就成為企業推廣帳號、產品及促銷的一種重要管道。

　　越來越多店家和品牌開始在 LINE 上架貼圖和建立粉絲專頁，為了龐大的潛在傳播者，許多知名企業無不爭相設計形象貼圖，除了可依照自己需求製作，還可以讓企業利用融入品牌效果的貼圖，短時間就能匯集大量粉絲，將有助於品牌形象的提升。例如立榮航空企業貼圖第一天的下載量就達到 233 萬次，千山淨水 LINE 貼圖兩

周就破 350 萬次下載。根據 LINE 官方資料，企業貼圖的下載率約九成，使用率約八成，而且有超過三成用戶會記得贊助貼圖的企業。

許多商家會提供貼圖免費下載，增加品牌知名度

只要加入好友就可下載可愛的企業貼圖

4-7 個人檔案的貼心設定

經營 LINE 朋友圈沒有捷徑，必須要有做足事前的準備，不夠完整或過時的資訊會顯得品牌不夠專業，想要在 LINE 上給大家一個特別印象，那麼個人檔案的設定就不可忽略。尤其是你擁有經營的事業或店面時，只要好友們點選你的大頭貼照時，就可以一窺你的個人檔案或狀態消息。特別是如果你沒有加入個人的相片作為憑證，為了安全起見很多人是不會願意把你加為好友。接下來我們針對個人檔案的設定做說明，讓別人看到你特別有印象。LINE 裡面設定或變更個人大頭貼照，請先切換到「主頁」[主頁]頁面，點選「設定」[⚙]鈕。接著點選「個人檔案設定」鈕即可進入「個人檔案」來進行大頭貼照、背景相片、狀態消息的設定。

設定大頭貼照

加入背景歌曲

4-7-1　設定大頭貼照

　　經常聽到許多資深小編們提到：「讓消費者建立第一印象的時間只有短短 3 秒鐘」，因此大頭貼的整體風格所傳達的訊息就至關重要。大頭貼照主要用來吸引好友的注意，對方也可以確認你是否是他所認識的人。按下大頭貼照可以選擇透過「相機」進行拍照，或是從媒體庫中選取相片或影片，另外也可以選擇虛擬人像。

LINE 提供的「相機」功能相當強大，除了一般正常拍照外，你還能在拍照前加入各種的貼圖效果，或是套用各種濾鏡變化處理變成美美的藝術相片，一開始就要緊抓好友的視覺動線，加上運用創意且吸睛的配色，讓你的特色被一眼被認出。如下圖所示是各種類型的貼圖效果，點選之後可以看到套用後的畫面效果，調整好你的位置與姿勢就可進行拍照。

套用濾鏡效果

　　你也可以直接選擇照片或影片，你可以勾選「分享至限時動態」的選項，這樣按下「完成」鈕就會將你變更的相片自動張貼到「貼文串」的頁面中，接著各位就可以在個人檔案處看到大頭貼照片已更改。

狀態消息

好友清單上所顯示的圓形大頭貼照

4-7-2 變更背景相片

在背景照片部分，如果你有經營事業或店面，那麼
不妨將你的商品或相關的意念圖像加入進來，因為擁有
一個具設計感的背景相片一定能為你的品牌大大加分，
按下背景相片可以從手機中的「所有照片」來找尋你要
使用的相片。

❶ 按個人封面照片

❷ 按「選擇個人封面」

挑選要成為個
人封面的照片

你可以進行位
置的調整或是
旋轉畫面,按
「下一步」鈕
後還可在背景
相片上加入塗
鴉線條、輸入
文字、可愛插
圖、或濾鏡效
果,讓你的底
圖相片更具有
特色

按「完成」鈕
完成背景圖片
的設定

個人封面已變
更成功

4-7-3 設定狀態消息

各位要加入狀態消息，請從「個人檔案」的頁面中點選「狀態消息」，試著用 20 字以內的文字敘述自己的品牌或想要傳遞的訊息，或加入想被搜尋到的關鍵字（Keyword），立刻能增加搜尋熱度。接著在「狀態消息」的畫面中開始輸入你要表述的內容，進行「儲存」後，你的名字下方就可以顯示剛剛設定的狀態消息。一旦變更後，一小時內將不得再次變更。如果要從手機上做變更，也可以在「管理」標籤的「基本資料」功能區中進行修正。

狀態消息

TIPS 關鍵字（Keyword）就是與店家網站內容相關的重要名詞或片語，例如企業名稱、網址、商品名稱、專門技術、活動名稱等，由於許多網站流量的重要來源有一部分是來自於搜尋引擎的關鍵字搜尋。**目標關鍵字**（Target Keyword）就是網站確定的主打關鍵字，會為網站帶來大多數的流量，**長尾關鍵字**（Long Tail Keyword）是網頁上相對不熱門，不過也可以帶來搜尋流量，但接近主要關鍵字的關鍵字詞。

4-8 建立你的 LINE 群組

LINE 行銷的起手式，無疑就是如何加陌生好友，有了一堆好友後，接下來就是創建群組，然後想方設法邀請好友們加入群組。如果你是小店家，想要利用小成本來推廣你的商品，那麼「建立 LINE 群組」的功能不失為簡便的管道，好的群組行銷技巧，絕對不只把品牌當廣告，除了可以和自己的親朋好友聯繫感情外，很多的公司行號或商品銷售，也都是透過這樣方式來傳送優惠訊息給消費者知道。只要將你的親朋好友依序加入群組中，當有新產品或特惠方案時，就可以透過群組方式放送訊息，讓群組中的所有成員都看得到。有需要的人直接在群組中發聲，進而開啟彼此之間的對話就顯得非常重要。

LINE 群組最多可以邀請 500 位好友加入，大多數都是以親友、同事、同學等等在生活上有交集的人組成的群組，好友加入群組可以進行聊天，群組成員也可以使用相簿和記事本功能來相互分享資訊，即使刪除聊天室仍然可以查看已建立的相簿和記事本喔！

利用群組功能把親朋友群聚在一起，一次貼文公告大家都看得到

4-8-1 建立新群組

店家要在 LINE 裡面建立新群組是件簡單的事，請切換到「主頁」 🏠 頁面，由「群組」類別中點選「建立群組」即可開始建立。

接下來開始在已加入的好友清單中進行成員的勾選，你可以一次就把相關的好友名單通通勾選，按「下一步」鈕再輸入群組名稱，最後按下「建立」鈕完成群組的建立。作法如下：

❷ 按「下一步」鈕

❶ 把相關的好友名單通通勾選

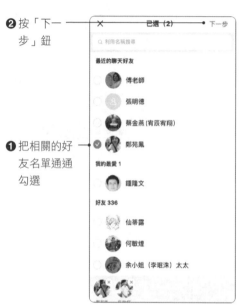

❶ 再輸入群組名稱

❷ 按此建立群組圖片

❶ LINE 內建的圖案樣式

❷ 你可以從手機的相簿中進行挑選，也可以進行拍照，此處示範由「相簿」加入現有的群組圖案

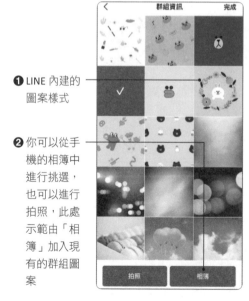

由此可為群組相片加入貼圖、文字、塗鴉、濾鏡等效果

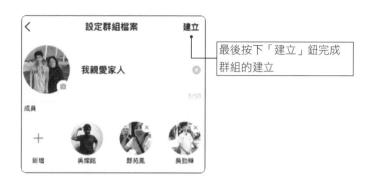

最後按下「建立」鈕完成群組的建立

4-8-2 聊天設定

當群組建立成功後,「主頁」的群組列表中就可以看到你的群組名稱,點選名稱即可顯示群族頁面。頁面上除了群組圖片、群組名稱外,還會列出所有群組成員的大頭貼,方便你跟特定的成員進行聊天。

按此鈕進入「其他設定」頁面

顯示已經加入的群組成員

變更群組名稱,最多 50 個字

顯示群組成員,以及正在邀請中的名單,也可以進行新成員的邀請

按此進行背景圖設定

4-8-3 邀請新成員

在前面我們建立新群組時，各位已經順道從 LINE 裡面將已加入的好友中選取要加入群組的成員，這些成員會同時收到邀請，並顯示如左下圖的畫面，被邀請者可以選擇參加或拒絕，也能看到已加入的人數，願意「參加」群組的人就會依序顯示加入的時間，如下圖所示：

你也可以在進入群組畫面後，點選右上角的 ☰ 鈕，就會顯示如下的的選單，讓你進行邀請、聊天設定、編輯訊息…等各項設定工作，其中的「邀請」指令可以來邀請更多成員的加入。

你可選擇行動條碼、邀請網址、電子郵件、SMS 等方式，將 LINE 社群以外的朋友也邀請加入至你的 LINE 群組中。

4-9 LINE 官方帳號

各位剛開始接觸 LINE 官方帳號時，一定有許多困惑，到底 LINE 官方帳號和平常我們所用 LINE 個人帳號有何不同：例如 LINE「群組」可以將潛在客戶集結在一起，然後發送商品相關訊息，不過店家不斷丟廣告給消費者已經不是好的行銷手法，現在的消費者根本不會買單，加上群組中的任何成員都可以發送訊息，往往會有很多有心人士加入群組，然後隨意發送廣告或垃圾訊息。因此所發出的訊息很容易被洗版，每天都要花費心力在封鎖、刪除廣告帳號，成員彼此之間的對話內容也比較不具有隱私性，有些私密問題不適合在群組中公開發問，且 LINE 無法做多人同時管理，造成無法有效管理顧客，而且使用群組也有人數限制，這樣也會造成商家行銷的觸及率受限。

LINE 官方帳號是台灣商家提供行動服務的最佳首選

全新 LINE 官方帳號擁有「無好友上限」，以往 LINE@ 生活圈好友數量八萬的限制，在官方帳號沒有人數限制，還包括許多 LINE 個人帳號沒有的功能，例如：群發訊息、分眾行銷、自動訊息回覆、多元的訊息格式、集點卡、優惠券、問卷調查、數據分析、多人管理…等功能，不僅如此，LINE 官方帳號也允許多人管理，店家也可以針對顧客群發訊息，而顧客的回應訊息只有商家可以看到。

🛒 LINE 個人帳號群組的訊息很容易被洗版

此外，我們可以在後台設定多位管理者，來為商家管理階層分層負責各項行銷工作，有效改善店家的管理效率，以利提高商業利益。這樣的整合無非是企圖將社群力轉化為行銷力，形成新的行動行銷平台，以便協助企業主達成「增加好友」、「分眾行銷」、「品牌互動溝通」等目的，讓實體零售商家能靈活運用官方帳號和其延伸的周邊服務，真正和顧客建立長期的溝通管道。因應行動行銷的時代來臨，LINE 官方帳號的後台管理除了電腦版外，也提供行動裝置版的「LINE Official Account」的 App，可以讓店家以行動裝置進行後台管理與商家行銷，更加提高行動行銷的執行效益與方便性。

🛒 透過 LINE 官方帳號玩行動行銷，可培養忠實粉絲

LINE 官方帳號是一種全新的行銷溝通方式,類似於 FB 的粉絲團,讓店家可以透過 LINE 帳號推播即時活動訊息給其他企業、店家、甚至是個人,還可以同步打造「行動官網」,任何 LINE 用戶只要搜尋 ID、掃描 QR Code 或是搖一搖手機,就可以加入喜愛店家的官方帳號,在顧客還沒有到店前傳達訊息,並直接回應客戶的需求。商家只要簡單的操作,就可以輕鬆傳送訊息給所有客戶。由於朋友圈中的人們彼此會分享資訊,相互交流間接產生了依賴與歸屬感,除了可以透過聊天方式就可以輕鬆做生意外,甚至包括各種回應顧客訊息的方式及各種商業行銷的曝光管道及機制可以幫忙店家提高業績,還可以結合多種圖文影音的多元訊息推播方式,來提升商家與顧客間的互動行為。

圖片來源:https://tw.linebiz.com/service/account-solutions/line-official-account/

4-9-1 聊天也能蹭出好業績

現代人已經無時無刻都藉由行動裝置緊密連結在一起,LINE 官方帳號的主要特性就是允許各位以最熟悉的聊天方式透過 LINE 輕鬆做行銷,以更簡單及熟悉的方式來管理您的生意。透過官方帳號 App 可以將私人朋友與顧客的聯絡資料區隔出來,

可以讓您以最方便、輕鬆的方式管理顧客的資料，重點是與顧客的關係聯繫可以完全藉助各位最熟悉的聊天方式，LINE 官方帳號也可以私密一對一對話方式即時回應顧客的需求，可用來拉近消費者距離，其他群組中的好友是不會看到發出的訊息，可以提高顧客與商家交易資訊的隱私性。

說實話，沒有人喜歡被不回應、已讀不回，優質的 LINE 行銷一定要掌握雙向溝通的原則，在非營業時間內，也可以將真人聊天切換為自動回應訊息，只要在自動回應中，將常見問題設定為關鍵字，自動回應功能就如同客服機器人可以幫忙真人回答顧客特定的資訊，不但能降低客服回覆成本，同時也讓用戶能更輕易的找到相關資訊，24 小時不中斷提供最即時的服務。

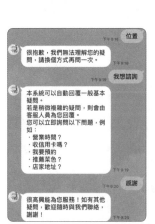

🐾 LINE Official Account 方便商家行動管理

4-9-2 業績翻倍的行銷工具

正所謂「顧客在哪、行銷工具就在哪」，對於 LINE 官方帳號來說，行銷工具的工具相當多，例如商家可以隨意無限制的發送貼文串（類似 FB 的動態消息），不定期地分享商家最新動態及商品最新資訊或活動訊息給客戶，好友們可以在你的投稿內容底下進行留言、按讚或分享。如果投稿的內容被好友按讚，就會將該貼文分享至好友的貼文串上，那麼好友的朋友圈也有機會看到，增加商家的曝光機會。

更具吸引力的地方，除了訊息的回應方式外，LINE 官方帳號提供更多元的互動方式，這其中包括了：電子優惠券、集點卡、分眾群發訊息、圖文選單…等。其中電子優惠經常可以吸引廣大客戶的注意力，尤其是折扣越大買氣也越盛，對業績的提升有相當大的助益。

電子優惠對業績提升很有幫助

「LINE 集點卡」也是 LINE 官方帳號提供的一項免費服務，除了可以利用 QR Code 或另外產生網址在線上操作集點卡，透過此功能商家可以輕鬆延攬新的客戶或好友，運用集點卡創造更多的顧客回頭率，還能快速累積你的官方帳號好友，增加銷售業績。集點卡提供的設定項目除了款式外，還包括所需收集的點數、集滿點數優惠、有效期限、取卡回饋點數、防止不當使用設定、使用說明、點數贈送畫面設定…等。

使用 LINE 官方帳號可以群發訊息給好友，讓店家迅速累積粉絲，也能直接銷售或服務顧客，在群發訊息中，可以透過性別、年齡、地區進行篩選，精準地將訊息發送給一群屬性相似的顧客，這樣好康的行銷工具當然不容錯過。

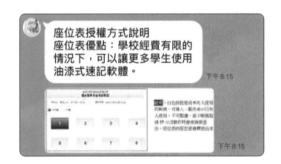

為了大力行銷企業品牌或店家的優惠行銷活動，使用 LINE 官方帳號也可以設計圖文選單內容，引導顧客進行各項功能的選擇，更讓人稱羨的是我們可以將所設計的圖文選單行銷內容以永久置底的方式，將其放在最佳的曝光版位。

問題討論

1. 何謂全球定位系統（GPS）？

2. 請簡介行動行銷（Mobile Marketing）。

3. 請簡介行動行銷的四種特性。

4. App 是什麼？

5. 請簡介「定址服務」（LBS）。

6. 請描述穿戴式裝置未來的發展重點。

7. 何謂無線射頻辨識技術（RFID）？

8. 請簡述如何做好 App 品牌行銷。

9. 請列舉四種常見的 App 行銷方式。

10. 請問 Google Play 有哪些特色？

11. 請簡述 NFC 技術與 RFID 技術有何最大不同？

12. QR Code 行動支付的優點有哪些？

13. 試簡述信任服務管理平台（TSM）的功用。

14. 何謂行動支付（Mobile Payment）？

15. 請簡介條碼支付。

16. 請簡介 LINE 提供的三種加好友方式？

05
CHAPTER

流量變現金的電商網站與 App 設計

- ⊙ 電商網站製作流程
- ⊙ 響應式網頁設計
- ⊙ 行銷人該懂得 UI/UX
- ⊙ 開發爆紅 App 的設計腦
- ⊙ 電商網站經營成效評估

　　網路行銷是一種涵蓋十分廣泛的商業促銷模式，許多商家或個人都能透過網路的便利性提供一個新的經營模式來行銷或賺錢，透過網站服務在地化，等於直接將店面開在你家，隨著電子交易方式機制的進步，24 小時購物似乎已經是一件輕鬆平常的消費方式。對企業面而言，越來越多的網路競爭下，網頁與 App 設計與推廣也更為重要，琳瑯滿目的網站提供了購物、學習、新聞等應有盡有的功能，電商網站的功能關係到網路行銷業務能否具體成功，一個好的網站不只是侷限於有動人的內容、網站設計方式、編排和載入速度、廣告版面和表達型態都是影響訪客抉擇的關鍵因素。

🔘 網站設計是網路集客與吸睛的第一要務

　　店家或品牌如何開發出符合消費者習慣的介面與系統機制，成為設計電商網站與品牌 App 的一大課題，也是網路行銷人員的一門重要課題。不論您是為了提升品牌知名度或增加訂單，無非是自身網站能夠被越多的潛在顧客看見，雖然現在的網站與 App 設計都是強調專業分工，可是如果團隊中的每一位成員，都能具有製作與開發的基本知識，對於團隊的合作效率絕對有加分的作用。

TIPS 透過瀏覽器在 Web 上所看到的每一個頁面都可以稱為**網頁**（Web Page），網頁可分為「靜態網頁」與「動態網頁」兩種，通常網頁內容只呈現文字、圖片與表格，這類網頁就屬於靜態網頁，如果 HTML 語法再搭配 CSS 語法等等，不僅能讓網頁產生絢麗多變的效果，而且還能與瀏覽者進行互動，就屬於動態網頁。

5-1 電商網站製作流程

　　電商網站架設需求，近年來成為網頁設計市場的主流，網站必須看成是整體行銷商品的一種，要怎麼讓網站具有高點閱率就是在設計之前的重點，特別是品牌要銷售的對象是誰？目標族群應該是誰？網站規劃的目標是讓網站透過網際網路提供產品或服務之資訊，期望能讓消費者滿足購買的需求。店家或品牌在進行網站建立

與企劃前，首先要對網站建置目的、目標顧客、製作流程、網頁技術及資源需求要有初步認識，同時也要考量到頁面佈局及配色的美觀性，讓每位瀏覽的顧客都能對參觀的網站印象深刻。接下來我們將會對電商網站製作與規劃作完整說明，並且告訴各位網站建置完成後的績效評估的依據。下圖即為網站設計的主要流程結構及其細部內容：

規劃時期
- 設定網站的主題及客戶族群
- 多國語言的頁面規劃
- 繪製網站架構圖
- 瀏覽動線設計
- 設定網站的頁面風格
- 規劃預算
- 工作分配及繪製時間表
- 網站資料收集

設計時期
- 網頁元件繪製
- 頁面設計及除錯修正

上傳時期
- 架設伺服器主機或是申請網站空間
- 網站內容宣傳

維護更新時期
- 網站內容更新及維護

5-1-1　網站規劃時期

店家的網站不只作為一個門面，更是虛擬數位電商的網路入口，在進行網站架設時，網站規劃可以說是網站的藍圖，規劃時期是網站建置的先前作業，不論是個人或公司網站，都少不了這個步驟。其實網站設計就好比專案製作一樣，必須經過事先的詳細規劃及討論，然後才能藉由團隊合作的力量，將網站成果呈現出來。

💡 設定網站的主題及客戶族群

「網站主題」是指網站的內容及主題訴求，以公司網站為例，具有線上購物機制或僅提供產品資料查詢就是二種不同的主題訴求。

具有線上購物機制的商品網站

圖片來源：http://www.momoshop.com.tw/main/Main.jsp

僅提供商品資料查詢的網站

圖片來源：http://www.acer.com.tw/

「客戶族群」可以解釋為會進入網站內瀏覽的主要對象，這就好像商品販賣的市場調查一樣，一個越接近主客戶群的產品，其市場的接受度也越高。如下圖所示，同樣的主題，針對一般大眾或是兒童，所設計的效果就要有所不同。

高雄市稅捐稽徵處的兒童網站

圖片來源：http://www.kctax.gov.tw/kid/index.htm

高雄市稅捐稽徵處的中文網站

圖片來源：http://www.kctax.gov.tw/tw/index.aspx

　　雖然我們不可能為了建置一個網站而進行市場調查，但是若能在網站建立之前，先針對「網站主題」及「客戶族群」多與客戶及團隊成員討論，以取得一個大家都可以接受的共識，必定可以讓這個網站更加的成功，同時，也不會因為網站內容不合乎客戶的需求，而導致人力、物力及財力的浪費。

多國語言的頁面規劃

　　在國際化趨勢之下，網站中同時具有多國語言的網頁畫面是一種設計的主流，也能讓搜尋引擎正確將搜尋結果提供給不同語言的用戶。如果有設計多國語言頁面的需求時，也必須要在規劃時期提出，因為產品資料的翻譯、影像檔案的設計都會額外再需要一些時間及費用，先做好詳細規劃才不容易發生問題。如果有提供多國語言的設計，通常都會在首頁放置選擇語言的連結，以方便瀏覽者做選擇。

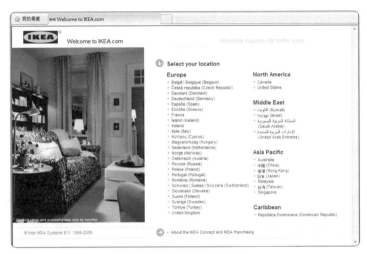

圖片來源：http://www.ikea.com/

 進入網站時所看到的第一個網頁，通稱為**首頁**，由於是整個網站的門面，因此網頁設計者通常會在首頁上加入吸引瀏覽者的元素，例如動畫、網站名稱與最新消息等等。

繪製網站架構圖

　　店家決定好網站要放哪些主題與頁面後，我們就可以來進一步談談要如何安排網站架構。網站架構圖主要是要讓你把網站內容架構階層化，後續可以根據這個架構，再去規劃如下圖中的組織結構，也可稱為是網站中資料的分類方式，基本上包含了頁首，頁尾，多層選單，側欄、主頁、個別頁面內容和網址，我們可以根據「網站主題」及「客戶族群」來設計出網站中需要哪些頁面來放置資料。

網站架構圖

　　除了應用在網站設計以外，網站架構圖同時也是導覽頁面中連結按鈕設計的依據，當各位進入到網站之後，就是根據頁面上的連結按鈕來找尋資料頁面，所以一個分類及結構性不完備的網站架構圖，不僅會影響設計過程，也連帶會影響到使用者瀏覽時的便利性。至於選單（menu）是導引用戶於不同網頁的重要指引功能，可以區分為主選單和子選單，當網站有許多頁面時，用選單來妥善收納整理，對於用戶體驗可以造成好的效果。一般來說，選單不會超過三層，從首頁進來的消費者才能盡快到達所需要的頁面。

實用的導覽列，有助於網友了解網站架構及瀏覽資料

圖片來源：http://www.kcg.gov.tw/

瀏覽動線設計

　　瀏覽動線就像是車站或機場中畫在地上的一些彩色線條，這些線條會導引各位到想要去的地方而不會迷失方向。不過網頁上的連結就沒有這些線條來導引瀏覽者，此時連結按鈕的設計就顯得非常重要。

1.　**只有垂直連結順序**：此種連結順序是將所有的導覽功能放置於首頁畫面，使用者必須回到首頁之後，才能繼續瀏覽其他頁面，優點是設計容易，缺點則是在瀏覽上較為麻煩，圖中的箭號就是代表瀏覽者可以連結的方向順序。

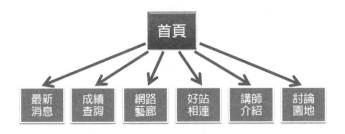

2.　**水平與垂直連結順序**：同時具有水平及垂直連結順序的導覽動線設計擁有瀏覽容易的優點，缺點是設計上較為繁雜。

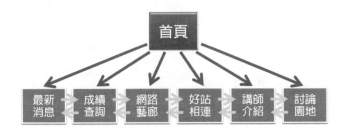

不管各位想要採用何種設計，都一定要經過詳細的討論與規劃，有些頁面是熱門的明星頁面，可以成功吸引搜尋流量，而有些頁面並未能成功吸引流量但很可能具有潛力，最好能與熱門頁面連結，而且除了瀏覽動線的規劃外，在每個網頁中都放置可直接回到首頁的連結，或是另外獨立設計一個網站目錄頁面，都是不錯的好方法。

💡 設定網站的頁面風格

　　頁面風格就是網頁畫面的美術效果，這裡可再細分為「首頁」及「各個主題頁面」的畫面風格，其中「首頁」屬於網站的門面，所以一定要針對「網站主題」及「客戶族群」二大需求進行設計，同時也相當強調美術風格。至於「各個主題頁面」因為是放置網站中的各項資料，所以只要風格和「首頁」保持一致，畫面不需要太花俏。

- 首頁

圖片來源：http://www.icoke.hk/

- 各主題頁面

　　另外各個頁面中的連結文字或圖片數量則是依據「瀏覽動線」的設計來決定。在此建議各位先在紙上繪製相關草圖，再由店家及團隊成員共同決定。

規劃預算

　　預算費用是網站設計中最不易掌控及最現實的部份。不論是架設伺服器或是申請網站空間，還是影像圖庫與請專人設計程式、動畫及資料庫等等，都是一些必須支出的費用。不論如何，各位都要將可能支出的費用及明細詳列出來，以便進行預算費用的掌控。

工作分配及繪製時間表

　　專業分工是目前市場的主流，在設計團隊中每個人依據自己的專長來分配網站開發的各項工作，除了可以讓網站內容更加精緻外，更可以大幅度的縮減開發時間。不過專業分工的缺點是進度及時間較難掌控，也因此在分工完成後，還要再繪製一份開發進度的時間表，將各項設計的內容與進度作詳細規劃，同時在團隊中，也要有一個領導者專司進度掌控、作品收集及與客戶的協調作業，以確保各個成員的作品除了風格一致外，也可滿足客戶的需求。

網站內容與資料收集

網路行銷手段與趨勢不管如何變化發展，網站內容絕對都會是其中最為關鍵的重中之重，以建構一個購物網站為例，商品照片、文字介紹、公司資料及公司 Logo 等，都是必須要店家提供。各位可以根據網站架構中各個頁面所要放置的資料內容，來列出一份詳細資料清單，然後請客戶提供，此時可以請團隊中的領導者隨時和客戶保持連絡，作為成員與客戶之間溝通的橋樑。

需要較多商品資訊及圖片的網站

圖片來源：http://www.nokia.com.tw/find-products/products

5-1-2 網站設計

網站設計時期已經進入到網站實作的部份，這裡最重要的是後面的整合及除錯，如何讓客戶滿意整個網站作品，都會在這個時期決定。除了內容主題的文字之外，同時也要考量到頁面佈局及配色的美觀性，店家都應該透過觀察訪客在網路商店上的活動路線，調整版面設計以方便顧客的瀏覽體驗，讓付款過程更加順暢，每位瀏覽者都能對設計的網站印象深刻。

各位在逛百貨公司時經常會發現對於手扶梯設置、櫃位擺設、還有讓顧客逛店的動線都是特別精心設計，就像網站給人的第一印象非常重要，尤其是**首頁**（Home Page）與**到達頁**（Landing Page），通常店家都會用盡心思來設計和編排，首頁的畫面效果若是精緻細膩，瀏覽者就更有意願進去了解。以商品網站來看，不外乎是商品類型、特價活動與商品介紹等幾大項，我們可以將特價活動放置在頁面的最上方，以吸引消費者目光，也能在最上方擺放商品類型的導覽按鈕，以利消費者搜尋商品之用。例如導覽列按鈕有位在頁面上端，也有置於左方的布局，另外，許多的網站由於規劃的內容越來越繁複，所以導覽按鈕擺放的位置，可能左側和上方都同時存在，請看以下範例參考：

 網路上每則廣告都需要指定最終到達的網頁，**到達頁**（Landing Page）就是使用者按下廣告後到直接到達的網頁，到達頁和首頁最大的不同，就是到達頁只有一個頁面就要完成讓訪客馬上吸睛的任務，通常這個頁面是以誘人的文案請求訪客完成購買或登記。

將導覽列按鈕置於上方的頁面佈局

將導覽列按鈕置於左側的頁面佈局

做網站設計的時候，色彩也是一個非常重要的設計要點，色彩也是以「專業」特質為配色效果來看，要隨著不同的頁面佈局，而適當的針對配色效果中的某個顏色來加以修正，看看怎樣的顏色搭配，才能呈現網站風格特性，下面就是一些配色的網站範例：

冷色系給人專業 / 穩重 / 清涼的感覺

暖色系帶給人較為溫馨的感覺

顏色對比強烈的配色會帶給人較有活力的感覺

5-1-3　網站上傳

網站完成後總要有一個窗來讓使用者可以進入瀏覽，因此網站上傳工作就單純許多，這裡只是將整個網站內容，放置到伺服器主機或是網站空間上。成本及主機功能是這個時期要考量的因素，如何讓成本支出在容許的範圍內，又可以使得網站中的所有功能能夠順利使用，就是這個時期的重點。

目前使用的方式有「自行架設伺服器」、「虛擬主機」及「申請網站空間」等三種方式可以選擇，如果以功能性而言，自行架設伺服器主機當然是最佳方案，但是建置所花費的成本就是一筆不小的開銷。如果以一般公司行號而言，初期採用「虛擬主機」是一個不錯的選擇，而且可以視網站的需求，選用主機的功能等級與費用，將自行架設伺服器主機當作公司中長期的方案，其中的差異請看如附表中的說明。

「虛擬主機」（Virtual Hosting）是網路業者將一台伺服器分割模擬成為很多台的「虛擬」主機，讓很多個客戶共同分享使用與平均分攤成本，也就是請網路業者代管網站的意思，對使用者來說，就可以省去架設及管理主機的麻煩。網站業者會提供給每個客戶一個網址、帳號及密碼，讓使用者把網頁檔案透過 FTP 軟體傳送到虛擬主機上，如此世界各地的網友只要連上網址，就可以看到網站了。

項目	架設伺服器	虛擬主機	申請網站空間
建置成本	最高 （包含主機設備、軟體費用、線路頻寬和管理人員等多項成本）	中等 （只需負擔資料維護及更新的相關成本）	最低 （只需負擔資料維護及更新的相關成本）
獨立 IP 及網址	可以	可以	附屬網址 （可申請轉址服務）

項目	架設伺服器	虛擬主機	申請網站空間
頻寬速度	最高	視申請的虛擬主機等級而定	最慢
資料管理的方便性	最方便	中等	中等
網站的功能性	最完備	視申請的虛擬主機等級而定，等級越高的功能性越強，但費用也越高	最少
網站空間	沒有限制	也是視申請的虛擬主機等級而定	最少
使用線上刷卡機制	可以	可以	無
適用客戶	公司	公司	個人

如下所示的網站，就有提供付費的虛擬主機服務的網站。

圖片來源：http://www.nss.com.tw/index.php

圖片來源：http://hosting.url.com.tw/

5-1-4　維護及更新

　　電商網站的交易與行銷過程大都是數位化方式，所產生的資料也都儲存在後端系統中，因此後端系統維護管理相當重要。對網站運行狀況進行監控，發現運行問題及時解決，並將網站運行的相關情況進行統計，後端系統必需提供相關的資訊管理功能，如客戶管理、報表管理、資料備份與還原等，才能確保電子商務運作的正常。

　　網路上誰的產品行銷能見度高、消費者容易買得到，市佔率自然就高，定期對網站做內容維護及資料更新，是維持網站競爭力的不二法門。我們可以定期或是在特定節日時，改變頁面的風格樣式，這樣可以維繫網站帶給瀏覽者的新鮮感。而資料更新就是要隨時注意的部份，避免商品在市面上已流通了一段時間，但網站上的資料卻還是舊資料的狀況發生。

![Google Analytics 分析畫面]

GA 會提供網站流量、訪客來源、行銷活動成效、頁面拜訪次數等訊息

網站內容的擴充也是更新的重點之一，網站建立初期，其內容及種類都會較為
單純。但是時間一久，慢慢就會需要增加內容，讓整個網站資料更加的完備。對於
已經運行一段時間的網站，則可以透過 Google Analytics(GA) 知道哪些頁面是熱門頁
面。對於一些沒有帶來多少人流的過氣頁面，如果網頁內容已經過時，可以考慮更
新或改善該網頁的內容。關於這方面，建議多去參考其他同類型的網站，才能真正
的讓網站長長久久。

5-2 響應式網頁（RWD）設計

隨著行動交易方式機制的進步，全球行動裝置的數量將在短期內超過全球現有
人口，在行動裝置興盛的情況下，24 小時隨時隨地購物似乎已經是一件輕鬆平常的
消費方式，客戶可能會使用手機、平板等裝置來瀏覽你的網站，消費者上網習慣的
改變也造成企業行動行銷的巨大變革，如何讓網站可以跨不同裝置與螢幕尺寸順利
完美的呈現，就成了網頁設計師面對的一個大難題。

🖱 相同網站資訊在不同裝置必需顯示不同介面，以符合使用者需求

　　電商網站的設計當然會影響到行動行銷業務能否成功的關鍵，一個好的網站不只是侷限於有動人的內容、網站設計方式、編排和載入速度、廣告版面和表達型態都是影響訪客抉擇的關鍵因素。因此如何針對行動裝置的響應式網頁設計（Responsive Web Design, RWD），或稱「自適應網頁設計」，讓網站提高行動上網的友善介面就顯得特別重要，當行動用戶進入你的網站時，必須能讓用戶順利瀏覽、增加停留時間，也方便的使用任何跨平台裝置瀏覽網頁。

　　響應式網頁設計（RWD）被公認為是能夠對行動裝置用戶提供最佳的視覺體驗，特點是不論在手機、平板或桌上電腦的網址 URL 都是不變，還可以讓網頁中的文字以及圖片甚至是網站特殊效果，自動適應使用者正在瀏覽的手機螢幕大小。由於傳統的網頁設計無法滿足所有的網頁瀏覽裝置，因為每種裝置的限制或系統規範都不相同，當裝置越小時網頁就顯示的越小，此時容易發生難以閱讀的問題。所以在桌上型電腦或平板電腦上所瀏覽的版面，若以智慧型手機瀏覽時，就必須要隨裝置畫面的寬度進行調整。如下圖所示：

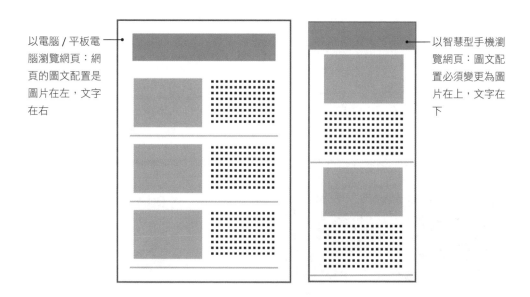

以電腦 / 平板電腦瀏覽網頁：網頁的圖文配置是圖片在左，文字在右

以智慧型手機瀏覽網頁：圖文配置必須變更為圖片在上，文字在下

5-2-1　響應式網頁設計原理

　　響應式網頁設計最早是由 A List Apart 的 Ethan Marcotte 所定義，因為 RWD 被公認為能夠對行動裝置用戶提供最佳的視覺體驗，原理是使用 CSS，以百分比的方式來進行網頁畫面的設計，在不同解析度下能自動去套用不同的 CSS 設定。簡單來說，就是透過 CSS，可以使得網站透過不同大小的螢幕視窗來改變排版的方式，讓不同裝置（桌機、筆電、平板、手機）等不同尺寸螢幕瀏覽網頁時，整個網頁頁面會對應不同的解析度，不僅手機版本，就連平板電腦如 iPad 等的平台也都能以最適合閱讀的網頁格式瀏覽同一網站。

CSS 的全名是 Cascading Style Sheets，一般稱之為串聯式樣式表，其作用主要是為了加強網頁上的排版效果（圖層也是 CSS 的應用之一），可以用來定義 HTML 網頁上物件的大小、顏色、位置與間距，甚至是為文字、圖片加上陰影等等功能。具體來說，CSS 不但可以大幅簡化在網頁設計時對於頁面格式的語法文字，更提供了比 HTML 更為多樣化的語法效果。

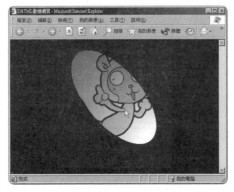
🐢網頁上的探照燈效果

🐢網頁上的轉場效果

　　過去當我們使用手機瀏覽固定寬度（例如：960px）的網頁時，會看到整個網頁顯示在小小的螢幕上，如果想看清楚網頁上的文字必須不斷地用手指在頁面滑動才能拉近（zoom in）順利閱讀，相當不方便。由於響應式設計的網頁能順應不同的螢幕尺寸重新安排網頁內容，完美的符合任何尺寸的螢幕，並且能看到適合該尺寸的文字，不用一直忙著縮小放大拖曳，不但給使用者最佳瀏覽畫面，還能增加訪客停留時間，當然也增加下單機率。

RWD 設計的電腦版與手機板都是使用同一個網頁

5-2-2　響應式網頁 vs. App

響應式網頁設計相較於手機 App 的最大優勢，在於網站一律使用相同的網址和網頁程式碼，同一個網站適用於各種裝置，當然不需要針對不同版本設計不同視覺效果，簡單來說，只要做一個網站的費用，就可以跨平台使用，解決多種裝置瀏覽的問題。App 必須根據不同手機系統（iOS、Android）分別開發，而且設計者一定要先從應用程式商店下載安裝才有辦法使用，加上 App 完成之後需要不定期針對新版本測試，才能讓 App 在新出廠的手機上運作順暢。此外，未來只需要維護及更新一個網站內容，不需要為了不同的裝置設備，再花時間找人編寫網站內容，每次連上網頁都會是最新版本，代表著我們的管理成本也能夠同步節省許多。

RWD 能節省網站設計與維護成本

5-3　行銷人該懂得 UI/UX

電商網站設計趨勢通常可以反映當時的技術與時尚潮流，由於視覺是人們感受事物的主要方式，近來在電商網站的設計領域，如何設計出讓用戶能簡單上手與高效操作的用戶介面式設計的重點，短短數年光陰，因為行動裝置的普及，讓 App 數量如雨後春筍般的蓬勃發展，因此近來對於電商網站與 App 設計有關 UI/UX 話題重視的討論大幅提升，畢竟網頁的 UI/UX 設計與動線規劃結果，扮演著能否留下用戶舉足輕重的角色，也是顧客吸睛的主要核心依據。

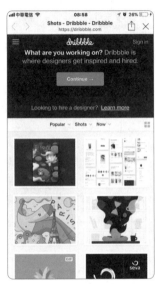

🖱 Dribbble 網站有許多最新潮的 UI/UX 設計樣品

5-3-1　UI/UX 設計技巧

UI（User Interface，使用者介面）是屬於一種數位虛擬與現實互換資訊的橋樑，也就是使用者和電腦之間輸入和輸出的規劃安排，App 設計應該由 UI 驅動，因為 UI 才是人們真正會使用的部份，我們可以運用視覺風格讓介面看起來更加清爽美觀，因為流暢的動效設計可以提升 UI 操作過程中的舒適體驗，減少因等待造成的煩躁感。

設計時除了維持網站上視覺元素的一致外，盡可能著重在具體的功能和頁面的設計。同時在 App 開發流程中，UX（User Experience，使用者體驗）研究所佔的

🖱 UI Movement 專門收錄不同風格的 App 頁面設計

角色也越來越重要，UX 的範圍則不僅關注介面設計，更包括所有會影響使用體驗的所有細節，包括視覺風格、程式效能、正常運作、動線操作、互動設計、色彩、圖形、心理等。真正的 UX 是建構在使用者的需求之上，是使用者操作過程當中的感覺，主要考量點是「產品用起來的感覺」，目標是要定義出互動模型、操作流程和詳細 UI 規格。

全世界公認是 UX 設計大師的蘋果賈伯斯有一句名言：「我討厭笨蛋，但我做的產品連笨蛋都會用。」一語道出了 UX 設計的精髓。通常不同產業、不同商品用戶的需求可能全然不同，就算商品本身再好，如果用戶在與店家互動的過程中，有些環節造成用戶不好的體驗，例如 App 介面內容的載入，一直都是令開發者頭痛的議題，如何讓載入過程更加愉悅，絕對是努力的方向，因為也會影響到用戶對店家的觀感或購買動機。

談到 UI/UX 設計規範的考量，也一定要以使用者為中心，例如視覺風格的時尚感更能增加使用者的黏著度，近年來特別受到扁平化設計風格的影響，極簡的設計本身並不是設計的真正目的，因為乾淨明亮的介面往往更吸引用戶，讓使用者的注意力可以集中在介面的核心訊息上，在主題中使用更少的顏色變成了一個流行趨勢，而且講究儘量不打擾使用者，這樣可以使設計變得清晰和簡潔，請注意！千萬不要過度設計，打造簡單而更加富於功能性的 UI 才是終極的目標。

設計師在設計網站或 App 的 UI 時，必須以「人」作為設計中心，傳遞任何行銷訊息最重要的就是讓人「一看就懂」，所以儘可能將資訊整理得簡潔易懂，不用讀文字也能看圖操作，同時能夠掌握網站服務的全貌。尤其是智慧型手機，在狹小的範圍裡要使用多種功能，設計時就得更加小心，例如放棄使用分界線就是為了帶來一個具有現代感的外觀，讓視覺體驗更加清晰，或者當文字的超連結設定過密時，常常讓使用者有「很難點選」的感覺，適時的加大文字連結的間距就可以較易點選到文字。

文字連結過於密集，很難點選

加大的間距很容易點選到目標物

　　特別是手機所能呈現的內容有限，想要將資訊較完整的呈現，那麼折疊式的選單就是不錯的選擇。如下所示，在圖片上加工文字，可以讓瀏覽者知道圖片裡還有更多資訊，可以一層層的進入到裡面的內容，而非只是裝飾的圖片而已。（如左下圖所示）而主選單文字旁有三角形的按鈕，也可以讓瀏覽者一一點選按鈕進入到下層。（如右下圖所示）：

由此路徑可知道目前所在的階層，也方便回到最上層做其他選擇

圖片上加入文字標題和符號，讓使用者知道裡面還有隱藏的內容

折疊式選單，透過三角形的方向，讓使用者知道還有隱藏的內容

5-4 開發爆紅 App 的設計腦

　　App 設計的發展已經超越了傳統網頁設計，因為智慧型手機目前已經是取代 PC 的主要上網媒體，給用戶帶來前所未有的體驗，企業想要製作專屬的 App 來推廣公司的產品也並不困難，所謂「戲法人人會變，各有巧妙不同」，要開發一款成功爆紅的 App，關鍵在於是否提供用戶物超所值的體驗與跟消費需求，以下我們將說明 App 的開發設計過程中，助你衝高下載量的四大基本設計技巧。

5-4-1 清楚明確的開發主題

　　主題將會是決定 App 是否暢銷的一個很大因素，App 就跟一般商品一樣，你必須先決定一個方向，App 行銷的核心價值在於「人」，當然希望產品能滿足目標使用者的需求。在開發 App 前，請先想想到底是為誰開發？最後鎖定目標受眾，最後再決定一個你覺得最有可能成功的主題來製作與發想。簡單來說，就是要打造以目標為導向的 App。

　　沒有被找到的 App 就沒有價值，App 主題必須留意重點的表達和效果，在用戶使用 App 時，能在最短時間內搜尋到這款產品的用途和特性，特別是在擁有超過幾百萬款 App 的網路商店中挑選實在讓人眼花撩亂，搜尋到想要的 App 並不是一件很容易的事，一個有明確主題的 App，一定會更容易被用戶搜尋。

🔵 成功的 App 首先要有明確主題

5-4-2　迅速吸睛與容易操作

App 可以說是行動裝置與客戶接觸最重要的管道，尤其是在功能及使用上顯著和網站使用有所不同，不但必須充分理解行動裝置的限制與特性，讓他們更好操作。由於視覺及介面設計是讓用戶打開之後決定 App 去留的關鍵，要盡可能把握黃金 3 秒，成功吸引用戶的目光，特別是從原本的電腦網頁轉變成為 App 時，消費者的耐心也會更少了，各位不妨透過採用一些設計小技巧，減輕等待感所帶來的負面情緒。例如透過放大的字體和更加顯眼的色彩來凸顯，不然他們也不會想從 App Store 或 Google Play 中下載。

🔖 把握黃金 3 秒，成功吸引用戶的目光

開發 App 時，千萬不要用複雜的介面為難用戶，直觀好上手的原則絕對是王道。Yahoo 執行長 Marissa Mayer 提出「兩次點擊原則」（The Two Tap Rule），表示一旦你打開 App，如果要點擊兩次以上才能完成使用程序，就應該馬上打掉重新設計。此外，下載到難用的 App，就像遇到恐怖情人一樣，如果用戶無法輕易使用你的 App，也絕對不會想長期使用，根據統計，在用戶註冊後不到 3 天時間內，有約 7 成的用戶都選擇了解除安裝。事實上，當用戶下載 App 後，才是與其真正關係的建立，還有複雜的登入流程也可能讓使用者想都不想就直接放棄。

5-4-3　簡約主義的設計風格

行動裝置的設計受到不同廠牌間的差異而有所影響，不過手機螢幕的尺寸還是始終有限，因此在 App 設計中，精簡是一貫的準則，現在 App 設計中使用簡約主義風格是主流，容易給人一種「更輕」的體驗，必須想方設法讓用戶的眼睛集中專注

在有意義的訊息，因為簡約設計會讓人看起來寧靜清爽，也同時降低了使用者在該介面的導航成本，讓使用者能更舒適直覺地操作 App。

例如太多的色彩也會給用戶以負面影響，所以盡量簡化配色方案，透過真實的背景圖片與簡短的文案互相搭配，也可以簡單而有整體感。從某種意義上說，怎麼從一個操作的小按鈕，到跳出的提醒視窗都能符合這些條件，保留簡單的核心元素才是成功吸引用戶的關鍵，而且要盡量以圖形代替文字，提升用戶體驗。

簡約主義風格是形式和功能的完美融合

5-4-4 做好 ICON 門面設計

在這麼多數以百萬 App 當中，通常最能夠在一瞬間，第一時間抓住使用者目光的是什麼？就是 ICON（圖標）。要讓用戶選擇下載的話，ICON 的辨識度和色彩感就變得極為重要了，身為 App 開發者的各位，怎能小看這看似簡單的 ICON 設計？

ICON 是 App 設計非常重要的元素，可以嘗試轉換成具有商家特色的小圖標，只需搭配簡易的 LOGO，讓用戶更加清晰的了解到該商家的特點，也可以很容易聯想到這支 App 的用途。一個有寓意的圖標或文字都可以成為介面的唯一重點，也是視覺傳達的主要手段之一，當然 ICON 和介面設計的統一性也相當重要。例如以下透過這些代表 App 的臉，用簡潔的一個 ICON 來表現，

好的 ICON 是一套受歡迎 App 的門面

就能給人一種很舒適立體的感覺，會讓使用者在第一時間內有關聯性的想像，進而從 ICON 感受到該款 App 所要表達特定遊戲的氛圍。

5-5 電商網站經營成效評估

在數位經濟時代，全球電子商務發展並不受新冠疫情或景氣影響，讓許多傳統企業老闆都看到一道曙光，國際品牌到個人創業者，投入電子商務經營不僅僅是一股熱潮，而且正改變人們長久以來的消費習慣與企業經營型態。

電商網站的種類與技術不斷地推陳出新，使得電子商務走向更趨於多元化，不可諱言在日趨競爭的現在，電商網站想要獲取每個會員的成本日益增高，因此電商網站經營已經成為極具挑戰性的任務。由於不同性質網站所設定的目標不同，店家對於網站經營結果的評估，往往都是憑藉著自己的感覺來審視冰冷的數據，然而如果透過網站客觀可視的數據，我們更能夠全面了解一家電商網站的成效，因為電商網站設計不只是一種創作，如何在過程中找出關鍵數據，也就是透過商業轉換與績效來做為最後檢驗的標準。以下是我們建議的四項電商網站成效評估指標：

電商網站的四項成效評估指標

5-5-1 網站轉換率

電商網站首先就是看流量，誰有流量誰就是贏家，無論電商網站的模式如何變，關鍵永遠都是流量，來商店逛逛的人多了，成交的機會相對就較大。流量的成長代表網站最基本的人氣指標，這也是評估有關網站能見度（Visibility）一個很重要的因素。由於網路數據具備可偵測性，我們可以透過**網站流量**（Web Site Traffic）、

點擊率（Click）、**訪客數**（Visitors）來判斷。點擊率則是一個沒有實際經濟價值的人氣指標，網站並無法藉由點擊率來賺錢，最多只能增加網站的流量數字。

網站轉換率，也就是**流量轉換率**，是各家電商網站十分重視的一個獲利指標，近年來平均顧客轉換成訂單的比率不斷下降，電商網站的轉換率往往依產業別而異，公式就是將訂單數 / 總訪客數，算出平均多少訪客可以創造出一張訂單，轉換率如果越高，店家才能持續獲利與成長，越能達成期待的獲利目標，在相同流量的情況下，只需要提升轉換率，就可以提升整體收入。

網路商店數據分析是用來衡量網路商店的表現，數據能顯示流量、點擊率、轉化率、交易量、停留時間，過濾用戶行為、追蹤用戶回饋等，因為網路上有許多免費的流量分析統計工具，如果各位想查詢自己或公司網站的流量排名時，建議可以直接採用免費的 Alexa 網站分析工具來對網站做流量分析。

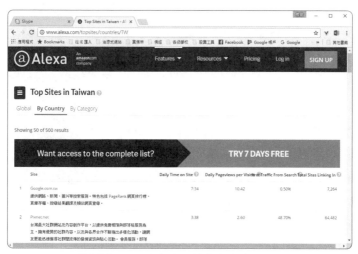

透過 Alexa 來查詢網站數據的綜合分析

5-5-2 網站獲利率

通常電商網站會因為定位跟策略不同，當然在獲利的來源上有著不同的差異性。任何電商網站的最大的價值都在於藉由新的網路交易平台，以增加企業的獲利

績效，經營電商網站首重營業額，必須要像開實體店面一般，使用更精確的財務數字來評估經營績效，到底能夠帶進多少訂單或業績來判斷。

🔘 Google Analytics 是網站數據分析人員必備工具

　　網路雖然可以讓產品在極短時間內爆紅，帶來大幅營收成長，但也意味著產品一登上網路，就必須面對數以千計的競爭對手，因為價格競爭因素，而帶來毛利率下滑也是不爭的事實，進而影響獲利目標。畢竟對電商網站而言，總希望把錢花在刀口上，因此必須考量電商網站營運最重要的三個成本，包括平均流量獲取成本、平均會員獲取成本，平均訂單獲取成本，當然最實際的就是網站帶來訂單數的真正網站獲利率（亦即淨利與成本的比率）。

5-5-3　網站回客率

　　「得到流量並不代表一切！」現在的電子商務跟以往有很大不同，不少店家剛開始只在乎網路商店能不能為他帶來流量，但往往卻忽略了其他有價值的數據，除了流量之外，保留客戶絕對是各電商網站的第一目標，網站的回客率（Back-off

Rate）更是重要評估指標之一。正確的集客順序應該是先提升回客率，接著才是招攬新顧客，如何提高回客率是一家網路商店獲利與成效的基礎。店家透過追蹤訪客的行為模式以及他們的背景資料，我們可以找出他們的共同特點，縮小顧客的搜尋範圍，進而導入外部客戶回流並提升新訪客的加入，讓網站不斷的有更多新會員成長壯大，增加網站的購買率。

🔊 東森購物網有很高的回客率

5-5-4 網站安全性

隨著 E 化時代的來臨，使用電商網站已變成企業重要的獲利工具之一，每個網站或多或少都會有風險因素存在。近年網站使用之安全性屢遭挑戰、個人安全意識的提升，許多消費者在網路上進行瀏覽及交易，最重視的就是網站是否安全，建立網友對網站的信任感與安全的交易環境，也是電商網站成效評估的重要指標之一，因這會嚴重影響在網站上進行消費的意願，網站安全漏洞的大量存在，和不斷發現新問題仍是網路安全的最大隱憂。

在安全性方面，評估網站主要的瀏覽動作是否採用 SSL 機制及網站安全漏洞的防護程度，例如使用者在網站上輸入帳號密碼及下訂單，如果有提供 SSL 安全機制，隱私資料就不容易被人竊聽與盜取。SET 機制較 SSL 更安全，可以讓使用者先儲存金額至電子錢包中，在網路上消費時再從電子錢包中扣款。一般網站安全漏洞的防護程度則包括架設防火牆（Firewall）、入侵偵測系統、防毒軟體及作業系統、網路伺服器、資料庫，資料外洩與資料損毀問題的危機處理。

1. 請簡單介紹「網頁」（Web Page）。

2. 請簡介網站製作流程。

3. 什麼是「到達頁」（Landing Page）？

4. 請問有哪些常見的架站方式？

5. 何謂虛擬主機」（Virtual Hosting）？有哪些優缺點？請說明。

6. 電商網站有哪四項成效評估指標？

7. 請介紹 UI（使用者介面）/UX（使用者體驗）。

8. 請簡介響應式網頁設計（RWD）。

9. 試簡述 CSS 的特色。

10. 請列舉 App 的設計過程中，能夠衝高下載量的四大基本設計技巧。

11. 請簡介 ICON 與 App 開發的重要性？

MEMO

06
CHAPTER

秒殺拉客的網路行銷
熱門宮心計

- ⊙ 網路廣告
- ⊙ 電子報行銷
- ⊙ 部落格行銷
- ⊙ 邁向成功店家的隱藏版行銷必殺技
- ⊙ 點石成金的搜尋引擎行銷
- ⊙ 搜尋引擎的演算邏輯
- ⊙ 不可不知的 SEO 實戰入門

自從網際網路興起後，網路技術的發展推動了寬頻流量的大幅增長，這些有利條件帶動了網路行銷的產業規模，網路行銷一直都是中小企業的最佳行銷工具，網路上的互動性是網路行銷最吸引人的因素，企業可以透過網路將產品與服務的資訊提供給顧客，也可以讓顧客參與產品或服務的規劃。網站行銷的兩個主要目標分別是讓更多的顧客知道你的商品，以及重複將行銷資訊讓瀏覽者熟悉為止。特別是隨著越來越多的網路流量移動到行動裝置上，如何在行銷設計中體現行動端優先、並主動抓住消費者的注意力，與更優化行動媒體上的創意。

🔘 企業網站本身就是一種基本的網路行銷工具

　　成功的網路行銷不只要了解顧客的需求與體貼顧客的感受，還必須懂得善用新時代的新工具來幫助你更靠近老顧客。在網路行銷的時代，各種新的行銷工具及手法不斷推陳出新，也讓行銷人員必須與時俱進的學習各種工具來符合行銷效益，就像一件樂高積木堆成的藝術作品。一個好的積木作品之所以創作成功，不會只單靠一種類型的積木就能完成，各種行銷工具就像是樂高積木有不同大小與功能，在技術不斷推陳出新衝擊下，網路行銷的操作手法也跟著不斷變化，單一的行銷工具較無法達成導引消費者到店家或品牌最終目的，必須依靠與配合更多數位行銷技巧，本章中就要為各位介紹目前當紅的網路行銷技巧。

TIPS

通常駭客（Hack）被認為是使用各種軟體和惡意程式攻擊個人和網站的代名詞，不過所謂**成長駭客**（Growth Hacking）的主要任務就是跨領域地結合行銷與技術背景，直接透過「科技工具」和「數據」的力量於短時間內快速成長與達成各種增長目標，所以更接近「行銷 + 程式設計」的綜合體。成長駭客和傳統行銷相比，更注重密集的實驗操作和資料分析，目的是創造真正流量，達成增加公司產品銷售與顧客的營利績效。

6-1 網路廣告

販售商品最重要的是能夠大量吸引顧客的目光，廣告便是其中的一個選擇，也可以說是指企業以一對多的方式利用付費媒體，將特定訊息傳送給特定的目標視聽眾的活動。傳統廣告主要利用傳單、廣播、大型看板及電視的方式傳播，來達到刺激消費者的購買欲望，進而達成實際的消費行為。網路廣告就是在網路平台上做的廣告，與一般傳統廣告的方式並不相同。

🌐 Yahoo 官方經常打造的創新型態網路廣告

 瘋狂跟班廣告（Crazy Ad）是 Yahoo 推出的廣告模式，在低頭族們快速滑手機的當下，會以特別搶眼的視覺效果突然呈現在消費者面前，達到 100% 吸睛度，點擊效果比橫幅廣告多 10 倍以上。

網路廣告可以定義為是一種透過網際網路傳播消費訊息給消費者的傳播模式，擁有互動的特性，能配合消費者的需求，進而讓顧客重複參訪及購買的行銷活動，優點是讓使用者選擇自己想要看的內容、沒有時間及地區上的限制、比起其他廣告

方法更能迅速知道廣告效果。網路廣告的門檻雖然較低，不過如果應用得當，仍然可以翻轉中小企業業績，大幅縮短消費距離，而且外溢效果極為強大，越來越多的網路廣告跟我們生活息息相關，科技越來越發達，廣告模式也更五花八門，以下是 Web 上常見的網路廣告類型。

橫幅廣告（Banner Ad）是最常見的收費廣告，在所有與品牌推廣有關的數位行銷手段中，橫幅廣告的作用最為直接，通常都會再加入鏈結以引導使用者至廣告主的宣傳網頁，不過目前多數人已習慣忽略橫幅廣告，甚至認為會干擾消費體驗，而且在行動裝置應用上，互動方式受限，因此並不受行動使用者喜愛。

按鈕式廣告（Button Ad）是一種小面積的廣告形式，因為收費較低，較符合無法花費大筆預算的廣告主，例如：行動呼籲（Call to Action, CTA）鈕就是一個按鈕式廣告模式，就是希望召喚消費者去採取某些有助消費的活動。至於彈出式廣告（Pop-up Ads）或稱為插播式（Interstitial）廣告，當網友點選連結進入網頁時，會彈跳出另一個子視窗來播放廣告訊息，強迫使用者接受，這種廣告容易產生反感。

6-1-1　Widget 廣告

　　近年來許多創新的網路廣告模式不斷被開發出來，其中 Widget 廣告受到相當歡迎，相較於傳統的橫幅廣告接受度更高，開發技術門檻不高，熱情的消費者很容易自己發揮創意，而且行銷成本極低。隨著行動裝置的規格越來越高，螢幕表現也越來越生動，除了造型、功能多變，突破瀏覽器的介面限制，Widget 廣告在網路行銷操作上一直被認為是能夠與忠實品牌支持者溝通的絕佳利器。

🔊 手機桌面常會看到可愛的 Widget 廣告

　　Widget 是一種桌面的小工具，可以在電腦或手機桌面上獨立執行，讓店家花極少的成本，就可迅速匯集超人氣，由於手機具有個人化的優勢，算是目前市場滲透率相當高的行銷裝置。由於 Widget 廣告必須由網友主動下載，顯示消費者認同企業服務，也更願意與人分享，從開機就放在螢幕的桌面上，使得手機上的 Widget 更能瞄準目標客群，任何品牌都可以透過 App 撰寫製作屬於自己的 Widget，設計時可依據貼心、照顧消費者的策略出發，塑造企業的正面形象。

　　一般品牌手機預設下，也都會在剛剛開機的桌面擺上一些像是新聞、音樂、App商店或時鐘等桌面小 Widget，消費者只要下載自己所需要的 Widget，隨時用文字、影片送上氣象、電影、新聞、消費等最新訊息，不僅能一直呈現在消費者的眼前，對消費者的黏著度幾乎是 100%，也可以在不用進入 App 或開啟瀏覽器的情況下，直接從 Widget 面板操控或顯示資訊，儼然成為許多人日常生活中的好伙伴。

6-1-2 原生廣告

　　隨著消費者自主性越來越強，除了對於大部分廣告沒興趣之外，也不喜歡那種被迫推銷的心情，因此反而讓廣告主得不到行銷的效果，如何讓訪客瀏覽體驗時的干擾降到最低，盡量以符合網站內容不突兀形式出現，一直是廣告業者努力的目標。**原生廣告**（Native Advertising）就是熱門討論的廣告形式，具備跨環境與跨裝置特性，可在 App、行動版網站和電腦版網站上放送，主要呈現方式為圖片與文字描述，不再守著傳統的橫幅式廣告，而是圍繞著使用者體驗和產品本身，可以將廣告與網頁內容無縫結合，讓消費者根本沒發現正在閱讀一篇廣告，點擊率通常會是一般顯示廣告的兩倍。

易而善公司的行動原生廣告讓業績開出長紅

　　原生廣告的不論在內容型態、溝通核心，或是吸睛度都有絕佳的成效，改變以往中斷消費者體驗的廣告特點，換句話說，那些你一眼就能看出是廣告的廣告，就不能算是原生廣告，轉而融入消費者生活，讓瀏覽者不容易發現自己正在看的其實是一則廣告，目的就是為了要讓廣告「不顯眼」（Unobtrusive），卻能自然地勾起消費者興趣。例如生產蜂膠、奶粉的易而善公司就成功透過行動原生廣告，用戶在行動裝置上看到廣告，就可立即點擊、並以電話索取體驗包，試用滿意再購買。

LINE 官方帳號廣告也可視為原生廣告的一種方式

原生廣告能不中斷使用者體驗，提升使用者的接受度，效果勝過傳統橫幅廣告，是目前網路廣告的趨勢。例如透過與地圖、遊戲等行動 App 密切合作客製的原生廣告，能夠有更自然的呈現，像是 Facebook 與 Instagram 廣告與贊助貼文，天衣無縫將廣告完美融入網頁，或者 LINE 官方帳號也可視為原生廣告的一種，由用戶自行選擇是否加入該品牌官方帳號，自然會增加消費者對品牌或產品的黏度，在不知不覺中讓消費者願意點選、閱讀並主動分享，甚至刺激消費者的購買慾。

6-1-3 即時競價廣告（RTB）

現代人通勤喜歡坐捷運時滑手機、上班時用桌機、下班後邊看電視邊盯 IG、晚上睡不著覺時玩遊戲機，這幾乎已經是日常的固定節奏了。過去因為電視媒體具有普遍性，相對的閱聽人並沒有太多的主動權，由於跨螢行為已經是目前消費者的主流，消費者也容易選擇和決定他們想看的內容，隨著用戶的使用行為所創造的相關數據持續累積，不斷產出新型態廣告模式來跟使用者溝通。因此一股以自動化廣告購買為基礎的 RTB 浪潮正快速竄起，因為 RTB 廣告跨越多屏，並且整合行動平台，最符合這種潮流。所謂**即時競標廣告**（Real-time Bidding, RTB），則是近來新興的目標式網路廣告模式，相當適合有強烈行動廣告需求的電商業者，允許廣告主以競標來購買目標對象，因為 RTB 廣告的有效性正快速地吸引廣告預算投入。

推特（Twitter）以 3.5 億美元收購行動廣告服務平台 MoPub

由程式瞬間競標拍賣方式，廣告主對某一個曝光廣告出價，價高者得標，廣告主會期望除了廣告「被曝光」之外，還要能夠真正帶入「被轉換」，至於目標對象的選定，可以透過消費者的網路瀏覽行為，從而將廣告受眾做更精確的分類，然後利

用數據來分析喜好，再精準投放不同的廣告，所以這樣的模式非常彈性，選擇不出價就能省下不必要的浪費。

相較於之前廣告主投放的傳統大範圍廣告模式，無法確定真正點擊廣告的消費群，往往因而浪費大筆的預算，RTB 讓廣告主用他們願意付出的成本直接投放給精準的受眾，出價最高的廣告主就能將廣告投放到目標群眾的眼前，而且不只是讓目標對象看見，消費者悠遊在多個數位螢幕時，贏家的廣告會馬上出現在媒體廣告版位。這樣的方式每個人看到的廣告將會更精準符合需求，可以提升廣告主的廣告投放效益，廣告主買的不只是曝光量或點擊率，而是實際的行銷效果，消費者也看到對他真正有用的訊息，這樣的結果讓廣告主與消費者能同時雙贏。

Google Adsense 是一項免費的廣告計畫，各種規模的網站發佈商都可以用自己的網站顯示內容精確的 Google 廣告，包辦所有 Google 的廣告投放服務，例如店家可以根據目標決定出價策略，選擇正確的廣告出價類型，對於降低廣告費用與提高廣告效益有相當大的助益，例如是否要著重在獲得點擊、曝光或轉換。

6-1-4 電子郵件行銷

電子郵件行銷（Email Marketing）是許多企業喜歡的行銷手法，即使在行動通訊軟體及社群平台盛行的環境下，電子郵件仍然屹立不倒，雖然不是新的行銷手法，但卻是跟顧客聯繫感情不可或缺的工具，例如將含有商品資訊的廣告內容，以電子郵件的方式寄給不特定的使用者，也算是一種「直效行銷」。隨著行動科技越來越發達，擁有智慧型手機的使用者節節攀升，越來越多人會使用行動裝置來瀏覽信件匣，根據統計今天幾乎有高達 68% 的人會使用行動裝置來收發電子郵件，除了增加了電子郵件使用的便利性、時效性及開信率，在網路行銷盛行的今天，全球電子郵件每年仍以 5% 的幅度持續成長中，如何讓 Email 行銷的效果更上一層樓，這個方向也要開始走向行動化思考了。

7-11 超商的電子郵件行銷相當成功

不過在資訊爆炸的時代，垃圾郵件到處充斥，如果直接就向用戶發送促銷 Email，絕對會大幅降低消費者對於商業郵件的注意力，店家將很難獲得與其溝通的機會，最好是同時利用廣告、贈品來吸引用戶的興趣，然後再根據網友所瀏覽過的商品，自動寄一份相關的商品訊息給他。例如 7-11 網站常常會為會員舉辦活動，利用折扣或是抽獎等誘因，讓會員樂意經常接到 7-11 的產品訊息郵件，或者能與其他媒介如網站、社群媒體和簡訊整合，是消費者參與互動最有效的多元管道。

由於影音行銷越來越夯，店家透過電子郵件宣傳時，不再以純文字版本為主，最好也可以同步發揮你的視覺化創意，吸引讀者跟你互動，順便在郵件內容中加入適當的促銷訊息，絕對是實現網路行銷效果的最佳利器。如果想優化 Email 行銷，各位對於線上線下的客戶也應該同時掌握，線下活動招攬來的客戶，絕對比線上的客

戶來得精準,因此必須把握任何線下活動所留下來的 Email 名單,這樣做的好處就是成本低廉,而且客戶關注力高,也可以避免直接郵寄 Email 造成用戶困擾所帶來的潛在傷害。

6-2 電子報行銷

電子報行銷(Email Direct Marketing)也是一個主動出擊的網路行銷戰術,目前電子報行銷依舊是企業經營老客戶的主要方式,多半是由使用者訂閱,再經由信件或網頁的方式來呈現行銷訴求。由於電子報費用相對低廉,加上可以追蹤,大大的節省行銷時間及提高成交率。電子報行銷的重點是搜尋與鎖定目標族群,缺點是並非所有收信者都會有興趣去閱讀電子報,因此所收到的廣告效益往往不如預期。

🔴 遊戲公司經常利用電子報維繫與玩家的互動

電子報的發展歷史已久,隨著時代改變,使用者的習慣也改變了,如何提升店家電子報在行動裝置上的開信率,成效就取決於電子報的設計和規劃,在打開電子報時能擁有良好的閱覽體驗,加上運用和讀者對話的技巧吸引注意。設計電子報的方式也必須有所改變,必須讓電子報在不同裝置上,都能夠清楚傳達訊息,在手機上也不適合看太長的文章,點擊電子報之後的到達頁也應該要能在行動裝置上妥善顯示等。

例如透過 HTML 5 語言進行設計,方便以手機瀏覽電子報內容,使用夠大的連結按鈕,讓客戶無需放大畫面就能輕鬆的點擊,以避免客戶收到電子報時發生閱覽障礙,或者可以將電子報以動畫方式呈現,添加幾分活潑的氣氛,刪除不相干的文字

或圖片，特別是好的主旨容易勾住收信者的目光，幫助客戶迅速抓住重點，常被用來提升轉換率的 CTA 鈕，更是要好好利用，是整封電子報相當重要的設計，能讓收信者有意願點開電子報閱讀。

6-3　部落格行銷

部落格行銷發展的歷史相當久，已經是一種十分成熟的行銷方法，部落格的情感行銷魅力，源自其背後進入的低門檻和網路無遠弗屆的影響力，從提供網友分享個人日誌的「心情故事」，擴散成充滿無限商機的「行銷媒體」，加上越來越多的使用者利用上網來尋求答案解決問題，形成了部落格行銷的首要條件。過去統一傳播模式的行銷模式，是代表由上而下、由商家至消費者的一貫運作機制，多注重於銷售者目標的達成與宣傳，對於現在接受新事物程度較高的 e 世代消費者而言，強迫性的洗腦式廣告已經起不了作用。

隨著行動裝置的發達，連帶改變了部落格行銷的型態，行動部落格（Moblog）就是一個由行動裝置加

🔊 部落格具備了商品的生產者與消費者角色

上 Blog 的新傳播型態，主要是以行動終端設備為傳輸管道的部落格系統，可以不限時間地點的隨時寫下內容，隨時隨地都能上網與分享自己的創作。目前最常被用來做企業部落格行銷的方式，企業將商品或是產品活動，放到行動部落格上，吸引消費者上來討論，不只能透過部落格內容，針對特定搜尋動機的使用者，運用彈性靈活、互動性強的行銷方式，直接接觸到廣大的年輕消費者，讓品牌進行更完整的行銷溝通，並完整展現產品特性及優點，讓部落格同時具備了商品的生產者與消費者的角色。

6-4　邁向成功店家的隱藏版行銷必殺技

　　談到行銷技巧的美感，就像一件藝術作品，在於它擁有無限的想像空間，網路時代來臨，網路行銷作為一個熱詞進入越來越多人的視野，店家與品牌必須思考創意網路行銷的整合策略，品牌網路行銷的做法有很多種，不同流量對店家而言代表了不同意義，網路行銷的重要關鍵不但是要找到對的目標族群，還必須充分善用一些熱門網路行銷策略，才能同時為品牌的行銷帶來更多可能性，接下我們將要彙整每項策略的特色和優點，並告訴各位這些藏在成功品牌背後的隱藏版行銷密技。

6-4-1　飢餓行銷

　　「稀少訴求」（Scarcity Appeal）在行銷中是經常被使用的技巧，飢餓行銷（Hunger Marketing）是以「賣完為止、僅限預購」來創造行銷話題，就是「先讓消費者看得到但買不到！」，製造產品一上市就買不到的現象，利用顧客期待的心理進行商品供需控制的手段，促進消費者購買該產品的動力，讓消費者覺得數量有

限不買可惜。「我也不知道為什麼？」許多產品的爆紅是一場意外，例如前幾年在超商銷售的日本「雷神」巧克力，吸引許多消費者瘋狂搶購台灣人就連到日本玩，也會把貨架上的雷神全部掃光，一時之間，成為最紅的飢餓行銷典範話題。

🔖 雷神巧克力是充分運用飢餓行銷的經典範例

此外，各位可能無法想像大陸熱銷的小米機也是靠飢餓行銷，特別是小米將這種方式用到了極致，本著利用「物以稀為貴、限量是殘酷」的原理，小米藉由數量控制的手段，每每在新產品上市前與初期，都會刻意宣稱產量供不應求，不但能保證小米較高的曝光率，往往新品剛推出就賣了數千萬台，就是利用「缺貨」與「搶購熱潮」瞬間炒熱話題，在小米機推出時的限量供貨被秒殺開始，刻意在上市初期控制數量，維持米粉的飢渴度，造成民眾瘋狂排隊搶購熱潮，促進消費者追求該產品的動力，直到新聞話題炒起來後，就開始正常供貨。

6-4-2　內容行銷

　　我們看到越來越多的企業把網路端策略納入到數位行銷的領域，**內容行銷**（Content Marketing）市場逐漸成熟，當然也代表著網路行銷競爭的成長，已經成為目前最受企業重視的行銷策略之一，經由內容分享以及提升，吸引人們到你的社群媒體或行動平台進行觀看，默默把消費者帶到產品前，引起消費者興趣並最後購買產品。內容可以說就是網路行銷的未來，一篇好的行銷內容就像說一個好故事，一個觸動人心的故事，反而更具行銷感染力，每個故事就是在描述一個產品，成功之道就在於如何設定內容策略。幫你的產品或服務說一個好故事，其中特別是以影片內容最為有效可以吸引人點閱，因為影片可以塑造情境，感受到情感的衝擊，讓觀眾參與你的產品和體驗，內容行銷必須更加關注顧客的需求，因為創造的內容還是為了某種行銷目的，銷售意圖絕對要小心藏好，也不能只是每天產生一堆內容，必須長期經營追蹤與顧客的互動。

　　內容行銷是一門與顧客溝通但盡量不做任何銷售的藝術，不僅可以帶來網站的高流量，更能提高轉化率的發生，形式可以包括文章、圖片、影片、網站、型錄、電子郵件等，必須避免直接明示產品或服務，透過消費者感興趣的內容來潛移默化傳遞品牌價值，更容易帶來長期的行銷效益，甚至進一步讓人們主動幫你分享內容，以達到產品行銷的目的，重要性對於線上或線下店家都是不言可喻的。

身為全球第一大能量飲料品牌的紅牛（Red Bull）算是「內容行銷」成功的經典範例，利用內容行銷的渲染下，在全球消費者心中建立了品牌黏著度，間接成功帶動了產品銷售的熱潮。當各位點閱紅牛官網時，真的一點都看不到任何產品的訊息，他們成功的策略就是不直接跟你行銷產品，取而代之的是透過豐富有趣的全方位運動生活內容和創新企劃，搖身一變成為全球運動內容提供者，結合各種極限運動、戶外冒險、體育賽事、文化創意與演唱會等報導，將品牌自然地融入內容中，把能量飲做了最完美的行銷，傳遞紅牛品牌想要帶給消費者充滿「能量」的運動感受。

🏺 Red Bull 長期經營與運動相關的品牌內容力

6-4-3　病毒式行銷

「病毒式行銷」（Viral Marketing）主要方式倒不是設計電腦病毒讓主機癱瘓，它是利用一個真實事件，以「奇文共賞」的模式分享給周遭朋友，身處在數位世界，每個人都是一個媒體中心，可以快速的自製並上傳影片、圖文，能使品牌故事擴大延伸，行銷如病毒般擴散，並且一傳十、十傳百地快速轉寄這些精心設計的商業訊息，病毒行銷要成功，關鍵是內容必須在「吵雜紛擾」的網路世界脫穎而出，才能成功引爆話題。

例如網友自製的有趣動畫、視訊、賀卡、電子郵件、電子報等形式，其實都是很好的廣告作品，如果商品或這些商業訊息具備感染力，會加快被討論的過程，隨手轉寄或推薦的動作，正如同病毒一樣深入網友腦部系統的訊息，傳播速度之迅速，實在難以想像。由於口碑推薦會比其他廣告行為更具說服力，例如當觀眾喜歡

一支廣告，而且認為討論、分享能帶來社群效益，病毒內容才可能擴散，同時也會帶來人氣。簡單來說，兩個功能差不多的商品放在消費者面前，只要其中一個商品多了「人氣」的特色，消費者就容易有了選擇的依據。

🔘 Facebook 創辦人祖克柏也參加 ALS 冰桶挑戰賽

2014 年由美國漸凍人協會發起的冰桶挑戰賽就是一個善用社群媒體來進行病毒式行銷的活動。該公益活動的發起是為了喚醒大眾對於肌萎縮性側索硬化症（ALS），俗稱漸凍人的重視，挑戰方式很簡單，志願者可以選擇在自己頭上倒一桶冰水，或是捐出 100 美元給漸凍人協會。除了被冰水淋濕的畫面，正足以滿足人們的感官樂趣，加上活動本身簡單、有趣，更獲得不少名人加持，讓社群討論、分享、甚至參與這個活動變成一股潮流，不僅表現個人對公益活動的關心，也和朋友多了許多聊天話題。

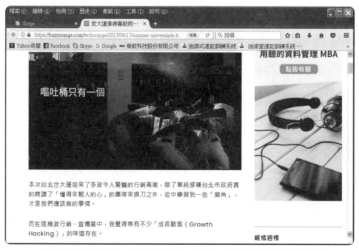

🔘 台北世大運以「意見領袖 - 網紅」創造病毒行銷宣傳

> **TIPS** 話題行銷（Buzz Marketing）或稱蜂鳴行銷，和口碑行銷類似，企業或品牌利用最少的方法主動進行宣傳，在討論區引爆話題，造成人與人之間的口耳相傳，如蜜蜂在耳邊嗡嗡作響的 buzz，然後再吸引媒體與消費者熱烈討論。

6-4-4　使用者創作內容行銷

使用者創作內容（User Generated Content, UGC）行銷是代表由使用者來創作內容的一種行銷方式，這種聚集網友創作內容，也算是近年來蔚為風潮的內容行銷手法的一種，能建立且加強消費者對品牌的社群連結，可以看成是一種由品牌設立短期的行銷活動，觸發網友的積極性，去參與影像、文字或各種創作的熱情，全天候地生產更多內容與觸及更多消費者，可以有效連結品牌與有購買意願的消費者。

■「大堡礁島主」活動就是一種 UGC 行銷

由品牌設立短期的行銷活動，使廣告不再只是廣告，不僅能替品牌加分，也讓網友擁有表現自我的舞台，讓每個參與的消費者更靠近品牌，促使目標消費群替品牌完成宣傳任務。例如澳洲昆士蘭旅遊局最早為了行銷大堡礁，對外徵求「大堡礁島主」，雀屏中選者只需在那裡生活點滴的創作在部落格與人分享，就可以獲得一份時薪約 4 萬 5 千元台幣的高薪。在短短的時間內，吸引了超過 3 萬多位各國人士報名，這就算是一種典型 UGC 行銷。在 2013 年星巴克推出了白色可重複使用的塑料杯，特別舉辦了一個手繪紙杯競賽，鼓勵網友在星巴克紙杯上發揮自己的創作靈感，後來不少消費者走進來消費，除了喝一杯暖心的咖啡外，還渴望在星巴克的白紙杯上塗鴉，除了鼓勵顧客發揮創意讓紙杯有專屬感，還推廣了可重複使用紙杯，而且當你用這個紙杯購買飲料時，星巴克還會給你 0.1 美元的折價優惠。

6-4-5 聯盟行銷

聯盟行銷（Affiliate Marketing）在歐美是廣泛運用的廣告行銷模式，利用聯盟行銷可以吸引無數的網民為其招攬客人，並且為數以萬計的網站增加了額外收入，每天 24 小時全年無休，成為行銷人員銷售產品和服務，以及發佈商為了賺取目標族群盈利的有效途徑，讓網路 SOHO 族或 YouTuber 們隨時都享有成交客戶賺取獎金的機會。

> **TIPS**
> 所謂 YouTuber，是指經營 YouTube 頻道的影音內容創作者，或稱為頻道主、直播主或實況主可以分享很多自己的知識與影音內容，並沒有任何規定要有多少訂閱數或流量才能稱為 YouTuber。

🛒 聯盟網是台灣第一個聯盟行銷平台

在網路社群興盛的現在，網友口碑推薦效果將遠遠高於企業主推出的廣告。廠商與聯盟會員利用聯盟行銷平台建立合作夥伴關係，包括網站交換連結、交換廣告及數家結盟行銷的方式，共同促銷商品，以增加結盟企業雙方的產品曝光率與知名度，並利用各種的行銷方式，讓商品得到大量曝光與口碑，為各位帶來無法想像的訂單績效。

聯盟行銷是高價值、低風險的行銷方式，已經被視為是網路行銷的強大通路，可以幫助廠商賣出更多的商品，讓沒有產品的推廣者就像經銷一項商品，不需進貨、囤貨，也不必先預支成本，此通路不僅能夠增加品牌知名度、品牌參與度、銷售量，還能提升投資報酬率。在沒有商品的情況下，也能輕鬆幫忙銷售商品，並得到應有的利潤，只需要了解產品，並且在網路上推廣即可，投入的是僅僅是時間成本。當聯盟會員加入廣告主推廣行銷商品平台時，會取得一組授權碼用來協助企業銷售，然後開始

在部落格或是各種網路平台推銷產品，消費者透過該授權碼的連結成交，順利達成商品銷售後，聯盟會員就會獲取佣金利潤。

🔘 近年來 iChannel 通路王受到國內許多網路 SOHO 族與 YouTuber 歡迎

6-5 點石成金的搜尋引擎行銷

現代民眾想要從浩瀚的網際網路上，快速且精確的找到需要的資訊，入口網站（Portal）經常是進入 Web 的首站。入口網站通常會提供豐富個別化的搜尋服務與導覽連結功能，其中「搜尋引擎」便是各位的最好幫手，目前網路上的搜尋引擎種類眾多，而最常用的引擎非 Google 莫屬。由於資訊搜索是上網瀏覽者對網路的最大需求，除了一些知識或資訊的搜尋外，這些資料尋找的背後，經常也會有其潛在的消費動機或意圖，Google 不僅僅是個威力強大搜尋引擎，還提供了許多超好用的工具，不但可以有效的利用搜尋引擎來進行網路行銷和推廣，更能針對全球使用者正在搜尋的內容提供即時深入分析。

「搜尋引擎行銷」（Search Engine Marketing, SEM）指的是與搜尋引擎相關的各種直接或間接行銷模式，由於傳播力量強大，吸引了許許多多網路行銷人員與店家努力經營。廣義來説，也就是利用搜尋引擎進行網路行銷的各種方法，包括增進網站的排名、購買付費的排序來增加產品的曝光機會、網站點閱率與進行品牌的維護。當網友在網路上使用各大搜尋引擎尋找資料時，也能透過增加**搜尋引擎結果頁**（Search Engine Result Pages, SERP）能見度的方式，就能以最小的成本投入，獲最大的來自搜尋引擎的訪問量，並可以在搜尋引擎中進行品牌的推廣，全面而有效的利用搜尋引擎來從事網路行銷。根據統計調查，大多數消費者只會注意搜尋引擎最前面幾個（2～3頁）搜尋結果，Google 搜尋結果第一頁的流量佔據了 90% 以上，第二頁則驟降至 5% 以下。

Google 是全球最大的搜尋引擎

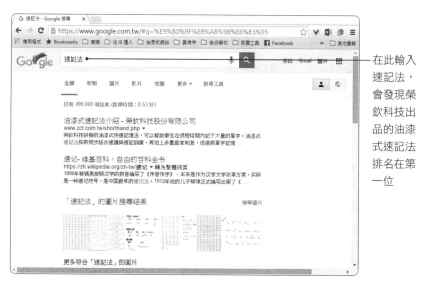

在此輸入速記法，會發現榮欽科技出品的油漆式速記法排名在第一位

SERP 的搜尋排名

TIPS　SERP（Search Engine Results Page, SERP）就是搜尋引擎根據內部網頁資料庫查詢後，所呈現給用戶的自然搜尋結果的清單頁面，SERP 的排名當然是越前面越好，終極目標就是要讓網站的 SERP 排名能夠到達第一。

6-5-1　Google 登錄行銷

　　由於入口網站是進入 Web 的首站或中心點，最早也是以網路廣告模式與電子商務沾上邊，也讓所有類型的資訊能被所有使用者存取，提供各種豐富個別化的服務與導覽連結功能。當各位連上入口網站的首頁，可以藉由分類選項來達到各位要瀏覽的網站，同時也提供許多附加服務，諸如：搜尋引擎、免費信箱、拍賣、新聞、討論等，例如 Yahoo、Google、蕃薯藤、新浪網等。除了獨立營運的網站之外，目前依附在入口網站下的購物頻道，也都有不錯的成績。

　網站登錄對於網路行銷非常有幫助

　　當網站製作好後，發現怎麼都搜不到，這時就得手動把網站登錄到各搜尋引擎中，如果想增加網站曝光率，最簡便的方式可以在知名的入口網站中登錄該網站的基本資料，讓眾多網友可以透過搜尋引擎找到，稱為「網站登錄」（Directory Listing Submission, DLS）。國內知名的入口及搜尋網站如 PChome、Google、Yahoo! 奇摩等，都有網站資訊登錄的服務。由於中國電商市場日益蓬勃，登錄時最好也考慮到廣大的中國市場，例如百度、360 搜索、搜狗搜尋等。百度在中國搜尋引擎市場的地位還是最大，每天有 6 億以上的搜索量。一般來說，網站登錄是免費的，如果想要讓網站排名優先或是加快審核時間，就可以透過付費的網站登錄。

下表列出目前較具知名的入口網站供讀者參考：

搜尋引擎	網址
TisNet	http://dir.tisnet.net.tw/
Yam 天空	http://dir.yam.com/
Yahoo! 奇摩	http://www.yahoo.com.tw
Google	http://www.google.com.tw/
GAIS	http://gais.cs.ccu.edu.tw/
Hinet	http://dir.hisearch.hinet.net/
MSN Taiwan	http://search.msn.com.tw/
OpenFind	http://www.openfind.com.tw/
Sina 新浪網	http://search.sina.com.tw/
PChome Online	http://www.pchome.com.tw
360 搜索	https://www.so.com/
百度	http://www.baidu.com/
搜狗搜索	https://www.sogou.com/

● 百度是中國最大搜尋引擎

6-5-2 加入「Google 我的商家」

搜尋引擎有所謂的**當地網站搜尋優先**（Local Search）的概念，因為搜尋引擎會以搜尋者所在的位置列入優先考量，絕大部分到店來訪者或來電詢問者都是透過手機進行搜尋，例如 " 我附近的咖啡店 "，" 我所在地區的水電工 " 或 " 這一區最受歡迎的餐廳 " 等。如果您的企業沒有針對在地化搜尋進行優化，那麼您將會失去很大部分的顧客。其中最簡單的方式就是開始建立一個「Google 我的商家」（Google My Business）頁面。

「Google 我的商家」是一種在地化的服務，如果各位經營了一間小吃店，想要讓消費者或顧客在 Google 地圖找到自己經營的小吃店，就可以申請「我的商家」服

務，當驗證通過後，您就可以在 Google 地圖上編輯您店家的完整資訊，也可以上傳商家照片來使您的商家地標看起來更具吸引力，有助於搜尋引擎上找到您的商家。底下示範如何申請「我的商家」服務：

🔘 行動裝置配備 GPS，可以精準掌握用戶位置

STEP 1 首先連上「Google 我的商家」網站：https://www.google.com/intl/zh-TW/business/，點選「馬上試試」。

STEP 2 接著輸入您店家的「商家名稱」，接著按「下一步」鈕。

STEP 3 輸入您商家的住址資訊，接著按「下一步」鈕。

STEP 4 點選「這些都不是我的商家」，接著按「下一步」鈕。

STEP 5 選擇最符合您商家的類別，例如：「小吃店」，接著按「下一步」鈕。

STEP 6 選擇您想要向客戶顯示的聯絡方式，接著按「下一步」鈕。

STEP 7 最後進入驗證商家，接著按「完成」鈕。

STEP 8 接著選擇驗證的方式，確認地址是否輸入正確，如果沒問題請點選「郵寄驗證」。

STEP 9 按「繼續」鈕。

STEP 10 會開啟如下圖的尚待驗證的畫面,多數明信片會在 16 日內寄達。

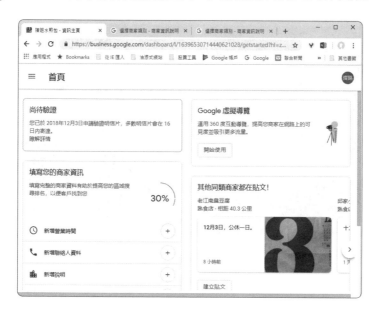

各位如果收到驗證郵件,再請登入 Google 我的商家進行驗證碼的驗證即可,當服務開通後,用戶隨時在 Google 地圖中就可以搜尋到您的店家。

6-6 搜尋引擎的演算邏輯

網路上知名的三大搜尋引擎 Google、Yahoo、Bing,每一個搜尋引擎都有各自的演算法(algorithm)與不同功能,網友只要利用網路來獲得資訊,大家所得到的資訊就會更加平等,搜尋引擎經常進行演算法更新,都是為了讓使用者在進行關鍵字搜尋時,搜尋結果能夠更符合使用者目的。

🐷 Bing 是微軟推出的新一代搜索引擎

例如 Bing 是微軟公司推出來取代 Live Search 的搜索引擎，市場目標是與 Google 競爭，最大特色在於將搜尋結果依使用者習慣進行系統化分類，而且在搜尋結果的左側，列出與搜尋結果串連的分類。尤其對於多媒體圖片或視訊的查詢，也有其貼心獨到之處，只要使用者將滑鼠移到圖片上，圖片就會向前凸出並放大，還會顯示類似圖片的相關連結功能，而把滑鼠移到影片的畫面時，立刻會跳出影片的預告，如果喜歡再點選，轉到較大畫面播放。

6-6-1 搜尋引擎運作原理

Google 搜尋引擎平時最主要的工作分別是爬行網站（crawling）與建立網站索引（index）兩大工作項目，例如 Google 的 Spider 程式與爬蟲（web crawler），會主動經由網站上的超連結爬行到另一個網站，並收集該網站上的資訊，最後將這些網頁的資料傳回 Google 伺服器。主要是搜尋之前建立與收集的**索引頁面**（Index Page），不是真的搜尋網站中所有內容的資料庫，而

🐷 Google 就是超級網路圖書館的管理員

是根據頁面關鍵字與網站相關性判斷，一般來說會由上而下列出，如果資料筆數過多，則會分數頁擺放。接下來就是網頁內容做關鍵字的分類，再分析網頁的排名權重，所以當我們打入關鍵字時，就會看到針對該關鍵字所做的相關 SERP 頁面的排名。

6-6-2　認識搜尋引擎演算法

為了避免許多網站 SEO 過度優化，搜尋演算機制一直在不斷改進升級，Google有非常完整的演算法來偵測作弊行為，店家千萬不要妄想投機取巧。Google 的目的就是為了全面打擊惡意操弄 SEO 搜尋結果的作弊手法在市場上持續作怪，所以每次搜尋引擎排名規則的改變都會在網站之中引起不小的騷動。

各位想做好 SEO，就必須認識 Google 演算法，並深入了解 Google 搜尋引擎的運作原理。對於網路行銷來說，SEO 就是「透過利用搜索引擎的搜索規則與演算法來提高網站在 SERP 的排名順序」。

隨著搜尋引擎的演算法不斷改變，SEO 操作仍能提供相當大的網站流量，只是關於 Google 演算法，所有行銷人都是又愛又恨，加上近期的演算法更新頻率越來越高，Google 演算法的修改還是源自於三個最核心的動物演算法：熊貓、企鵝、蜂鳥，透過了解搜尋引擎演算法、優化網站內容與使用者體驗，自然就越有機會獲得較高的流量。以下是三種演算法的簡介：

🎇 熊貓演算法（Google Panda）

熊貓演算法主要是一種確認優良內容品質的演算法，負責從搜索結果中刪除內容整體品質較差的網站，目的是減少內容農場或劣質網站的存在，例如有複製、抄襲、重複或內容不良的網站，特別是避免用目標關鍵字填充頁面或使用不正常的關鍵字用語，這些將會是熊貓演算法首要打擊的對象，只要是原創品質好又經常更新內容的網站，一定會獲得 Google 的青睞。

💡 企鵝演算法（Google Penguin）

我們知道連結是 Google SEO 的重要因素之一，企鵝演算法主要是為了避免垃圾連結與垃圾郵件的不當操縱，並確認優良連結品質的演算法，Google 希望網站的管理者應以產生優質的外部連結為目的，垃圾郵件或是操縱任何鏈接都不會帶給網站額外的價值，不要只是為了提高網站流量、排名，刻意製造相關性不高或虛假低品質的外部連結。

💡 蜂鳥演算法（Google Hummingbird）與大腦演算法（RankBrain）

蜂鳥演算法與以前的熊貓演算法和企鵝演算法演算模式不同，主要是加入了**自然語言處理**（Natural Language Processing, NLP）的方式，讓 Google 使用者的查詢，與搜尋結果更精準且快速，還能打擊過度關鍵字填充，為大幅改善 Google 資料庫的準確性，針對用戶的搜尋意圖進行更精準的理解，去判讀使用者的意圖，期望是給用戶快速精確的答案，而不再只是一大堆的資料。

🔵 BERT 演算法能幫助 Google 從網路上更精準理解查詢的內容

6-7　不可不知的 SEO 實戰入門

由於大多數消費者只會注意搜尋引擎最前面幾個（2~3 頁）搜尋結果，例如在 Google 搜尋引擎中輸入關鍵字後，經過 SEO 的網頁可以在搜尋引擎中獲得較佳的名次，曝光度也就越大。對於網路行銷來説，SEO 就是利用搜索引擎的搜索規則與演算法來提高網站在 SERP 的排名順序，隨著搜尋引擎的演算法不斷改變，SEO 操作也必須因應調整，這些方法包括常用關鍵字、網站頁面內（on-page）優化、頁面外（off-page）優化、相關連結優化、圖片優化、網站結構等。SEO 的核心價值是讓使用者上網的體驗最優化，接下來我們為各位整理出 SEO 七種有效的關鍵心法。

● Search Console 能幫網頁檢查是否符合 Google 搜尋引擎的演算法

6-7-1　經營有價值的網站內容

網路行銷手段與趨勢不管如何變化發展，內容絕對都會是其中最為關鍵的重中之重，隨著 Google 語意分析技術的快速發展，現在能夠判斷一篇網站的內容是否值得被排名到前面，正所謂「內容者為王」（Content is King），SEO 必須搭配高品質的

內容呈現，才有辦法創造真正有效的流量，如果各位想快速得到搜尋引擎的青睞，第一步就必須懂得如何充實網站內容。

我們知道任何再高明的行銷技巧都無法幫助銷售爛產品一樣，如果網站內容很差勁，SEO 能起到的作用是非常有限，只要內容對使用者有價值，自然就會被排序到好的排名。例如許多網站建構後很多內容都一成不變，完全沒有更新資訊，這些都會導致網頁相似度太高。一般來說網頁頁面太長也不好，對於一個主題而言，如果分開成兩三個較短的頁面會比一整個長頁面獲得到更好的評價，而且網站內盡量避免網頁內容重複，因為這樣反而會有扣分的效果，都會讓搜尋引擎覺得網站不夠專業，甚於降低 SEO 的排名順序。

由於搜尋引擎對於原創性內容會給予更高的權重，其他像是網站內容的相關性也是非常重要，持續增加新內容對網站有益，或者讓消費者多多在網站上留言，發布在社群媒體報導中發燒的主題或時事，當然最重要是持續更新文章內容，讓內容永不過時。事實上，各行各業都有其專業內容，不妨站在使用者的角度寫出可以「搶排名」的內容，讓網頁內容能夠符合企業期待的需求，透過優化網站內容最能符合搜尋引擎排名演算法規則。

TIPS　資料螢光筆（Data Highlighter）是一種 Google 網站管理員工具，以點選方式進行操作，只需透過滑鼠就可以讓資料螢光筆標記網站上的重要資料欄位（如標題、描述、文章、活動等），當 Google 下次檢索網站時，就能以更為顯目與結構化模式呈現在搜尋結果及其他產品中，對改善 SERP 也會有相當幫助。

6-7-2 讓 Google 更快懂你－網站結構優化

網頁是由許多 HTML 標籤所構成，有些 HTML 標籤對搜尋引擎演算法有較高的影響力，以便讓搜尋引擎能夠明確辨認和了解，可以讓目標網頁在自然排序結果中上升，例如像是 <meta>、<title>、<h1>、<nav> 等標籤。<meta> 標籤則是用來註解網頁重要資訊給搜尋引擎，不會影響網頁的呈現效果，一個網頁內可以有很多個不同的 <meta>。標題標籤 <title> 是用來描述網頁的標題名稱，它會顯示在瀏覽器的標題列上，這裏是放置關鍵字最佳的位置，因為搜尋引擎會使用 <title> 標籤中的文字做為頁面標題。

例如透過在 <meta> 標籤和 <title> 標籤中佈局適合的關鍵字，可以迅速提高點擊量和瀏覽量，至於 <description> 標籤用來寫入對網站的敘述，包含公司名稱、主要產品和關鍵字等，撰寫好的簡短描述，搜尋引擎會有很大的吸引力，也就是網站越容易被搜尋引擎拜訪和理解，搜尋排名優勢就越多。此外，善用標頭標籤 H1-H6（<h1>、<h2>…）除了將字體放大，也可以強調文字的重要性與關聯性，如果將重要的關鍵字埋入標籤中，也能有效提升搜尋的排行名次，<nav> 標籤則能讓搜尋引擎把這個標籤內的連結視為重要連結。

6-7-3 連結與分享很重要

越多人連結你的網站，代表可信度越高，連結（link）是整個網路架構的基礎，網站中加入相關連結（Inbound Links），讓訪客可以進一步連到相關網頁，達到延伸閱讀的效果，還能留住使用者繼續瀏覽網站，減少網站跳出率，當然也是 SEO 的加分題。搜尋引擎會評估連結的品質和數量，對於在超連結前或後的文字也是要點之一，特別是「錨點文字」（Anchor Text）顯示可點擊的超連結文字或圖片，訪客只要點選超連結就可以跳到錨點所在位置，除了有助於內部的導覽，更強調了頁面的某部份，在 SEO 排名上也有相當的助益。

跳出率是指單頁造訪率，也就是訪客進入網站後在特定時間內（通常是 30 分鐘）只瀏覽了一個網頁就離開網站的次數百分比，這個比例數字越低越好，越低表示你的內容抓住網友的興趣，跳出率太高多半是網頁設計不良所造成。

反向連結（Backlink）就是從其他網站連到你的網站的連結，如果你的網站擁有優質的反向連結（例如：新聞媒體、學校、大企業、政府網站），代表你的網站越多人推薦，當反向連結的網站越多、就越被搜尋引擎所重視。就像有篇文章常被其他文章引用，可以想見這篇文章本身就評價不凡，這也是網站排名因素的重要一環。

隨著社群網路的快速普及，相信許多人都有使用社群的習慣，社群媒體本身看似跟搜尋引擎無關，但其實是 SEO 背後相當大的推手，搜尋引擎當然也會看重來自於群網站上的分享內容，並且偏好社群活躍度高的網站，因為搜尋引擎的演算法會拉高社媒體分享權重，各位應該多利用社群分享鈕來與社群媒體做連結，例如增加在 Facebook 上的分享、按讚、留言等，經營社群媒體有助於提高網站的可見度，當然也間接影響搜尋結果排名。

店家網站上盡可能設定社群分享按鈕

6-7-4 麵包屑導覽列的重要

網站就如一棟四通八達的大賣場，裡面包羅萬象，網頁依照規模從數十頁到數千數萬頁都有可能，若沒有好好的規劃環境「導覽列指標」絕對會影響到 SEO 的排名。麵包屑導覽列（Breadcrumb Trail），也稱為導覽路徑，是一種基本的橫向文字連結組合，透過層級連結來帶領訪客更進一步瀏覽網站的方式，讓用戶清楚知道自己在哪裏，可以快速跳到想到的分類或頁面，大幅提高網路爬蟲的瀏覽速度，也能讓內部連結增加。

上面就是麵包屑導覽列，許多網站在搜尋結果中的網址以麵包屑形式顯示網址或網站的結構，可以幫助使用者與搜尋引擎理解目前位置，對於使用便利性與搜尋引擎在檢索、理解網站內容時卻是非常重要又有效的功能，特別是方便訪客瀏覽並改善用戶體驗來説，是相當有幫助。例如經常在網頁上方位置看到：

「首頁 > 商品資訊 > 流行女飾 > 小資女必備 > 洋裝」

訪客可以經由「麵包屑」快速地回到該篇文章的上一層分類或主分類頁，也能夠讓搜尋引擎更清楚頁面層級關係，提高網頁易用性，特別是每一階層的文字要簡潔簡短與連結都必須是有效連結，如果在其中多埋入目標關鍵字，SEO 的效果會更好。至於**網站地圖**（Sitemap）則是用來提供網站架構與導引的頁面，不僅有利於搜尋引擎收錄和更新你的網站，也是 SEO 排名因素的重要一環。

6-7-5 SEO 就在網址的細節裏

網址（URLs）是連結網路花花世界一個不可缺少的元素，也是指向自身網頁的一個標籤，URL 的處理在 SEO 中也是同樣重要的指標。因為搜尋引擎的排序結果也會納入網址內容，將各位選取的關鍵字插入網址絕對能讓網站的排名更上一層樓，如果選擇淺顯易懂的網址，會比沒意義的網址更讓搜尋引擎容易識別，搜尋引擎較偏好擁有敘述性的網址。有些網址過於冗長或奇怪的符號一堆，也會降低其他用戶

分享的意願，過長的網址搜尋時也將會遭到截斷的可能。請留意！不管是換網域還是換網址，任何一點網址有關的更動，都會影響到搜尋引擎對網站原先的排名。

> 在 SEO 優化過程中，**301 轉址**（301 Redirect）相當重要，也稱為 **301 重新導向**，只要是涉及「網址」的更動，也就是如果店家需要變更該網頁的網址，就可以使用伺服器端 301 重新導向，即是將舊網址永久遷移至新網址，也能指引 Google 檢索正確的網址位置。如果少了這個動作，Google 會將舊網址與新網址認定是各自獨立的網頁。

6-7-6　圖片更要優化

　　圖片在網站中地位非常重要，高品質的影片或圖片能更容易讓訪客了解商品內容，也是網站內容的一個附加價值，不但能吸引更多流量來源，也能提高使用者瀏覽體驗，在實際應用當中，網友對圖片的搜尋並不比網頁少，所以做好網站的圖片優化是相當重要的工作。由於搜尋引擎非常重視關聯性，圖片檔案名稱建議使用具有相關意義的名稱，例如與關鍵字或是品牌相關的檔名，這也是圖片優化的技巧之一。

　　網站速度現在也是排名因素之一，時間就是金錢，如果網頁開啟的速度非常慢，跳出率也相對的會提高，這一點套用於 SEO 上也是適用，圖片太大往往是影響網站速度最大的原因，盡量讓圖片在不失真情況下，盡量壓縮至最小檔案。純文字網頁相當無趣，但是塞進很多圖片卻沒有文字也是 SEO 大忌。網路爬蟲（Spider）並不會讀取圖片，它們會讀取圖片標籤中的敘述文字，Alt 對於圖片的優化是非常重要，因此 Alt 屬性必需準確的撰寫圖片相關內容，更可以讓搜尋引擎在抓取圖片時了解圖片主題，當然創建圖片與影片的 sitemap 也是個不錯的方法。當然最後在網頁文章當中，利用關鍵字連結到圖片，也是對 SEO 有加分的作用。

6-7-7　別忘了行動裝置友善度

全球行動裝置的數量將在短期內超過全球現有人口，在行動裝置興盛的情況下，為您的網站建立行動裝置版本也越來越重要，Google 也特別在 2015 年 4 月 21 日宣布修改搜尋引擎演算法，將網頁有無於行動裝置優化做為重要的指標，2016 年 11 月時宣布了行動裝置優先索引，明白表示未來搜尋結果在行動裝置與桌機會有不同的結果，以確保行動搜尋的用戶獲得精準的搜尋結果。所以網站提高手機上網用戶的友善介面，將會是未來網站 SEO 優化作業的一大重點。因此特別針對行動裝置的響應式設計網頁設計就顯得特別重要，能在網站主流競爭下取得較好的關鍵字排名位置的關鍵因素，因為當行動用戶進入你的網站時，必須能讓用戶順利瀏覽、增加停留時間，也方便的使用任何跨平台裝置瀏覽網頁。

6-7-8　當地網站搜尋優先

搜尋演算機制一直在不斷改進升級，例如 Google 幾乎不定時針對會影響搜尋結果做演算法的調整，更導入了 RankBrain AI 演算法，不斷挑戰網路行銷業者在搜尋引擎行銷方面的極限，可能原本排名很好的網站在一夜之間落後。Google 的目的就是為了全面打擊惡意操弄 SEO 搜尋結果的作弊手法在市場上持續作怪，所以每次搜尋引擎排名規則的改變都會在網站之中引起不小的騷動。

企業導入 SEO 不僅僅是為了提高在搜尋引擎的排名，主要是用來調整網站體質與內容，整體優化效果所帶來的流量提高及商機，其重要性要比排名順序高上許多。此外，搜尋引擎會以搜尋者所在的位置列入優先考量，藉以呈現最適合的需求。簡單的說，各位如果在台灣地區進行搜尋，搜尋引擎通常以台灣的網站為優先，如果您的網站希望出現是在 google.com 英文搜尋結果的第一頁，那麼各位主機的 IP 位置，建議最好設立在美國。

我們在瀏覽網頁的時候，有時候頁面中會提示 404 not found 訊息，這是代表客戶端在瀏覽網頁時，伺服器無法正常提供訊息，多半是所存取的對應網頁已被刪除、移動或從未存在。如果網站中出現過多 404 not found 訊息，也是 SEO 的扣分題。

6-7-9　加快網站載入速度

時間就是最寶貴的金錢，網站載入速度是 SEO 搜尋排名的一個重要考量因素，Google 也一直在搜尋排名上，給予能夠快速載入的網頁更好的權重分數，目的就是提供搜尋者好的用戶體驗，因為如果網頁開啟的速度非常慢，很可能點擊率變成了跳出率，Google 官方甚至建議您的網站為行動用戶的加載速度最好要低於一秒鐘，因為速度絕對是留住客戶的關鍵。

Google Page Speed Insights 是 Google 所提供的網站 SEO 測試與衡量網頁載入之執行效能與速度檢測工具，只需要輸入網址，Google 將會提供給您優化網站速度的各種改善建議。

SEO 最基本的速度檢測工具

「加速行動網頁」（Accelerated Mobile Pages, AMP）是 Google 的一種新項目，網址前面顯示一個小閃電型符號，設計的主要目的是在追求效率，就是簡化版 HTML，透過刪掉不必要的 CSS 以及 JavaScript 功能與來達到速度快的效果，對於圖檔、文字字體、特定格式等限定。在行動裝置上 AMP 網頁的載入速度和顯示外觀均優於標準 HTML 網頁，可為使用者帶來更出色的體驗，網頁如果有製作 AMP 頁面，幾乎不需要等待就能完整瀏覽頁面與下載完成，因此 AMP 也有加強 SEO 優化的作用。

6-7-10　語音搜尋與長尾關鍵字

由於行動裝置與智慧語音助理的大量普及，同時也快速地在改變消費者搜尋產與服務的習慣，**語音搜尋**（Voice Search）幾乎成了現代人的標準行為。根據國外研究機構估計，預估到 2022 年，50% 以上的搜尋方式將是以語音搜尋為主。

語音搜尋就是用語音執行搜尋的動作，過去在搜尋欄輸入關鍵字文字時，結果頁面可能會呈現數千個相關內容，但是進入語音優先的時代，用戶輸入語音後，內容將會轉為更口語化，語音搜尋其實就像與某人進行對話，只會得到一個語音助理認為的最佳答案，能夠提供給消費者更精準的資訊。

🔊語音搜尋能夠提供給消費者最精準的資訊

過去傳統文字搜尋時，關鍵字的考量主要集中在如何優化這些單詞的目標關鍵字，不過在語音搜尋的時代，已經不像以往可以靠堆積關鍵字方式爭取 SEO 排名，由於講話的速度遠快於鍵盤打字的速度，語音輸入會更傾向直接口語對話方式互動，不會再只侷限於單純關鍵字詞的輸入。例如當消費者要以文字搜尋餐廳時，最有可能輸入的關鍵字為「台北 餐廳」；可是如果以語音搜尋的話，大多數人們會以提問的方式，使用完整的疑問句子搜尋答案，「台北最好吃的餐廳在哪裡？」

🔵 語音輸入會更傾直接口語對話方式互動

因此在於關鍵字選擇上，店家或品牌必須從消費者的角度思考，讓原本單一產品或服務的多種組合，整理後進入網站內的可能關鍵詞組或句子，反而口語化表達的結論應該改為接近完整句子的長尾關鍵字，使潛在消費者搜尋的句子與網站內容更有關聯性。簡單來説，優化語音搜尋的關鍵字技巧在於「語意表達方式」的關鍵字。

從搜尋意圖來看，大多數所提出問題的意圖是偏向尋找資訊或答案，例如「為什麼」、「怎麼做」；但另一方面，「什麼時候」和「在哪裡」，建議一般人在日常對話中使用的「5W1H」的方式來進行發想，也就是以問句型關鍵字來佈局，如「誰」（Who）、「什麼」（What）、「如何」（How）「哪裏」（Where）、「何時」（When）等

字給予更多口語化的長尾關鍵字配置。例如當消費者要以文字搜尋旅館時，最有可能輸入的關鍵字為「高雄旅館」；不過如果是以語音搜尋，內容將會變為：「高雄有哪些便宜又好的旅館」，可能就必須要多佈局到一些，甚至是「高雄 CP 值最高的旅館在哪裡？」「大家都說好的高雄旅館」等這些長尾關鍵字。

　　隨著語音搜尋的比重越來越高，長尾關鍵字雖然流量較小，反而能揭露出更多搜尋者需求的效用，因為經由搜尋長尾關鍵字而來的流量更容易接近你的目標顧客。語音搜尋帶動你的網站主要流量的來源其實是長尾字關鍵字的組合，因此必須得重新進行「關鍵字框架」的整體佈局策略，加上利用與內容優化累積更多長尾關鍵字來加深流量。

長尾關鍵字讓用戶搜尋與網站內容更有關聯

1. Widget 廣告是什麼？

2. 請簡介原生廣告（Native Advertising）。

3. 什麼是網路廣告？

4. 關鍵字行銷的作法為何？

5. 什麼是即時競標廣告（RTB）？

6. 請簡介「病毒式行銷」（Viral Marketing）。

7. 搜尋引擎的資訊來源有幾種？試說明之。

8. 網站的流量可分為哪三種類型？

9. 請說明「聯盟行銷」（Affiliate Marketing）的作法是什麼？

10. 什麼是「搜尋引擎最佳化」（SEO）？

11. 請簡介「麵包屑導覽列」（Breadcrumb Trail）？

12. SERP（Search Engine Results Page）是什麼？

13. 請說明「目標關鍵字」（Target Keyword）與長尾關鍵字（Long Tail Keyword）。

14. 點閱率（CTR）的意義是什麼？

15. 資料螢光筆（Data Highlighter）是什麼？

16. 什麼是「反向連結」（Backlink）？

17. 何謂飢餓行銷？

18. 請簡介「使用者創作內容」（UGC）行銷。

19. 請簡介「電子報行銷」（Email Direct Marketing）。

20. 試簡述語音助理（Voice Assistant）？

21. 請簡介 Alt 標籤。

07
CHAPTER

觸及率翻倍的
社群行銷關鍵心法

時至今日，現代人已經離不開網路，網路正是改變一切的重要推手，而與網路最形影不離的就是「社群」。社群的觀念可從早期的 BBS、論壇，一直到部落格、Instagram、Facebook、Plurk（噗浪）、Twitter（推特）、Pinterest、Instagram、或者微博，主導了整個網路世界中人跟人的對話，網路傳遞的主控權已快速移轉到社群粉絲手上。例如 Facebook 在 2021 年初時全球使用人數已突破 28 億，Facebook 的出現令民眾生活型態有不少改變，在台灣更有爆炸性成長，打卡（在 Facebook 上標示所到之處的地理位置）是普遍的現象。

TIPS 打卡（在 Facebook 上標示所到之處的地理位置）與分享照片，可讓餐廳給來店消費者折扣優惠，商店增加品牌業績，對店家是接觸普羅大眾最普遍的管道之一。

🔵 Facebook 不但引發轟動，當年更是掀起一股「偷菜」熱潮

7-1　認識社群

「社群」最簡單的定義，可以看成是一種由節點（Node）與邊（Edge）所組成的圖形結構（Graph），其中節點所代表的是人，至於邊所代表的是人與人之間的各種相互連結的多重關係，新成員的出現又會產生更多的新連結，節點間相連結邊的定義具有彈性，甚至於允許節點間具有多重關係，整個社群所帶來的價值就是每個連結創造出價值的總和，節點越多，行銷價值越大，進而形成連接全世界的社群網路。

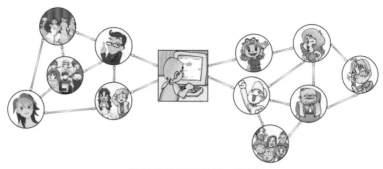

🟤 社群的網狀結構示意圖

社群網路服務（Social Networking Service, SNS）的核心精神在於透過提供有價值的內容與訊息，社群中的人們彼此會分享資訊，網際網路一直具有社群的特性，相互交流間產生了依賴與歸屬感。由於這些網路服務具有互動性，除了能夠幫助使用者認識新朋友，還可以透過社群力量，利用「按讚」、「分享」與「評論」等功能，對感興趣的各種資訊與朋友們進行互動，讓大家在共同平台上，經營管理自己的人際關係，甚至把店家或企業行銷的內容與訊息擴散給更多人看到。

社群網路服務是基於哈佛大學心理學教授 Stanely Milgram 所提出的「六度分隔理論」（Six Degrees of Separation）來運作。這個理論主要是說在人際網路中，平均只需在社群網路中走六步即可到達，簡單來說，這個世界事實上是緊密相連著的，只是人們察覺不出來，地球就像 6 人小世界，假如你想認識美國前總統川普，只要找到對的人，在 6 個人之間就能得到連結。

🟤 美國前總統川普經常在推特上發文表達政見

7-1-1　同溫層效應

　　社群網路本質就是一種描述相關性資料的圖形結構，會隨著時間演變成長，網路社群代表著一群群彼此互動關係密切且有著共同興趣的用戶，用戶人數也會越來越廣，就像拓展人脈般，正面與負面訊息都容易經過社群被迅速傳播，以此提升社群活躍度和影響力。由於到了網路虛擬世界，群體迷思會更加凸顯，個人往往會感到形單影隻，這時特別容易受到所謂**同溫層（Stratosphere）**效應的影響。

　　「同溫層」是近幾年出現的流行名詞，所揭示的是一個心理與社會學上的問題，美國學者 Cass Sunstein 表示：「雖然上百萬人使用網路社群來拓展視野，同時也可能建立起新的屏障，許多人卻反其道而行，積極撰寫與發表個人興趣及偏見，使其生活在同溫層中。」簡單來說，與我們生活圈接近且互動頻繁的用戶，通常同質性高，所獲取的資訊也較為相近，比較願意接受與自己立場相近的觀點，對於不同觀點的事物，選擇性地忽略，進而形成一種封閉的同溫層現象。

　　同溫層效應絕大部分也是因為目前許多社群會主動篩選你的貼文相關內容，在社群演算法邏輯下，會透過用戶過去偏好，推播與你相似的想法與言論，例如當用戶在社群閱讀時，往往傾向於點擊與自己主觀意見相合的訊息，而對相反的內容視而不見。不過對於行銷產品而言，不斷地跟同溫層對話，儘管可以得到溫暖的回應，但是對於店家或品牌還是有其侷限性，應該盡量打破同溫層的藩籬，真正地走向更廣大的普羅大眾。

7-1-2　社群商務與粉絲經濟

　　Facebook 創辦人 Mark Zuckerberg：「如果我一定要猜的話，下一個爆發式成長的領域就是**社群商務（Social Commerce）**」。社群商務的定義就是社群與商務的組合名詞，透過社群平台來獲得更多商業顧客。由於社群中的人們彼此會分享資訊，相互交流間接產生了依賴與歸屬感，並利用社群平台的特性鞏固粉絲與消費者，不但能提供消費者在社群空間的分享與溝通，又能滿足消費者的購物欲望，更進一步能創造店家或品牌更大的商機。

社群商務真的有那麼大潛力嗎？這種「先搜尋，後購買」的商務經驗，正在以進行式的方式反覆在現代生活中上演，根據最新的統計報告，有 2/3 美國消費者購買新產品時會先參考社群上的評論，且有 1/2 以上受訪者會因為社群媒體上的推薦而嘗試全新品牌。比起一般傳統廣告，現代消費者更相信網友或粉絲的介紹，根據國外最新的統計，88% 的消費者會被社群其他用戶的意見或評論所影響，表示 C2C（消費者影響消費者）模式的力量越來越大，深深影響大多數網路者的購買決策，這就是社群口碑的力量，藉由這股勢力，也漸漸的發展出另一種商務形式「社群商務」。

「消費者對消費者」（Consumer to Consumer, C2C）模式就是指透過網際網路，交易與行銷的買賣雙方都是消費者，由客戶直接賣東西給客戶，網站則是抽取單筆手續費。每位消費者可以透過競價得到想要的商品，就像是一個常見的傳統跳蚤市場。

例如大陸紅極一時的小米手機的爆發性成長並非源於卓越的技術創新能力，而是因為透過培養死忠小米品牌的粉絲族群進行社群口碑式傳播，在線上討論與線下組織活動，分享交流使用小米的心得，大陸的小米手機剛推出就賣了數千萬台，更在短期內將大陸市場其他手機廠商擠下銷售排行榜。

● 小米機成功運用社群贏取大量粉絲

所謂**粉絲經濟**的定義，就是基於社群商務而形成的一種經濟思維，透過交流、推薦、分享、互動模式，不但是一種聚落型經濟，社群成員之間的互動更是粉絲經濟運作的動力來源，就是泛指架構在粉絲（Fans）和被關注者關係之上的經營性創新交易行為。品牌和粉絲就像一對戀人一樣，在這個時代做好粉絲經營，首先要知道粉絲到社群是來分享心情，而不是來看廣告，現在的消費者早已厭倦老舊的強力推銷手法，唯有仔細傾聽彼此需求，關係才能走得長遠。

7-1-3　SoLoMo 模式

　　近年來公車上、人行道、辦公室，處處可見埋頭滑手機的低頭族，隨著越來越多社群平台提供了行動版的行動社群，透過手機使用社群的人口正在快速成長，形成「行動社群網路」（Mobile Social Network）。這是一個消費者習慣改變的重大結果，當然有許多店家與品牌在 SoLoMo（Social、Location、Mobile）模式中趁勢而起。所謂 SoLoMo 模式是由 KPCB 合夥人 John Doerr 於 2011 年提出的一個趨勢概念，強調「在地化的行動社群活動」，主要是因為行動裝置的普及和無線技術的發展，讓 Social（社交）、Local（在地）、Mobile（行動）三者合一能更為緊密結合，顧客會同時受到社群（Social）、本地商店資訊（Local）、以及行動裝置（Mobile）的影響，代表行動時代消費者會有以下三種現象：

- 社群化（Social）：在行動社群網站上互相分享內容已經是家常便飯，很容易可以仰賴社群中其他人對於產品的分享、討論與推薦。

- 行動化（Mobile）：民眾透過手機、平板電腦等裝置隨時隨地查詢產品或直接下單購買。

- 本地化（Local）：透過即時定位找到最新最熱門的消費場所與店家訊息，並向本地店家購買服務或產品。

🛍 行動社群行銷提供即時購物商品資訊

　　例如各位想找一家性價比較高的餐廳用餐，透過行動裝置上網與社群分享的連結，然後藉由適地性服務（LBS）找到附近的口碑不錯的用餐地點，都是 SoLoMo 很常見的生活應用。

7-2 社群行銷的特性

正所謂「顧客在哪，行銷點就在哪！」，對於行銷人員來說，數位行銷的工具相當多，很難一一投入，而且所費成本也不少，而社群媒體則是目前大家最廣泛使用的工具。尤其是剛成立的品牌或小店家，沒有專職的行銷人員可以處理行銷推廣的工作，所以使用社群來行銷品牌與產品，絕對是店家與行銷人員不可忽視的熱門趨勢。

所謂「戲法人人會變，各有巧妙不同」，社群行銷不只是一種網路行銷工具的應用，社群行銷已經是目前無法抵擋的趨勢，例如社群中最受到歡迎的功能，包括照片分享、位置服務即時線上傳訊、影片上傳下載等功能變得更方便使用，然後再藉由社群媒體廣泛的擴散效果，透過朋友間的串連、分享、社團、粉絲頁的高速傳遞，使品牌與行銷資訊有機會觸及更多的顧客。各位要做好社群行銷前，先得要搞懂社群的本質，才能談如何建立死忠粉絲群，當然首先我們就必須了解社群行銷的四大特性。

🔘 Gap 經常在 Instagram 發佈時尚短片，引起廣大熱烈迴響

7-2-1 分享性

　　分享是社群行銷的終極武器，分享在社群行銷的層面上，肯定是天條，絕對不能違背，共同分享與實際參與是建立消費者忠誠度的主要方法，無論粉絲專頁或社團經營，主要都是**社群訊號**（Social Signal）所引起。例如「分享」絕對是經營品牌的必要成本，還要能與消費者引發「品牌對話」的效果。社群並不是一個可以直接販賣的場所，有些店家覺得設了一個 Facebook 或 Instagram 粉絲專頁，以為三不五時到 FB、IG 貼貼文、放放圖片，就可以打開知名度，讓品牌能見度大增，這種想法還真是大錯特錯！事實上，就算許多人已經成為你的粉絲，不代表他們就一定願意被你推銷。

> 社群訊號（Social Signal）也稱為社交訊號，就是用戶與社群媒體的互動行為，包括影片觀看次數、留言數、瀏覽量、點擊率、分享次數、訂閱等，任何能引起受眾的反應都是好事。

　　社群行銷的一個死穴，就是要不斷創造分享與討論，因為所有社群行銷只有透過「借力使力」的分享途徑，才能增加品牌的曝光度。例如在社群中分享真實小故事，或者關於店家產品的操作技巧、密技、好康議題等類型的貼文，絕對會比廠商付費狂轟猛炸的業配文更讓人吸睛，如果配合品質與包裝，包括圖片 / 影片美觀性、清晰性、創意性、娛樂性和新聞性，更重要是緊密配合你的行銷主軸，千萬不要圖不對題，就像放上一張美侖美奐的田園風景圖片，就絕對吸引不了想要潮牌服飾的美少女們。

> 所謂「業配」（Advertorial）是「業務配合」的簡稱，業配金額從數萬到上百萬都有，也就是商家付錢請電視台的業務部或是網路紅人對該店家進行採訪，透過電視台的新聞播放或網路紅人的推薦，然而商品雖是網紅的經濟命脈，但最終仍建立於觀眾是否對他的影片買單。

社群上相當知名的 iFit 愛瘦身粉絲團，成功建立起全台最大瘦身社群，更直接開放網站團購，並與廠商共同開發瘦身商品。創辦人陳韻如小姐就是經常分享自己的瘦身經驗，除了將瘦身專業知識以淺顯短文表現，強調圖文整合，穿插討喜的自製插畫，搭上現代人最重視的運動減重的風潮，讓粉絲感受到粉絲團的用心經營，難怪讓粉絲團大受歡迎。

🔸 陳韻如靠著分享瘦身經驗坐擁大量粉絲

7-2-2 多元性

「平台多不見得好，選對粉絲才重要！」近年來社群網站如雨後春筍般來襲，青菜蘿蔔各有不同喜好，社群的魅力在於它能自行滾動，不同的社群平台，在上面活躍的使用者也有著不一樣的特性，特別是消費者不會接觸與自身核心價值牴觸的品牌。市面上那麼多不同社群平台，第一步要避免所有平台都想分一杯羹的迷思，最好先選出一個打算全力經營的社群平台，尋找出適合與消費者對話的社群，是極度重要的。稍有知名度之後，才開始經營其他平台，發展出適應每個平台不同粉絲的內容。操作社群最重要的是觀察，由於用戶組成十

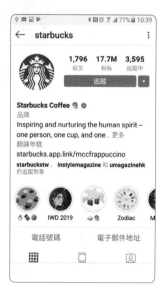

🔸 星巴克喜歡在 IG 上推出有故事的行銷方案

分多元，觸及受眾也不盡相同，選擇時的評估重點在於目標客群、觸及率跟使用偏好，應該根據社群媒體不同的特性，訂定社群行銷策略，千萬不要將 FB 內容原封不動分享到 IG。

例如店家想要經營好年輕族群，Instagram 就是在全球這波「圖像比文字更有力」的趨勢中，崛起最快的社群分享平台，至於 Pinterest 則有豐富的飲食、時尚、美容的最新訊息。LinkedIn 是目前全球最大的專業社群網站，大多是以較年長，而且有求職需求的客群居多，有許多產業趨勢及專業文章如果是針對企業用戶，那麼LinkedIn 就會有事半功倍的效果，反而對一般的品牌宣傳不會有太大效果。

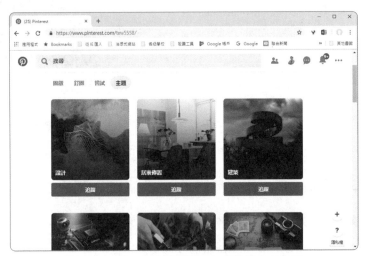

🌐 Pinterest 在社群行銷導購上成效都十分亮眼

如果是針對零散的個人消費者，推薦使用 Instagram 或 Facebook 都很適合，特別是 Facebook 能夠廣泛地連結到每個人生活圈的朋友跟家人。社群行銷時必須多多思考如何抓住口味轉變極快的粉絲，就能和粉絲間有更多更好的互動，才是成功行銷的不二法門。

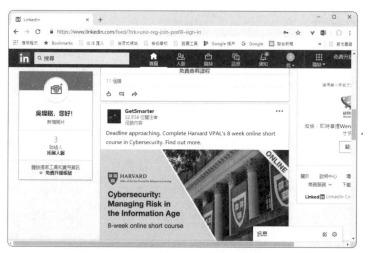

📺 LinkedIn 是全球最大專業人士社交網站

此外，由於所有行銷的本質都是「連結」，對於不同受眾來說，需要以不同平台進行推廣，因此社群平台間的互相連結能讓消費者討論熱度和延續的時間更長，理所當然成為推廣品牌最具影響力的管道之一。

每個社群都有它獨特的功能與特點，社群行銷的特性是因為「連結」而提升，了解顧客需求並實踐顧客至上的服務，建議各位可將上述的社群網站都加入成為會員，品牌也開始尋找其他適當社群行銷平台，只要有行銷活動就將訊息張貼到這些社群網站，或是讓這些社群相互連結，一旦連結建立的很成功，「轉換」就變成自然而然，如此一來就能增加網站或產品的知名度，大量增加商品的曝光機會，讓許多人看到你的行銷內容，對你的內容產生興趣，最後採取購買的行動，以發揮最大成效。

7-2-3　黏著性

「熟悉衍生喜歡與信任」是廣受採用的心理學原理，好的社群行銷技巧，除了提高品牌的曝光量，創造使粉絲們感興趣的內容，特別是深度經營客群與開啟彼此間的對話就顯得非常重要。社群行銷成功的關鍵字不在「社群」，而在於「互動」！網友的特質是「喜歡互動」、「需要溝通」，要做社群行銷，就要牢記不怕有人批評你，只怕沒人討論你的鐵律。店家光是會找話題，還不足以引起粉絲的注意，根據統計，社群上只有百分之一的貼文，被轉載超過七次，贏取粉絲信任是一個長遠的過程，觸及率往往不是店家所能控制，黏著度才是重點，了解顧客需求並實踐顧客至上的服務，如此一來就能增加網站或產品的知名度，大量增加商品的曝光機會，並產生消費忠誠和提高績效的積極影響。

🔴 蘭芝懂得利用社群來培養網路小資女的黏著度

例如蘭芝（LANEIGE）隸屬韓國 AMORE PACIFIC 集團，主打的是具有韓系特點的保濕商品，蘭芝粉絲團在品牌經營的策略就相當成功，目標是培養與粉絲的長期關係，為品牌引進更多新顧客，務求把它變成一個每天都必須跟粉絲聯繫與互動的平台，這也是增加社群歸屬感與黏著性的好方法，包括每天都會有專人到粉絲頁去維護留言，將消費者牢牢攬住。

7-2-4　傳染性

行銷高手都知道要建立產品信任度是多麼困難的一件事，首先要推廣的產品最好需要某種程度的知名度，接著把產品訊息置入互動的內容，透過網路的無遠弗屆以及社群的口碑效應，口耳相傳之間，病毒立即擴散傳染，被病毒式轉貼的內容，透過現有顧客吸引新顧客，利用口碑、邀請、推薦和分享，在短時間內提高曝光

率,引發社群的迴響與互動,大量把網友變成購買者,造成了現有顧客吸引未來新顧客的傳染效應。

● 統一陽光豆漿結合歌手以 MV 影片行銷產品

社群行銷本身就是一種內容行銷,著眼於利用人們的碎片化時間,過程是不斷創造口碑價值的活動,根據國外統計,約莫有 50% 的消費者,會聽信陌生部落客的推薦而下購買決策。由於網路大幅加快了訊息傳遞的速度,加上社群網路具有獨特的傳染性功能,也拉大了傳遞範圍,那是一種累進式的行銷過程,能產生「投入」的共感交流,講究的是互動與對話,透過現有粉絲吸引新粉絲,利用口碑、邀請、推薦和分享的方式,在短時間內提高曝光率,藉此營造「氣氛」(Atmosphere),引發社群的熱烈迴響與互動。

7-3 讓粉絲甘心掏錢的 Facebook 行銷

Facebook 是台灣用戶數最多的社群媒體,在網路行銷的戰場中,擁有最重要的戰略地位,特別是 Facebook 在功能上不斷推陳出新,店家開始經營 Facebook 時,心態上真要有鐵杵磨成針的毅力。當然如果各位能更熟悉 Facebook 所提供的各項功能,並吸取他人成功行銷經驗,肯定可以為商品帶來無限的商機。接下來我們會陸續為各位介紹 Facebook 中店家或品牌經常運用在社群行銷的最流行工具與相關功能。由於 Facebook 功能更新速度相當快,也讓品牌更容易鎖定不同的目標客群,如

果想即時了解各種新功能的操作說明，可以在帳戶名稱右側的下拉式三角形可以找到「協助和支援」，其中可以找到「使用說明」。

可以進入下圖的說明頁面，不僅可以搜尋要查詢的問題外，也可以看到大家常關心的熱門主題。

7-3-1 最新相機功能

根據官分統計，Facebook 上最受歡迎、最多人參與的貼文中，就有高達 90% 以上是跟相片有關，比起閱讀網頁文字，80% 的消費者更喜歡透過相片了解產品內容。Facebook 內建的「相機」功能包含數十種的特效，讓用戶可使用趣味或藝術風格的濾鏡特效拍攝影像，更協助行銷人員將實體產品豐富的視覺元素，透過手機原汁原味呈現在用戶面前，例如邊框、面具、互動式特效等，只需簡單套用，便可透過濾鏡讓照片充滿搞怪及趣味性。如下二圖所示：

同一人物，套用不同的特效，產生的畫面效果就差距很大

要使用手機上的「相機」功能，請先按下「在想些什麼？」的區塊，接著在下方點選「相機」的選項，使進入相機拍照狀態。在螢幕下方選擇各種的效果按鈕來套用，選定效果後按下圓形按鈕就完成相片特效的拍攝。

相片拍攝後螢幕上方還提供多個按鈕，除了可隨手塗鴉任何色彩的線條外，也能使用打字方式加入文字內容，或是加入貼圖、地點和時間。如右下圖所示：

由右而左依序
為塗鴉、打字
、貼圖、標註
人名等設定

可加入貼圖、
地點、時間等
物件

螢幕左下方按下「儲存」鈕則是將相片儲存到自己的裝置中，或是按下「特效」鈕加入更多的特殊效果。

7-3-2　限時動態

限時動態（Stories）能讓 Facebook 的會員以動態方式來分享創意影像，而且多了很多有趣的特效和人臉辨識互動玩法，限時動態已經被應用在 Facebook 家族的各項服務中，而且呈現爆發式的成長。限時動態功能會將所設定的貼文內容於 24 小時之後自動消失，相較於永久呈現在塗鴉牆的照片或影片，對於一些習慣刪文的使用者來說，應該更喜歡分享稍縱即逝的動態效果。對品牌行銷而言，限時動態不但已經成為品牌溝通重要的管道，正因為是 24 小時閱後即焚的動態模式，加上全螢幕的沉浸式觀看體驗，會讓用戶更想常去觀看「即刻分享當下生活與品牌花絮片段」的限時內容，並與粉絲透過輕鬆原創的內容培養更深厚的關係，也能透過這個方式與粉絲分享商家的品牌故事，為粉絲群提供不同形式的互動模式。

如何在極短時間中抓住消費者的目光，是限時動態品牌內容創作的一大考驗。想要發佈自己的「限時動態」，請在手機 Facebook 上找到如下所示的「建立限時動態」，按下「+」鈕就能進入建立狀態，透過文字、Boomerang、心情、自拍、票選活動、圖庫照片選擇等方式來進行分享。在限時動態發佈期間，也可隨時查看觀看的用戶人數：

❶ 按下此鈕建立限時動態

❷ 由此視窗進行拍照或選取相片

7-3-3　新增預約功能

　　Facebook 提供了一些免費 Facebook 商業工具，包括 Facebook 預約、主辦付費線上活動、發佈徵才貼文、在網站新增聊天室，如下圖所示：

「新增預約功能」可以將粉絲化為顧客，目前可以設定開放預約的日期和時段及顯示可供用戶預約的服務，同時也可以自動發送預約確認和提醒訊息。

7-3-4　主辦付費線上活動

各位透過付費線上活動，可以在 Facebook 主辦線上活動並開放付費參加，讓粉絲在線上齊聚一堂，也只有這些粉絲可以以付費的方式來獨享內容，對主辦活動者而言也是可以增加收入，通常線上活動可以是直播視訊或訪談或有趣的活動安排，只要各位同意《服務條款》並新增你的銀行帳戶資訊，即可立即開始享用這項免費的行銷工具。

7-3-5 聊天室與 Messenger

我們都知道 Facebook 不是發發貼文就能蹭出曝光量的事實,品牌需要投入更多資源,並與用戶建立更高強度的關係連結,即時通訊 Messenger 就是不錯的工具。當各位開啟 Facebook 時,哪些 Facebook 的朋友已上線,從右下角的「聯絡人」便可看得一清二楚。

已上線的 Facebook 朋友都可由此窺知

按此到 Messenger 頁面　　　按此鈕可看到 Messenger

各位看到好友或粉絲正在線上，想打個招呼或進行對話，直接從「聯絡人」或「Messenger」的清單中點選聯絡人，就能在開啟的視窗中即時和朋友進行訊息的傳送，能讓 FB 經營更有黏著度。

❶ 按下「Messenger」鈕

❷ 點選朋友大頭貼

點選此處，可前往該網友的 Facebook 進行瀏覽

展開語音通話

進行視訊聊天

❸ 開啟聯絡人視窗，由此輸入訊息或傳送資料

開啟的 Facebook 聯絡人視窗，除了由下方傳送訊息、貼圖或檔案外，想要加朋友一起進來聊天、進行視訊聊天、展開語音通話，都可由直接在視窗上方進行點選。

　　每一個品牌或店家都希望能夠和自己的顧客建立良好關係，而 Messenger 正是幫助你提供更好的使用者經驗的方法。Facebook 的「Messenger」目前已經成為企業新型態網路行銷工具，也是 Facebook 現在最努力推動的輔助功能之一，活躍使用的用戶正逐步上升中。過去人們可能因為工作之故，使用 Email 的頻率較高，相較於 EDM 或是傳統電子郵件，Messenger 發送的訊息更簡短且私人，開信率和點擊率都比 Email 高出許多，是最能讓店家靈活運用的管道，還可以設定客服時間，讓消費者直接在線上諮詢，以便與潛在消費者有更多的溝通和互動。

　　如果你希望能夠專心地與好友進行訊息對話，而不受動態消息的干擾，可在 Facebook 右上角按下 按鈕，再下拉按下底端的「到 Messenger 查看全部」的超連結，即可開啟即時通訊視窗— Messenger。

❶ 直接點選聯絡人名稱，
即可進行通訊

❷ 在此輸入訊息、傳送檔案或貼圖

　　視窗左側會列出曾經與你對話過的朋友清單，並可加入店家的電話和指定地址，如果未曾通訊過的 Facebook 朋友，也可以在左上方的 處進行搜尋。在這個獨立的視窗中，不管聯絡人是否已上線，只要點選聯絡人名稱，就可以在訊息欄中

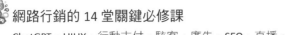
留言給對方,當對方上 Facebook 時自然會從 Facebook 右上角看到「收件匣訊息」鈕有未讀取的新訊息。

此外,利用 Messenger 除了直接輸入訊息外,也可以發送語音訊息、直接打電話,或是視訊聊天,相當的便利。當各位的 Facebook 有行銷訊息發佈出去,Facebook 上的朋友大多是透過 Messenger 來提問,所以經營粉絲專頁的人務必經常查看收件匣的訊息,對於網友所提出的問題務必用心的回覆,這樣才能增加品牌形象,提升商品的信賴感。

7-4　粉絲專頁經營的小心思

店家在 Facebook 上最常見的行銷手法,就是成立「粉絲專頁」帳號,所以很多的企業、組織、名人等官方代表,都紛紛建立專屬的粉絲專頁,讓消費者透過按「讚」的行為開始建立社交關係鏈,用來發佈一些商業訊息,或是與消費者做第一線的拜訪與互動。當店家建立了粉絲專頁,就能夠開始打造一個對你產品有興趣的用戶群,粉絲專頁不同於個人 Facebook,Facebook 好友的上限是 5000 人,而粉絲專頁可針對商業化經營的店家或品牌,它的粉絲人數並無限制,屬於對外且公開性的組織。粉絲專頁必須是組織或公司的代表,才可建立粉絲專頁。

粉絲專頁（Pages）適合公開性的行銷活動

7-4-1　粉絲專頁類別簡介

建立粉絲專頁的目的在於培養一群核心的鐵粉,增加現有用戶對品牌認同度,並透過粉絲專頁讓潛在客戶更加認識你,吸引更多目標族群來成為粉絲。每個 Facebook 帳號都可以建立與管理多個粉絲專頁。經營粉絲專頁沒有捷徑,必須要

有做足事前的準備，為了滿足各式消費者的好奇心，例如需要有粉絲專頁的封面相片、大頭貼照，這樣才能讓其他人可以藉由這些資訊來快速認識粉絲專頁的主題。

- **粉絲專頁封面**：進入粉專頁面，第一眼絕對會被封面照吸引，因此擁有一個具設計感的封面照肯定能為你的粉專大大加分。

- **大頭貼照**：在 FB 的粉專頁面之中，有兩個最重要的視覺區塊：大頭貼照與封面照片。大頭貼照從設計上來看，最好嘗試整合大頭照與封面照，加上運用創意且吸睛的配色，讓你的品牌被一眼認出。

- **粉絲專頁說明**：請依照粉絲專頁類型而定，可以加入不同類型的基本資料，基本資料填寫越詳細對消費者 / 目標受眾在搜尋上有很大的幫助，假設你開設的是實體商店，並希望增加在地化搜尋機會，那麼填寫地址、當地營業時間是非常重要的，而且千萬別選錯了類別。

粉絲專頁的內容絕對是經營成效最主要的一個重點，請從個人 Facebook 右上角的「建立」處下拉選擇「粉絲專頁」指令，只要輸入的粉絲專頁「名稱」和「類別」並呈現綠色的勾選狀態，就可以建立粉絲專頁。

❸ 輸入粉絲專頁名稱

❹ 設定專頁的類別

❺ 輸入說明文字

❻ 按下「建立粉絲專頁」鈕

當各位按下「建立粉絲專頁」的按鈕後，你可在右側切換畫面為「行動版預覽」或「桌面版預覽」，同時在左側的欄位中還可以繼續加入大頭貼照和封面相片。

由此加入大頭貼照

由此新增封面照片

切換為「行動版預覽」或「桌面版預覽」

粉絲專頁建立後，你可以申請選擇一個用戶名稱，網址也將從落落長變成容易記憶和分享的短網址。因為粉絲專頁的用戶名稱就是 Facebook 專頁的短網址，建議各位的用戶名稱使用官網網址或品牌英文名稱。網址也會反應企業形象的另一面，當客戶搜尋不到您的粉絲頁時，輸入短網址是非常好用的方法，所以盡量簡單好輸入，用戶名稱最好與品牌英文名、網址保持一致性。好的命名簡直就是成功一半，取名字時直覺地去命名，朗朗上口讓人可以記住且容易搜尋到為原則，如下圖所示的「美心食堂」。

粉絲專頁名稱 + 粉絲專頁編號

由於網址很長，又有一大串的數字，在推廣上比較不方便，而建立粉絲專頁的用戶名稱後，只要建立成功，就可以用簡單又好記的文字呈現，以後可以用在宣傳與行銷上，幫助推廣你的專頁據點。如下所示，以「**Maximfood**」替代了「美心食堂 -1636316333300467」。

為粉絲專頁建立用戶名稱時，要特別注意：粉絲專頁或個人檔案只能有一個用戶名稱，而且必須是獨一無二的，無法使用已有人使用的用戶名稱。另外，用戶名稱只能包含英數字元或英文句點「.」，不可包含通用字詞或通用域名（.com 或 .net），且至少要 5 個字元以上。

要設定或變更粉絲專頁的用戶名稱，必須是粉專的管理員才能設定，請在粉專名稱下方點選「建立粉絲專頁的用戶名稱」連結，即可進行設定：

❶ 按此連結

❷ 輸入用戶名稱

打勾表示可以使用，若已有他人使用的名稱，會在下方以紅字提醒用戶重新選擇，用戶名稱必須包含 5 個以上的英數字元

❸ 按此鈕建立用戶名稱

❹ 按「完成」鈕離開

用戶名稱變更完成，簡單又好記

7-4-2 Facebook 社團

我們知道「精準分眾」是社群上最有價值的功能，Facebook 的社團（Group）是指相同嗜好的小眾團體，設立主要目的大部分是因為這群成員他們有共同的愛好、興趣或身份，如果你想學習新的技能，或是培養新的興趣，加入社團都是個好方法。社團可設定不公開或私密社團，社團和粉絲專頁有點類似，不過社團則是邀請使用者「加入」，必須經過社團管理人的審核才可以加入，例如「熟女購物團」、

「泰國代購」、「二手拍賣」、「爆料公社」、「雄中校友會」、「柴犬同學會」等。相較於粉絲專頁，有更多細節功能可設定與使用，社團更注重帶起討論的特性，這也使得社團經營比粉絲團更加困難，而且不能針對社團下廣告。

因應 FB 粉絲團貼文觸及率不斷下修，許多店家開始將經營重心放在 FB 社團，因此 FB 社團的經營近年來越來越受店家與品牌的重視。Facebook 的「社團」目前已擁有超過 10 億用戶，社團最大價值在於能快速接觸目標族群，透過社團的最終目標不單是為了創造訂單，而是打造品牌。首先要幫社團定義清楚的目標受眾與想要傳遞的核心價值，這些是社團經營的第一步，特別是

爆料分社眾多，每一社團都是 10 萬人起跳

要確定你想建立的社團是否已有相同性質的社團存在？並參考同類型社團的經營方向，瞄準重複性較低的區塊，讓你的社團做出區隔，就像是要開一間早餐店，也要先看過附近方圓 500 公尺有多少間早餐店一樣。

Panasonic 單一型號的麵包機也能擁有 7 萬個會員

社團的命名最好要能夠讓人用直覺就能搜尋，例如在社團名稱埋入關鍵字是個很重要的行銷技巧，當然社團名稱最好能讓人一眼看出要加入的社團性質，如果不能在 10 秒內讓人立馬決定點選加入社團，之後可能也很難吸引其他人加入使用。由於社團是以「個人」帳戶進行建立與管理，任何人要建立社團，新增成員到社團中，至少要 2 個人（包括自己）才能建立社團，各位只要從 Facebook 右上角功能表 ▦ 鈕下拉建立「社團」，就可以替你的社團命名和加入會員。

❶ 設定社團名稱

❷ 社團可以是公開、私密社團，由此進行隱私選擇

❸ 由此新增成員，也可事後再加入

❹ 按此鈕建立社團

　　Facebook 的社團可以是公開社團、不公開社團、私密社團，差異性如下：

- **公開社團**：所有人都可以找到這個社團，並查看其中的成員和他們發布的貼文，非社團成員也能讀取貼文內容。

- **私密社團**：一般用戶無法在搜尋中看到社團，只有成員可以找到這個社團，並查看其中的成員和他們發布的貼文。

Facebook 的粉絲專頁的用戶稱為「粉絲」；加入社團的用戶則稱作「成員」，至於社團成立的方向最好參考同類型社團的經營方式與本身在內容產製上較具優勢的區塊，讓自己的社團做出區隔，或者你剛好還有經營粉絲專頁，那麼你不妨透過粉專的貼文，配合下 Facebook 廣告的方式推廣你的社團。店家想要在社團中邀請成員加入，可在社團封面下方按下「邀請」鈕，就可以在顯示的視窗中勾選朋友姓名，並按下「傳送邀請」鈕來邀請朋友加入社團。

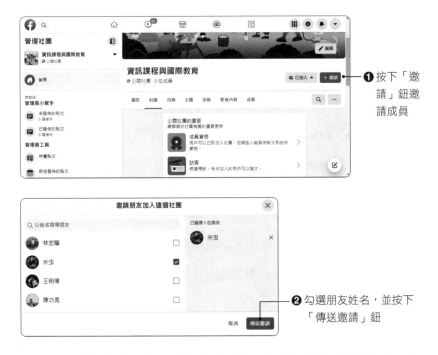

❶ 按下「邀請」鈕邀請成員

❷ 勾選朋友姓名，並按下「傳送邀請」鈕

任何人在 Facebook 上看到喜歡的社團，也可以自行提出要求來加入社團。社團新成員的審核可由社團管理員或是社團成員來審核資格，如果社團建立者希望用戶需先經過管理員或版主批准，才能進一步發佈貼文和留言，可在如下的視窗中進行修改。

7-5　打造集客瘋潮的 IG 行銷初體驗

Instagram 是一款依靠行動裝置興起的免費社群軟體，和時下年輕人一樣，具有活潑、多變、有趣的特色，尤其是 15-30 歲的受眾用戶，許多年輕人幾乎每天一睜開眼就先上 Instagram，關注朋友們的最新動態。根據國外研究，Instagram 是所有社群中和追蹤者互動率最高的平台，與其他社群平台相比，IG 更常透過圖像 / 影音來說故事，讓用戶輕鬆使用相機作生活記錄，加上濾鏡效果處理後變成美美的藝術相片，捕捉瞬間的訊息相片然後與朋友分享。

我們可以這樣形容；Facebook 是最能細分目標受眾的社群網站，主要用於與朋友和家人保持聯絡，而 Instagram 則是最能提供用戶發現精彩照片和瞬間驚喜，並因此深受感動及啟發的平台。對於現代行銷人員而言，需要關心 Instagram 的原因是能近距離接觸到年輕潛在受眾，根據天下雜誌調查，Instagram 在台灣 24 歲以下的年輕用戶占 46.1%。

ESPRIT 透過 IG 發佈時尚短片，引起廣大迴響

7-5-1　個人檔案建立關鍵要領

　　經營個人 IG 帳戶時，可以分享個人日常生活中的大小事情，偶而也可以作為商品的宣傳平台。各位想要一開始就讓粉絲與好友印象深刻，那麼完美的個人檔案就是首要亮點，個人檔案就像你工作時的名片，鋪陳與設計的優劣，可說是一個非常重要的關鍵，因為這是粉絲認識你的第一步：

🔊 個人簡介的內容隨時可以變更修改，也能與其他網站商城社群平台做串接

　　各位要進行個人檔案的編輯，可在「個人」 頁面上方點選「編輯個人檔案」鈕，即可進入如下畫面，其中的「網站」欄位可輸入網址資料，如果你有網路商店，那麼此欄務必填寫，因為它可以幫你把追蹤者帶到店裡進行購物。下方還有「個人簡介」，也盡量將主要銷售的商品或特點寫入，或是將其他可連結的社群或聯絡資訊加入，方便他人可以聯繫到你：

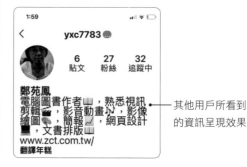

商家務必重視個人檔案的編寫，不管是用戶名稱、網站、個人簡介，都要從一開始就留給顧客一個好的印象

其他用戶所看到的資訊呈現效果

　　千萬不要將「個人簡介」欄位留下空白，完整資訊將給粉絲留下好的第一印象，如果能清楚提供訊息，頁面品味將看起來更專業與權威，記得隨時檢閱個人簡介，試著用 30 字以內的文字敘述自己的品牌或產品內容，讓其他用戶可以看到你的最新資訊。

　　當各位有機會被其他 IG 用戶搜尋到，那麼第一眼被吸引的絕對會是個人頁面上的大頭貼照，圓形的大頭貼照可以是個人相片，或是足以代表品牌特色的圖像，以便從一開始就緊抓粉絲的眼球動線。大頭貼是最適合品牌宣傳的吸

使用企業 LOGO 的大頭貼

使用個人相片的大頭貼

睛爆點，尤其在限時動態功能更是如此，也可以考慮以店家標誌（LOGO）來呈現，運用創意且亮眼的配色，讓你的品牌能夠一眼被認出，讓粉絲對你的印象立馬產生聯結。

各位想要更換相片時，請在「編輯個人檔案」的頁面中按下圓形的大頭貼照，就會看到如下的選單，選擇「從 Facebook 匯入」或「從 Twitter 匯入」指令，只要在已授權的情況下，就會直接將該社群的大頭貼匯入更新。若是要使用新的大頭貼照，就選擇「新的大頭貼照」來進行拍照或選取相片，加上運用創意且吸睛的配色，讓你的品牌被一眼認出，這也是讓整體視覺可以提升的絕佳方式。

> 更換大頭貼照
>
> 移除目前使用的相片
>
> 從 Facebook 匯入
>
> 拍照
>
> 從圖庫選擇

7-5-2　新增商業帳號

在 Instagram 的帳號通常是屬於個人帳號，如果你想利用帳號來做商品的行銷宣傳，那麼也可以考慮選擇商業帳號，過去很多自媒體經營者仍舊使用「一般帳號」在經營 IG，強烈建議轉換成「商業帳號」，而且申請商業帳號是完全免費，不但可以在 IG 上投放廣告，還能提供詳細的數據報告，容易讓顧客更深入了解您的產品、服務或商家資訊。

如果你使用的是商業帳號，自然是以經營專屬的品牌為主，主打商品的特色與優點，目的在宣傳商品，所以一般用戶不會特別按讚，追蹤者相對也會比較少些。你也可以將個人帳號與商業帳號兩個帳號並用，因為 Instagram 允許一個人能同時擁有 5 個帳號。早期使用不同帳號時必須先登出後才能以另一個帳號登入，現在則可以直接由左上角處進行帳號的切換，相當方便。

如果想要同時在手機上經營兩個以上的 IG 帳號，那麼可以在「個人」頁面中新增帳號。請在「設定」頁面下方選擇「新增帳號」指令即可進行新增。新帳號若是還沒註冊，請先註冊新的帳號喔！如圖示：

　　擁有兩個以上的帳號後，若要切換到其他帳號時，可以從「設定」頁面下方選擇「登出」指令，接著顯示右下圖時，選擇想要登出的帳號後，再按「登出」鈕即可。

此外，當手機已同時登入兩個以上的帳號後，你就可以在右下方按下長按  鈕，出現帳號清單時，直接點選要進入的帳號名稱！

7-5-3 推薦追蹤名單

曝光率就是行銷的關鍵，且和追蹤人數息息相關，例如女性用戶大部分追求時尚和潮流，而男性則是喜歡嘗試了解新事物。各位可別輕忽 IG 跟各位推薦的熱門追蹤名單，因為這裡的「建議」清單包含了熱門的用戶、已追蹤朋友所追蹤的對象、還有 IG 為你所推薦的對象。

每次 IG 為你建議的清單都不一樣，追蹤公眾人物可知道現今熱門的趨勢

有些帳戶必須得到對方的同意，所以按下「追蹤」鈕，得到對方認可後才會進行追蹤

「首頁」通常是顯示已追蹤者所發佈的相片 / 影片的頁面，已追蹤的朋友如果要取消追蹤，可從朋友貼文的右上角按下「選項」… 鈕，當出現如右下圖的功能表時選擇「取消追蹤」指令即可。

此外，按下  鈕切換到「個人」頁面，右上方按下「追蹤中」就會進入「追蹤名單」的頁面，直接在欲取消追蹤者的後方按下「追蹤中」鈕，就能在開啟的視窗中選擇「取消追蹤」指令，悄悄的移除追蹤者。

7-5-4　一看就懂的 IG 介面操作功能

要好好利用 Instagram 來進行行銷活動，當然要先熟悉它的操作介面，了解各種功能的所在位置，這樣用起來才能順心無障礙。Instagram 主要分為五大頁面，由手機螢幕下方的五個按鈕進行切換。

- 首頁：瀏覽追蹤朋友所發表的貼文。

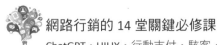
- **搜尋**：鍵入姓名、帳號、主題標籤、地標等，用來對有興趣的主題進行搜尋。

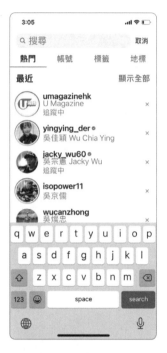

- **新增**：可以新增貼文、限時動態或直播。

- **商店**：點進「商店」分頁後用戶就能查看個人化推薦的商店與商品，可能是根據你按讚或追蹤的內容來推薦。

- **個人**：由此觀看你所上傳的所有相片 / 貼文內容、摯友可看到的貼文、有你在內的相片 / 影片、編輯個人檔案，如果你是第一次使用 Instagram，它也會貼心地引導你進行。

7-6　地表最強的 Hashtag 行銷

標籤（Hashtag）是目前社群網路上相當流行的行銷工具，Hashtag 的標籤和 Facebook 相當不一樣，不但已經成為品牌行銷重要一環，可以利用時下熱門的關鍵字，並以 Hashtag 方式提高曝光率。透過標籤功能，所有用戶都可以搜尋到你的貼文，你也可以透過主題標籤找尋感興趣的內容。目前許多企業也逐漸認知到標籤的重要性，紛紛運用標籤來進行宣傳，使 Hashtag 成為行社群行銷的新寵兒。

🐟 Instagram、Facebook 都提供 Hashtag 功能

主題標籤是全世界 Instagram 用戶的共通語言，用戶習慣透過 Hashtag 標籤尋找想看的內容，一個響亮有趣的 Slogan 很適合運用在 IG 的主題標籤上，主題標籤不但可以讓自己的商品做分類，同時又可以滿足用戶的搜尋習慣。店家或品牌可以在貼文裡加上別人會聯想到自己的主題標籤當品牌舉辦活動時，透過貼文搜尋及串連功能，就能迅速與全世界各地網友交流，進而增進對品牌的好感度。

🔊 貼文中加入與商品有關的主題標籤，可增加被搜尋的機會

當我們要開始設定主題標籤時，通常是先輸入「#」號，再加入你要標籤的關鍵字，要注意的是，關鍵字之間不能有空格或是特殊字元，否則會被分隔。如果有兩個以上的標籤，就先空一格後再標記第二個標籤。如下所示：

#油漆式速記法 #單字速記 #學測指考

貼文中所加入的標籤，當然要和行銷的商品或地域有關，除了中文字讓中國人都查看得到，也可以加入英文、日文等翻譯文字，這樣其他國家的用戶也有機會查看得到你的貼文或相片。不過 Instagram 貼文標籤也有數量的限定，超過額度的話將無法發佈貼文喔！

7-6-1　相片 / 影片加入主題標籤

主題標籤之所以重要，是在於它可以帶來更多陌生的潛在受眾，如果希望店家的 IG 能被更多人看見，善用 Hashtag 絕對是頭號課題！很多人知道要在貼文中加入主題標籤，卻不知道將主題標籤也應用到相片或影片上，不但與內容中的圖片相互呼應，還能鎖定想觸及的產業與目標閱聽眾。當相片 / 影片上加入主題標籤，觀看

者按點該主題標籤時，它會出現如左下圖的「查看主題標籤」，點選之後，IG 就會直接到搜尋頁面，並顯示出相關的貼文。

❶ 選「#好友分享日」會出現上方的「查看主題標籤」

❷ 按點「查看主題標籤」會顯示如圖的所有相關貼文

除了必用的「#主題標籤」外，商家也可以在相片上做地理位置標註、標註自己的用戶名稱，甚至加入同行者的名稱標註，增加更多的曝光機會讓你的粉絲變多多。

加入地點標註

提及其他用戶名稱

7-6-2　創造專屬的主題標籤

　　IG 中有無數種標籤可以任你使用；不同屬性的品牌帳號適合的主題標籤也不同，不過最重要的是哪種標籤適合各位的目標受眾，因此最好先行了解當前的流行趨勢。針對行銷的內容，企業也可以創造專屬的主題標籤。例如星巴克在行銷界算是十分出名的，每當星巴克推出季節性的新飲品時，除了試喝活動外，也會推出馬克杯和保溫杯等新商品，所以世界各地都有它的粉絲蒐集星巴克的各款商品。

　　星巴克在 IG 經營和行銷方面算是十分的優越，消費者只要將新飲品上傳到 IG，並在內文中加入指定的主題標籤，就有機會抽禮物卡，所以每次舉辦活動時，IG 上就有上千張的相片是由消費者上傳上去的，這些相片自然而然成為星巴克的最佳廣告，像是「#星巴克買一送一」或「#星巴克櫻花杯」等活動主題標語便是最好的行銷。

　　🔘 搜尋該主題可以看到數千則的貼文，貼文數量越多表示使用這個字詞的人數越多

這樣的行銷手法，粉絲們不但會主動上傳星巴克飲品的相片，粉絲們的追蹤者也會看到星巴克的相關資訊，宣傳效果如樹狀般的擴散，一傳十，十傳百，傳播速度快而顯著，又不需要耗費太多的廣告成本，即可得到消費者的廣大迴響。而下圖所示則為星巴克近期推出的「星想餐」，不但在限時動態的圖片中直接加入「星想餐」的主題標籤，也在貼文中加入這個專屬的主題標籤。

限時動態中加入星巴克專屬的主題標籤 - 星想餐

貼文之中也加入星巴克專屬的主題標籤

7-6-3　運用主題標籤辦活動

時至今日，主題標籤已經成為 Instagram 貼文中理所當然的風景之一，店家想要做好 IG 行銷的話，肯定必須重視主題標籤的重要性。例如當品牌舉辦活動時，商家可以針對特定主題設計一個別出心裁而具特色的標籤！只要消費者標註標籤，就提供折價券或進行抽獎。這對商家來說，成本低而且效果佳，對消費者來說可得到折價券或贈品，這種雙贏的策略應該多多運用。如下所示是「森林小熊曲奇餅」的抽獎活動與抽獎辦法，參與抽獎活動的就有 1800 多筆。

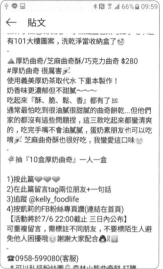

　　活動辦法中也要求參加者標註自己的親朋好友，這樣還可將商品延伸到其他的潛在客戶，不過在活動結束後，記得將抽獎結果公布在社群上以供昭公信。

　　另外，企業舉辦行銷活動並制定專屬 Hashtag，就要盡量讓 Hashtag 和這次活動緊密相關，並且用簡單字詞、片語來描述，透過 Hashtag 標記的主題，馬上可以匯聚了大量瀏覽人潮，不過最有效的主題標籤是一到二個，數量過多會降低貼文的吸引力。

1. 請簡介社群網路服務（SNS）與「六度分隔理論」。

2. 請問如何增加粉絲對品牌的黏著性？

3. 請簡介 Instagram。

4. 請簡介 Facebook 的社團（Group）功能。

5. 請問行動社群行銷有哪四種重要特性？

6. 請簡述 SoLoMo 模式。

7. 請簡介 Facebook「動態消息」的行銷功能。

8. 如何將所拍攝的相片 / 視訊在上和好朋友分享與行銷？

9. Instagram 行銷較適用於哪些產業？

10. 請簡單說明「標籤」的功用。

08
CHAPTER

大數據淘金術與
精準智能行銷

⊙ 大數據的應用

⊙ 大數據行銷優點簡介

⊙ 大數據相關技術－ Hadoop 與 Spark

⊙ 人工智慧與智能行銷

大數據時代的到來，徹底翻轉了現代人們的生活方式，繼雲端運算之後，儼然成為現代科技業中最熱門的顯學，自從 2010 年開始全球資料量已進入 ZB（Zettabyte）時代，並且每年以 60%~70% 的速度向上攀升，不斷擴張的巨大資料量，正以驚人速度不斷創造大數據，為各種產業的營運模式帶來新契機。特別是在行動裝置蓬勃發展、全球用戶使用行動裝置的人口數已經開始超越桌機，一支智慧型手機的背後就代表著一份獨一無二的個人數據！大數據應用已經不知不覺在我們生活週遭發生與流行，例如透過即時蒐集用戶的位置和速度，經過大數據分析，Google Map 就能快速又準確地提供用戶即時交通資訊。

🔘 透過大數據分析就能提供用戶最佳路線建議

當消費者資訊接收行為轉變，行銷就不能一成不變！特別是大數據徹徹底底改變了行銷的玩法。由於消費者在網路及社群上累積的使用者行為及口碑，都能夠被量化，生活上最顯著的應用莫過於 Facebook 上的個人化推薦商品和廣告推播了，為了記錄每一位好友的資料、動態消息、按讚、打卡、分享、狀態及新增圖片，必須借助大數據的技術，接著 Facebook 才能分析每個人的喜好，再投放他感興趣的廣告或行銷訊息。

🔘 Facebook 廣告背後包含了最新大數據技術

TIPS 為了讓各位實際了解大數據資料量到底有多大，我們整理了大數據資料單位如下表，提供給各位作為參考：

- 1Terabyte=1000Gigabytes=1000^9Kilobytes
- 1Petabyte=1000Terabytes=1000^{12}Kilobytes
- 1Exabyte=1000Petabytes=1000^{15}Kilobytes
- 1Zettabyte=1000Exabytes=1000^{18}Kilobytes

8-1 大數據的應用

阿里巴巴創辦人馬雲在德國 CeBIT 開幕式上如此宣告:「未來的世界,將不再由石油驅動,而是由數據來驅動!」在國內外許多擁有大量顧客資料的企業,例如 Facebook、Google、Twitter、Yahoo 等科技龍頭企業,都紛紛感受到這股如海嘯般來襲的大數據浪潮。大數據應用相當廣泛,我們的生活中也有許多重要的事需要利用大數據來解決。

就以醫療應用為例,能夠在幾分鐘內就可以解碼整個 DNA,並且讓我們制訂出最新的治療方案,為了避免醫生的疏失,美國醫療機構與 IBM 推出 IBM Watson 醫生診斷輔助系統,會從大數據分析的角度,幫助醫生列出更多的病癥選項,大幅提升疾病診癒率,甚至能幫助衛星導航系統建構完備即時的交通資料庫。即便是目前喊得震天價響的全通路零售,真正核心價值還是建立在大數據資料驅動決策上。

🔊 IBM Waston 透過大數據實踐了精準醫療的成果

不僅如此,大數據還能與網路行銷領域相結合,當作終端的精準廣告投放,只要有能力整合這些資料並做分析,在大數據的幫助下,消費者輪廓將變得更加全面和立體,包括使用行為、地理位置、商品傾向、消費習慣都能記錄分析,就可以更

清楚地描繪出客戶樣貌,更可以協助擬定最源頭的行銷策略,進而更精準的找到潛在消費者。

　　這些大數據中遍地是黃金,更是一場從管理到行銷的全面行動化革命,不少知名企業更是從中嗅到了商機,各種品牌紛紛大舉跨足網路行銷的範疇。由於大數據是智慧零售不可忽視的需求,當大數據結合了網路行銷,將成為最具革命性的行銷大趨勢,顧客變成了現代真正的主人,企業主導市場的時光已經一去不復返了,行銷人員可以藉由大數據分析,將網友意見化為改善產品或設計行銷活動的參考,深化品牌忠誠,甚至挖掘潛在需求。

🔘 台灣大車隊利用大數據提供更貼心叫車服務

　　例如台灣大車隊是全台規模最大的小黃車隊,透過 GPS 衛星定位與智慧載客平台全天候掌握車輛狀況,並充分利用大數據技術,將即時的乘車需求提供給司機,讓司機更能掌握乘車需求,將有助降低空車率且提高成交率,並運用雲端資料庫,透過分析當天的天候時空情境和外部事件,精準推薦司機優先去哪個區域載客,優化與洞察出乘客最真正迫切的需求,也讓乘客叫車更加便捷,提供最適當的產品和服務。

8-1-1 　大數據的特性

　　由於數據的來源有非常多的途徑,大數據的格式也將會越來越複雜,大數據解決了商業智慧無法處理的非結構化與半結構化資料,優化了組織決策的過程。將數據應用延伸至實體場域,最早是在 90 年代初,全球零售業的巨頭 Walmart 超市就選擇把店內的尿布跟啤酒擺在一起,透過帳單分析,找出尿片與啤酒產品間的關聯性,尿布賣得好的店櫃位,附近啤酒也意外賣得很好,進而調整櫃位擺設及推出啤

酒和尿布共同銷售的促銷手段，成功帶動相關營收成長，開啟了數據資料分析的序幕。

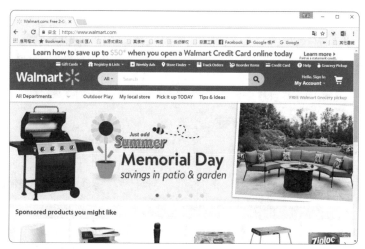

🔊 Walmart 啤酒和尿布的研究開啟了大數據分析的序幕

 結構化資料（Structured Data）是指目標明確，有一定規則可循，每筆資料都有固定的欄位與格式，偏向一些日常且有重覆性的工作，例如薪資會計作業、員工出勤記錄、進出貨倉管記錄等。非結構化資料（Unstructured Data）是指那些目標不明確，不能數量化或定型化的非固定性工作與讓人無從打理起的資料格式，例如社交網路的互動資料、網際網路上的文件、影音圖片、網路搜尋索引、Cookie 記錄、醫學記錄等資料。

　　大數據涵蓋的範圍太廣泛，許多專家對大數據的解釋又各自不同，在維基百科的定義，大數據是指無法使用一般常用軟體在可容忍時間內進行擷取、管理及分析的大量資料，我們可以這麼簡單解釋：大數據其實是巨大資料庫加上處理方法的一個總稱，是一套有助於企業組織大量蒐集、分析各種數據資料的解決方案，並包含以下四種基本特性：

- **大量性（Volume）**：現代社會每分每秒都在生成龐大的數據量，是過去的技術無法管理的巨大資料量，資料量的單位可從 TB（Terabyte，一兆位元組）到 PB（Petabyte，千兆位元組）。

🛒 大數據的四項特性

- **速度性（Velocity）**：隨著使用者每秒都在產生大量的數據回饋，更新速度也非常快，資料的時效性也是另一個重要的課題，反應這些資料的速度也成為他們最大的挑戰。大數據產業應用成功的關鍵在於速度，往往取得資料時，必須在最短時間內反應，許多資料要能即時得到結果才能發揮最大的價值，否則將會錯失商機。

- **多樣性（Variety）**：大數據技術徹底解決了企業無法處理的非結構化資料，例如存於網頁的文字、影像、網站使用者動態與網路行為、客服中心的通話記錄，資料來源多元及種類繁多。通常我們在分析資料時，不會單獨去看一種資料，大數據課題真正困難的問題在於分析多樣化的資料，彼此間能進行交互分析與尋找關聯性，包括企業的銷售、庫存資料、網站的使用者動態、客服中心的通話記錄、社交媒體上的文字影像等。

- **真實性（Veracity）**：企業在今日變動快速又充滿競爭的經營環境中，取得正確的資料是相當重要，因為要用大數據創造價值，所謂「垃圾進，垃圾出」（GIGO），這些資料本身是否可靠是一大疑問，不得不注意數據的真實性。大數據資料收集的時候必須分析並過濾資料有偏差、偽造、異常的部分，資料的真實性是數據分析的基礎，防止這些錯誤資料損害到資料系統的完整跟正確性，就成為一大挑戰。

8-2　大數據行銷優點簡介

隨著行銷數位化趨勢的到來，在網路與行動裝置的加持下，根據 BrightEdge 最新數據顯示，現在超過半數（57%）的 Google 搜尋流量來自行動用戶，今日行動時代的趨勢，速度就是力量，大數據中浮現的各種行動行為相關性，可以幫我們篩選出較正確的消費者洞察和預測分析方向。在新的行動行銷世界裡，最重要的心態就是要放下專業的執著與傲慢，當任何數據都可以輕易被追蹤的時候，結合大數據進行全方位行銷，讓行動生活真正有感，創造出全新的超倍速行銷方式。以下我們將介紹大數據行銷的三大優點。

● 大數據協助 New Balance 精確掌握顧客行為

8-2-1　精準的個人化行銷

在大數據的幫助下，現在可以透過多種跨螢裝置等科技產品，把消費者的消費模式、瀏覽記錄、個人資料、商品銷售統計、庫存與購買行為網路使用行為、購物習性、商品好壞等，統統一手掌握並且運用在顧客關係管理上，進行綜合分析將可使其從以往管理顧客關係層次，進一步提升到服務顧客的個人化行銷，行銷人員將可以更加全面的認識消費者，從傳統亂槍打鳥式的行銷手法進入精準化個人行銷，洞察出消費者真正迫切的需求，深入了解顧客。

● NETFLIX 借助大數據技術成功給消費者推薦影片

美國最大的線上影音出租服務的網站 NETFLIX 長期對節目的進行分析，透過對觀眾收看習慣的了解，對客戶的行動裝置行為做大數據分析，透過大數據分析的推薦引擎，不需要把影片內容先放出去後才知道觀眾喜好程度，結果證明使用者有 70% 以上的機率會選擇 NETFLIX 曾經推薦的影片，使 NETFLIX 節省不少行銷成本。

8-2-2　找出最有價值的顧客

資料經濟時代到來，大數據成為企業在市場上競爭的重要關鍵，網路行銷與大數據結合大概是消費者擁有過變化最徹底的行銷體驗，過去行銷人員僅能以誰是花錢最多的顧客，來判斷顧客的價值，但長期忠誠度卻不一定是最高的一群人。當透過大數據掌握了更多消費者的資訊時，行銷人員除了會參考上述的單一指標，任何一位顧客的價值，都不僅止於他買過的東西而已，還必須考慮他的忠誠度與未來帶來更多客戶的潛在能力，例如參考平均購買量、顧客終身價值（Customer's Lifetime Value, CLV）、顧客的取得成本、顧客滿意度、每一個櫃位停留的時間與頻率等指標。

> **TIPS** 顧客終身價值（Customer's Lifetime Value, CLV）是指每一位顧客未來可能為企業帶來的所有利潤預估值，也就是透過購買行為，企業會從一個顧客身上獲得多少營收。

由於忠誠顧客並不是一般消費者，而是因為真心喜愛你的產品而支持到底的一群人，從策略面鎖定這些顧客的「情感動機」找出未來最有價值的顧客，實現品牌的最大潛在價值，甚至還能增加價值，為了讓顧客使用頻率增加，並維繫顧客忠誠度，因此企業開始對於忠誠顧客給予不同服務，進行顧客分級化經營，藉此培養忠誠顧客逐漸成為網路行銷操作新趨勢。

🍵 星巴克咖啡利用大數據找出忠誠的顧客

全球連鎖咖啡星巴克在美國乃至全世界有數千個接觸點，早已將大數據應用到營運的各個環節，包括從新店選址、換季菜單、產品組合到提供限量特殊品項的依據，都可見到大數據的分析痕跡。星巴克對任何行動體驗的耕耘很深，深知唯有與顧客良好的互動，才是成功的關鍵，例如推出手機 App 蒐集顧客的購買數據，運用長年累積的用戶數據了解消費者，甚至於透過會員的消費記錄星巴克完全清楚顧客的喜好、消費品項、地點等，就能省去輸入一長串的點單過程，加上配合貼心驚喜活動創造附加價值感，從中找到最有價值的潛在客戶，終極目標是希望每兩杯咖啡，就有一杯是來自熟客所購買，這項目標成功的背後靠的就是收集以會員為核心的行動大數據。

8-2-3　提升消費者購物體驗

面對消費市場的競爭日益激烈，品牌種類越來越多，大數據資料分析是企業成功迎向零售 4.0 的關鍵，行動思維轉移意味著行動裝置現在成了消費體驗的中心，大數據分析已經不只是對數據進行分析，而是要從資訊中找出企業未來網路行銷的契機，這些大量且多樣性的數據，一旦經過分析，運用在顧客關係管理上，針對顧客需要的意見，來全面提升消費者購物體驗。

零售業 4.0 時代是專注於成為全管道、全天候、全頻道的消費年代，關鍵在於「縮短服務提供者與消費者的距離」，使得消費者無論透過桌機、智慧型手機或平板電腦，都能隨時輕鬆上網購物，朝向行動裝置等多元銷售、支付和服務通路，透過各種平台加強和客戶的溝通，不僅讓零售商的營運效率大幅提升，更為消費者提供高品質的購物感受，打造精緻個人化服務。

大數據對汽車產業將是不可或缺的要素，未來在物聯網的支援下，也順應了精準維修的潮流，例如應用大數據資料分析協助預防性維修，以後我們每半年車子就得進廠維修的規定，每台車可以依據車主的使用狀況，預先預測潛在的故障，並另偵測保固維修時點，提供專屬適合的進廠維修時間，大大提升了顧客的使用者經驗。

🛒 汽車業利用大數據來進行預先維修的服務

　　行動化時代讓消費者與店家間的互動行為更加頻繁，同時也讓消費者購物過程中越來越沒耐性，為了提供更優質的個人化購物體驗，Amazon 對於消費者使用行為的追蹤更是不遺餘力，利用超過 20 億用戶的大數據，盡可能地追蹤消費者在網站以及 App 上的一切行為，藉著分析大數據推薦給消費者他們真正想要買的商品，用以確保對顧客做個人化的推薦、價格的優化與鎖定目標客群等。

🛒 Amazon 應用大數據提供更優質購物體驗

如果各位曾經有在 Amazon 購物的經驗，一開始就會看到一些沒來由的推薦名單，因為 Amazon 商城會根據客戶瀏覽的商品，從已建構的大數據庫中整理出曾經瀏覽該商品的所有人，然後給這位新客戶一份建議清單，建議清單中會列出曾瀏覽這項商品的人也會同時瀏覽過哪些商品？由這份建議清單，新客戶可以快速作出購買的決定，讓他們與顧客之間的關係更加緊密，而這種大數據技術也確實為 Amazon 商城帶來更大量的商機與利潤。

🛒 Prime 會員享有大數據的快速到貨成果

圖片來源：https://kitastw.com/amazon-japan-what-is-prime-membership/

Amazon 甚至推出了所謂 Prime 的 VIP 訂閱服務，不但加入 Prime 後即可享有 Amazon 會員專屬的好處，最直接且有感的就屬免費快速到貨（境內），讓 Prime 的 VIP 用戶都可以在兩天內收到在網路上下訂的貨品（美國境內），靠著大數據與 AI，事先分析出各州用戶在平台上購物的喜好與頻率，當網路下單後，立即就在你附近的倉庫出貨到你家，因為在大數據時代為個別用戶帶來最大價值，可能才是 AI 時代最重要的顛覆力量。

8-3　大數據相關技術－Hadoop 與 Spark

　　大數據是目前相當具有研究價值的未來議題，也是一國競爭力的象徵。大數據資料涉及的技術層面很廣，它所談的重點不僅限於資料的分析，還必須包括資料的儲存與備份，與將取得的資料進行有效的處理，否則就無法利用這些資料進行社群網路行為分析，也無法提供廠商客戶分析。身處大數據時代，隨著資料不斷增長，企業對資料分析和存儲能力的需求必然大幅上升，這些知名網路技術公司紛紛投入大數據技術，使得大數據成為頂尖技術的指標，洞見未來趨勢浪潮，獲取源源不斷的大數據創新養分，瞬間成了搶手的當紅炸子雞。

8-3-1　Hadoop

　　隨著分析技術不斷的進步，許多網路行銷業、零售業、半導體產業也開始使用大數據分析工具，現在只要提到大數據，就絕對不能漏掉關鍵技術 Hadoop，主要因為傳統的檔案系統無法負荷網際網路快速爆炸成長的大量數據。Hadoop 是源自 Apache 軟體基金會（Apache Software Foundation）底下的開放原始碼計畫（Open source project），為了因應雲端運算與大數據發展所開發出來的技術，是一款處理平行化應用程式的軟體，它以 MapReduce 模型與分散式檔案系統為基礎。Hadoop 使用 Java 撰寫並免費開放原始碼，用來儲存、處理、分析大數據的技術，兼具低成本、靈活擴展性、程式部署快速和容錯能力等特點，讓企業可以快速儲存大量結

🛒 Hadoop 技術的官方網頁

構化或非結構化資料的資料，遠遠大於今日關聯式資料庫管理系統（RDBMS）所能處理的量，具有高可用性、高擴充性、高效率、高容錯性等優點。Hadoop 處理大數

據資料的種種優勢,例如 Facebook、Google、Twitter、Yahoo 等科技龍頭企業,都選擇 Hadoop 技術來處理自家內部大量資料的分析,連全球最大連鎖超市業者 Walmart 與跨國性拍賣網站 eBay 都是採用 Hadoop 來分析顧客搜尋商品的行為,並發掘出更多的商機。

8-3-2　Spark

Apache Spark 是由加州大學柏克萊分校的 AMPLab 所開發,是大數據領域最受矚目的開放原始碼(BSD 授權條款)計畫,Spark 相當容易上手使用,可以快速建置演算法及大數據資料模型,目前許多企業也轉而採用 Spark 做為更進階的分析工具,也是目前相當看好的新一代大數據串流運算平台。由於 Spark 是一套和 Hadoop 相容的解決方案,繼承了 Hadoop MapReduce 的優點,但是 Spark 提供的功能更為完整,可以更有效地支持多種類型的計算。IBM 將 Spark 視為未來主流大數據分析技術,不但因為 Spark 會比 MapReduce 快上很多,更提供了彈性「分佈式文件管理系統」(Resilient Distributed Datasets, RDDs),可以駐留在記憶體中,然後直接讀取記憶體中的數據。Spark 擁有相

🔘 Spark 官網提供軟體下載及許多相關資源

當豐富的 API,提供 Hadoop Storage API,可以支援 Hadoop 的 HDFS 儲存系統,更支援了 Hadoop(包括 HDFS)所包括的儲存系統,使用的語言是 Scala,並支持 Java、Python 和 Spark SQL。

8-4 人工智慧與智能行銷

在這個大數據蓬勃發展的時代，資料科學（Data Science）的狂潮不斷地推動著這個世界，加上大數據給了**人工智慧**（Artificial Intelligence, AI）的發展提供了前所未有的機遇與養分，人工智慧儼然是未來科技發展的主流趨勢，更是零售業優化客戶體驗的最佳神器。隨著行動網路與社群媒體的快速崛起，不僅讓消費者趨於分眾化，消費行為也呈現碎片化發展，連帶使得行動行銷變得十分複雜，借助人工智慧在智能行銷方面的應用層面越來越廣，也容易取得更為人性化的分析。

資料科學（Data Science）就是為企業組織解析大數據當中所蘊含的規律，研究從大量的結構性與非結構性資料中，透過資料科學分析其行為模式與關鍵影響因素，也就是在模擬決策模型，進而發掘隱藏在大數據資料背後的商機。

AI 的應用領域不僅展現在機器人、物聯網、自駕車、智能服務等，更與行銷產業息息相關。根據美國最新研究機構的報告，2025 年人工智慧將會在行銷和銷售自動化方面，取得更人性化的表現，有 50% 的消費者希望在日常生活中使用 AI 和語音技術。隨著物聯網在日常生活越來越普遍，人類每天消費活動的大數據正不斷被收集，其他還包括蘋果手機的 Siri、LINE 聊天機器人、垃圾信件自動分類、指紋辨識、自動翻譯、人臉辨識、智能醫生、健康監控、自動駕駛、自動控制等，都是屬於 AI 與日常生活的經典案例。

🛡 指紋辨識系統已經相當普遍

 物聯網（Internet of Things, IOT）的目標是將各種具裝置感測設備的物品，例如 RFID、環境感測器、全球定位系統（GPS）雷射掃描器等種種裝置與網際網路結合起來，在這個龐大且快速成長的網路系統中，物件具備與其他物件直接進行交流，提供了智慧化識別與管理的能力。

事實上，網路行銷領域老早就是 AI 密集使用的重要行業，AI 被大量應用在分析大數據、優化行銷系統、精準描繪消費者輪廓等領域，AI 的作用就是消除資料孤島，主動吸取並把它轉換為結構化資料，從而提高經營效率，AI 能讓行銷人員掌握更多創造性要素，將會為品牌業者與消費者，帶來新的對話契機，也就是讓品牌過去的「商品經營」理念，轉向「顧客服務」邏輯，能夠對目標客群的個人偏好與需求，帶來更深入的分析與洞察。

8-4-1　人工智慧簡介

要充分發揮資料價值，不能只光談大數據，人工智慧是絕對不能忽略的相關領域，我們可以很明顯地說，人工智慧、**機器學習**（Machine Learning, ML）與**深度學習**（Deep Learning, DL）是大數據的下一步。人工智慧的概念最早是由美國科學家 John McCarthy 於 1955 年提出，目標為使電腦具有類似人類學習解決複雜問題與展現思考等能力，舉凡模擬人類的聽、說、讀、寫、看、動作等的電腦技術，都被歸類為人工智慧的可能範圍。簡單地說，人工智慧就是由電腦所模擬或執行，具有類似人類智慧或思考的行為，例如推理、規劃、問題解決及學習等能力。

人工智慧為現代產業帶來全新的革命

圖片來源：中時電子報

微軟亞洲研究院曾經指出：「未來的電腦必須能夠看、聽、學，並能使用自然語言與人類進行交流。」人工智慧的原理是認定智慧源自於人類理性反應的過程而非結果，即是來自於以經驗為基礎的推理步驟，那麼可以把經驗當作電腦執行推理的規則或事實，並使用電腦可以接受與處理的型式來表達，這樣電腦也可以發展與進行一些近似人類思考模式的推理流程。

8-4-2　人工智慧的種類

人工智慧可以形容是電腦科學、生物學、心理學、語言學、數學、工程學為基礎的科學，由於記憶容量與高速運算能力的發展，人工智慧未來一定會發展出各種不可思議的能力，不過首先必須理解 AI 本身之間也有程度強弱之別，美國哲學家 John Searle 便提出了「強人工智慧」（Strong A.I.）和「弱人工智慧」（Weak A.I.），主張應區別開來。

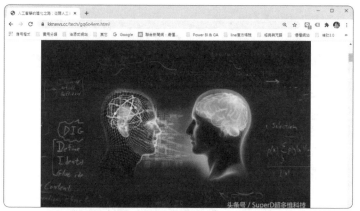

「強人工智慧」與「弱人工智慧」代表機器不同的智慧層次

圖片來源：https://kknews.cc/tech/gq6o4em.html

弱人工智慧（Weak AI）

弱人工智慧是只能模仿人類處理特定問題的模式，不能深度進行思考或推理的人工智慧，乍看下似乎有重現人類言行的智慧，但還是與強 AI 相差很遠，因為只可以模擬人類的行為做出判斷和決策，是以機器來模擬人類部分的「智能」活動，並不具意識、也不理解動作本身的意義，所以嚴格說起來並不能被視為真的「智慧」。

毫無疑問，今天各位平日所看到的絕大部分 AI 應用，都是弱人工智慧，不過在不斷改良後，還是能有效地解決某些人類的問題，例如先進的工商業機械人、語音識別、圖像識別、人臉辨識或專家系統等，弱人工智慧仍會是短期內普遍發展的重點。

🤖 銀行的迎賓機器人屬於弱 AI

💡 強人工智慧（Strong AI）

　　所謂**強人工智慧**（Strong AI）或**通用人工智慧**（Artificial General Intelligence）是具備與人類同等智慧或超越人類的 AI，以往電影的描繪使人慣於想像擁有自我意識的人工智慧，能夠像人類大腦一樣思考推理與得到結論，更多了情感、個性、社交、自我意識，自主行動等等，也能思考、計畫、解決問題快速學習和從經驗中學習等操作，不過目前主要出現在科幻作品中，還沒有成為科學現實。事實上，從弱人工智慧時代邁入強人工智慧時代還需要時間，但絕對是一種無法抗拒的趨勢，人工智慧未來肯定會發展出來各種人類無法想像的能力，雖然現在人類僅僅在弱人工智慧領域有了出色的表現，不過我們相信未來肯定還是會往強人工智慧的領域邁進。

科幻小說中活靈活現、有情有義的機器人就屬於強 AI

8-4-3 GPU 發展的轉變

近幾年人工智慧的應用領域越來越廣泛,主要原因之一就是圖形處理器(Graphics Processing Unit, GPU)與雲端運算等關鍵技術越趨成熟與普及,使得平行運算的速度更快、成本更低廉,我們也因人工智慧而享有許多個人化的服務、生活變得也更為便利。GPU 可説是近年來科學計算領域的最大變革,是指以圖形處理單元(GPU)搭配 CPU 的微處理器,GPU 則含有數千個小型且更高效率的 CPU,不但能有效處理平行處理(Parallel Processing),還可以達到高效能運算(High Performance Computing, HPC)能力,藉以加速科學、分析、遊戲、消費和人工智慧應用。

> **TIPS**
>
> **平行處理**（Parallel Processing）技術是同時使用多個處理器來執行單一程式，藉以縮短運算時間。其過程會將資料以各種方式交給每一顆處理器，為了實現在多核心處理器上程式性能的提升，還必須將應用程式分成多個執行緒來執行。
>
> **高效能運算**（High Performance Computing, HPC）能力則是透過應用程式平行化機制，在短時間內完成複雜、大量運算工作，專門用來解決耗用大量運算資源的問題。

我們可以預期未來人工智慧力量定將大幅改寫行銷產業，例如聊天機器人（Chatbot）漸漸成為廣泛運用的行銷新科技，利用聊天機器人不僅能夠節省人力資源，還能進一步實現規模化的個人服務，依照消費者的需要來客製化服務，開啟未來 1 對 1 持續行銷的可能性，極有可能會是改變未來銷售及客服模式的利器。

TaxiGo 就是一種全新的行動叫車服務，產品設計跟 Uber 截然不同，運用最新的聊天機器人技術，透過 AI 模擬真人與使用者互動對話，不用下載 App，也不須註冊資料，直接利用聊天機器人就能夠和計程車司機傳訊息，只要打開 LINE 或 Facebook Messenger 就可以輕鬆預約叫車。TaxiGo 官方這樣形容：「如果 Uber 是行動時代產物，還需要下載 App；TaxiGo 則是 AI 時代產物，直接透過通訊軟體即可叫車。」

🚕 TaxiGo 利用聊天機器人提供計程車秒回服務

由於消費者行為的改變，行銷產業正面臨前所未見的重大變革，行銷自動化的快速進步已逐漸走向人工智慧的趨勢，人工智慧正迅速滲透到每個行業，以人工智慧取代傳統人力進行各項業務已成趨勢，決定這些 AI 服務能不能獲得更好發揮的關鍵，

除了靠目前最熱門的機器學習的研究外，還有深度學習的類神經演算法，才能更容易透過人工智慧解決行銷策略方面的問題與有更卓越的表現。

8-4-4 機器學習

我們知道 AI 最大的優勢在於「化繁為簡」，將複雜的大數據加以解析，AI 改變產業的能力已經是相當清楚，而且可以應用的範圍相當廣泛。機器學習是大數據與 AI 發展相當重要的一環，是大數據分析的一種方法，透過演算法給予電腦大量的「訓練資料（Training Data）」，在大數據中找到規則，機器學習是大數據發展的下一個進程，可以發掘多資料元變動因素之間的關聯性，進而自動學習並且做出預測，意即機器模仿人的行

● 機器也能一連串模仿人類學習過程

為，很適合將大量資料輸入後，讓電腦自行嘗試演算法找出其中的規律性，對機器學習的模型來說，用戶越頻繁使用，資料的量越大越有幫助，機器就可以學習的越快，進而達到預測效果不斷提升的過程。

● 人臉辨識系統就是機器學習的常見應用

過去人工智慧發展的最大問題是：AI 是由人類撰寫出來，當人類無法回答問題時，AI 同樣也不能解決人類無法回答的問題。直到機器學習的出現，完全解決了這種困境。Google 旗下的 Deep Mind 公司所發明的 Deep Q learning（DQN）演算法甚至都能讓機器學會如何打電玩，包括 AI 玩家如何探索環境，並透過與環境互動得到回饋。機器學習的應用範圍相當廣泛，從健康監控、自動駕駛、自動控制、自然語言、醫療成像診斷工具、電腦視覺、工廠控制系統、機器人到網路行銷領域。隨著網路行銷而來的龐雜與多維的大數據資料，最適合利用機器學習解決問題。

DQN 是會學習打電玩遊戲的 AI

各位應該都有在 YouTube 觀看影片的經驗，YouTube 致力於提供使用者個人化的服務體驗，包括改善電腦及行動網頁的內容，近年來更導入了 TensorFlow 機器學習技術，來打造 YouTube 影片推薦系統，特別是 YouTube 平台加入了不少個人化變項，過濾出使用者可能感興趣的影片，並顯示在「推薦影片」中。

YouTube 上每分鐘超過數以百萬小時影片上傳，無論是想找樂子或學習新技能，AI 演算法的主要工作就是幫用戶在海量內容中找到想看的影片，事實證明全球 YouTube 超過 7 成用戶會觀看來自自動推薦影片，為了能推薦精準影片，用戶顯性與隱性的使用回饋，不論是喜歡以及不喜歡的影音檔案都要納入機器學習的訓練資料。

YouTube 透過 TensorFlow 技術過濾出受眾感興趣的影片

當用戶觀看的影片數量越多，YouTube 越容易從瀏覽影片歷史、搜尋軌跡、觀看時間、地理位置、關鍵詞搜尋記錄、當地語言、影片風格、使用裝置以及相關的用戶統計訊息，將 YouTube 的影音資料庫中的數百萬個影音資料篩選出數百個以上和使用者相關的影音系列，然後以權重評分找出和使用者有關的訊號，並基於這些訊號來加以對幾百個候選影片進行排序，最後根據記錄這些使用者觀看經驗，產生數十個以上影片推薦給使用者，希望能列出更符合觀眾喜好的影片。

YoTube 廣告效益相當驚人！框起的區塊都是可用的廣告區

👽 YouTube 廣告透過機器學習達到精準投放的效果

　　目前 YouTube 平均每日向使用者推薦 2 億支影片，涵蓋 80 種不同語言，隨著使用者行為的改變，近年來越來越多品牌選擇和 YouTube 合作，因為 YouTube 以內部數據為基礎，能夠根據消費者在 YouTube 的多元使用習慣擬定合適的媒體和品牌創新廣告投放方案，讓品牌從流量與內容分進合擊，透過機器學習不斷優化，再追蹤評估廣告效益進行再行銷，進而達成廣告投放的目標來觸及觀眾，更能將轉換率成效極大化。

TensorFlow 是 Google 於 2015 年由 Google Brain 團隊所發展的開放原始碼機器學習函式庫，可以讓許多矩陣運算達到最好的效能，並且支持不少針對行動端訓練和優化好的模型，無論是 Android 和 iOS 平台的開發者都可以使用，例如 Gmail、Google 相簿、Google 翻譯等都有 TensorFlow 的影子。

從網路行銷的策略面來看，最容易應用機器學習的領域之一就是電腦視覺（Computer Version, CV），CV 是一種研究如何使機器「看」的系統，讓機器具備與人類相同的視覺，以做為產品差異化與大幅提升系統智慧的手段。例如國外許多大都市的街頭紛紛出現了一種具備 AI 功能的數位電子看板，會追蹤路過行人的舉動來與看板中的數位廣告產生互動效果，透過人臉辨識來偵測眾人臉上的表情，由 AI 來動態修正調看看板廣告所呈現的內容，即時把最能吸引大眾的廣告模式呈現給觀眾，並展現更有說服力的行銷創意效果。

透過電腦視覺技術來找出數位看板廣告最佳組合

🔊 電腦視覺技術也可為門禁管制提供臉部辨識功能

圖片來源：https://www.eettaiwan.com/20191227nt41-computer-vision/

　　網路行銷業者如果及時引進機器學習，將可更準確預測個別用戶偏好，機器會從數據中自主且重複地學習，分析每個消費者在電腦、平板與手機上的使用行為，也可以從過去的資料或經驗當中，由機器學習的模型搜尋所有商品之後，提供買家最相關的購物選項，當作我們網路行銷時參考的基準。

　　傳統零售未來勢必面臨改革與智慧轉型，機器學習必須與零售商會員體系結合，要做到即時智能決策，代表的是必須對客戶行為有高程度的理解，都是為了打造新的購物環境體驗。例如機器學習的應用也可以透過賣場中具推播特性的 Beacon 裝置，商家只要在店內部署多個 Beacon 裝置，利用機器學習技術來對消費者進行觀察，賣場不只是提供產品，更應該領先與消費者互動，一旦顧客進入訊號區域時，就能夠透過手機

🔊 台中大遠百裝置 Beacon，提供消費者優惠推播

上 App，對不同顧客進行精準的「個人化習慣」分眾行銷，提供「最適性」服務的體驗。

例如在偵測顧客的網路消費軌跡後，進而分析其商品偏好，並針對過去購買與瀏覽網頁的相關記錄，即時運算出最適合的商品組合與優惠促銷專案，發送簡訊到其行動裝置，甚至還可對於賣場配置、設計與存貨提供更精緻與個人化管理，不但能優化門市銷售，還可以提供更貼身的低成本行銷服務。

8-4-5　深度學習

隨著科技和行動網路的發達，其中所產生的龐大、複雜資訊，已非人力所能分析，由於 AI 改變了網路行銷的遊戲規則，讓店家藉此接觸更多潛在消費者與市場，深度學習算是 AI 的一個分支，也可以看成是具有層次性的機器學習法，更將 AI 推向類似人類學習模式的優異發展。深度學習並不是研究者們憑空創造出來的運算技術，而是源自於**類神經網路**（Artificial Neural Network）模型，並且結合了神經網路架構與大量的運算資源，目的在於讓機器建立與模擬人腦進行學習的神經網路，以解釋大數據中圖像、聲音和文字等多元資料，例如可以代替人們進行一些日常的選擇和採買，或者在茫茫網海中，找出分眾消

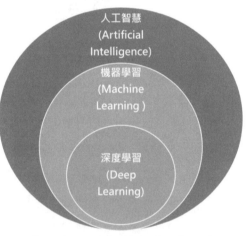

人工智慧
(Artificial Intelligence)

機器學習
(Machine Learning)

深度學習
(Deep Learning)

🔋 深度學習也屬於機器學習的一種

🔋 深度學習源自於類神經網路

費的數據，協助病理學家迅速辨識癌細胞，乃至挖掘出可能導致疾病的遺傳因子，未來也將有更多深度學習的應用。

人腦是由約一千億個腦神經元組合而成，是身體中最神秘的一個器官，蘊藏著靈敏而奇妙的運作機制，神經系統間的傳導就是靠著神經元之間的訊息交流所引發。神經元會長出兩種觸手狀的組織，稱為軸突（Axons）與樹突（Dendrites）。軸突是負責將訊息傳遞出去，樹突負責將訊息帶回細胞，而神經系統間的傳導就是靠著神經元之間的訊息交流所引發。當我們開始學習新的事物時，數以萬計的神經元就會自動組成一組經驗拼圖，當神經元發出與過去經驗拼圖類似的訊號時，就出現了記憶與學習模式。

類神經網路是模仿生物神經網路的數學模式，取材於人類大腦結構，使用大量簡單而相連的人工神經元（Neuron）來模擬生物神經細胞受特定程度刺激來反應刺激架構為基礎的研究，這些神經元將基於預先被賦予的權重，各自執行不同任務，只要訓練的歷程越扎實，這個被電腦系統所預測的最終結果，接近事實真相的機率就會越大。

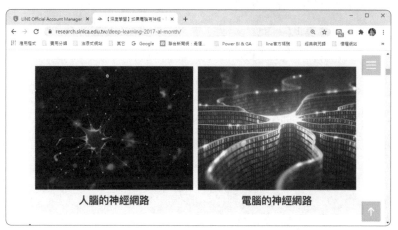

深度學習可以說是模仿大腦，具有多層次的機器學習法

圖片來源：https://research.sinica.edu.tw/deep-learning-2017-ai-month/

由於類神經網路具有高速運算、記憶、學習與容錯等能力，可以利用一組範例，透過神經網路模型建立出系統模型，讓類神經網路反覆學習，經過一段時間的經驗值，便可產生推估、預測、決策、診斷的相關應用。最為人津津樂道的深度學習應用，當屬 Google Deepmind 開發的 AI 圍棋程式 AlphaGo 接連大敗歐洲和南韓圍棋棋王，AlphaGo 的設計是大量的棋譜資料輸入，還有精巧的深度神經網路設計，透過深度學習掌握更抽象的概念，讓 AlphaGo 學習下圍棋的方法，接著就能判斷棋盤上的各種狀況，後來創下連勝 60 局的佳績，並且不斷反覆跟自己比賽來調整神經網路

🏆 AlphaGo 接連大敗歐洲和南韓圍棋棋王

　　透過深度學習的訓練，機器正在變得越來越聰明，不但會學習也會進行獨立思考，人工智慧的運用也更加廣泛，深度學習包括建立和訓練一個大型的人工神經網路，人類要做的事情就是給予規則跟大數據的學習資料，相較於機器學習，深度學習在數位行銷方面的應用，不但能解讀消費者及群體行為的的歷史資料與動態改變，更可能預測消費者的潛在欲望與突發情況，能應對未知的情況，設法激發消費者的購物潛能，進而提供高相連度的未來購物可能推薦與更好的用戶體驗。

1. 請簡述大數據及其特性。

2. 請簡介 Hadoop。

3. 請簡介 Spark。

4. 為什麼 Spark 處理及分析資料的速度能比 Hadoop 快上 10 到 100 倍？

5. 請簡介「分佈式文件管理系統」（RDDs）？

6. 請問大數據行銷有哪些優點？

7. 請簡介 Beacon 與在社群行銷的應用。

8. 什麼是類神經網路（Artificial Neural Network）？

9. 什麼是電腦視覺？

10. 何謂資料科學（Data Science）？

11. 請簡述平行處理（Parallel Processing）與高效能運算（HPC）。

12. AlphaGo 如何學會圍棋對弈？

13. 請介紹深度學習與類神經網路（Artificial Neural Network）間的關係。

MEMO

09
CHAPTER

買氣紅不讓的
影音搶錢行銷

- ⊙ 進入 YouTube 的異想世界
- ⊙ 微電影爆紅行銷
- ⊙ 直播淘金社群工作術
- ⊙ YouTube 直播瘋潮密技

由於網路科技的不斷進步之下，網路行銷的產業變動的非常迅速，靜態廣告轉化為動態的影片行銷就成為勢不可擋的時代趨勢。隨著早期影音部落格的大量興起，影片是一個更容易吸引用戶重視的呈現方式，現在大家都喜歡看有趣的影片，影音視覺呈現更能有效吸引大眾的眼球。在這個講究視覺體驗的年代，影音行銷是近十年來才開始成為網路消費者導流的重要方式，每個行銷人都知道影音社群行銷的重要性，比起文字與圖片，透過影片的社群傳播，更能完整傳遞品牌資訊，還能夠快速建立店家與消費者間的信任。

9-1　進入 YouTube 的異想世界

隨著社群影音內容播放機制的建立與開放，特別是在 YouTube 社群媒體中，影片不但是關鍵的分享與行銷媒介，更開啟了大眾素人影音社群行銷的新藍海。現在進入了網路影音行銷時代，企業為了滿足網友追求最新資訊的閱聽需求，透過專業的影片拍攝與品牌微電影製作方式，可以讓商品以更多元方式呈現，社群與影音行銷的無縫接軌，影音內容開始走向主流王道，品牌透過創造屬於品牌風格簡約且吸引人的影像，反而更能輕鬆地將訊息傳遞給粉絲，更為數位行銷的領域造成了海嘯般的風潮。不但貼近消費者的生活，還可透過影音行銷直接增加的雙方參與感和互動，開拓全球網路商機，影音行銷絕對是你不可不知的必備行銷工具。

🎬 YouTube 目前已成為全球最大的影音社群網站

根據 Yohoo! 的最新調查顯示，平均每月有 84% 的網友瀏覽線上影音、70% 的網友表示期待看到專業製作的線上影音。YouTube 是目前設立在美國的一個全世界最大線上影音網站，也是繼 Google 之後第二大的搜尋引擎，更是影音搜尋引擎的霸主，2021 年在 YouTube 上有超過 14 億的使用者，可透過網站、行動裝置、網誌、Facebook 和電子郵件來觀看分享各種五花八門的影片，全球使用者每日觀看影片總時數超過上億小時，更可以讓使用者上傳、觀看及分享影片。

　　任何人只要擁有 Google 帳戶，都可以在 YouTube 上傳與分享個人錄製的影音內容，各位可曾想過 YouTube 也可以是店家行銷的利器嗎？當店家或品牌想要在網路上銷售產品時，還不如讓影片以三百六十度方式來呈現產品規格，從近幾年的微電影到直播帶貨影片，YouTube 商業模式已經明顯進入了網路行銷市場卡位戰。

YouTube 片頭廣告是廣告主不錯的選擇

　　企業透過 YouTube 平台可以作為傳播品牌訊息的通道，提供消費者實用的資訊，還可以拿來投放廣告。因此許多企業開始使用 YouTube 影片放送付費廣告活動，根據影片的點擊次數，來向店家收取廣告費，這樣不但能更有效鎖定目標對象，還可以快速找到有興趣的潛在消費者。如果各位想要有更多店家或品牌曝光的形式及管道，利用 YouTube 做影音行銷可說是一大趨勢。想要進入 YouTube 網站，

除了輸入它的網址外（https://www.youtube.com/），亦可登入 Google 帳戶，從 ⊞ 鈕下拉，進入個人的 YouTube。

❷ 選擇 YouTube 應用程式　　❶ 按此鈕

登入個人 Google 帳戶

9-1-1　影片搜尋技巧

在 YouTube 平台上，任何人都可以尋找有興趣的影片主題，只要輸入所要查詢的關鍵字，查詢結果會先跑出完全符合或部分符合關鍵字的影片。

❶ 在此輸入要搜尋的關鍵字

❷ 底下跑出一堆完全符合或部分符合關鍵字的影片！

如果想要更精確的搜尋結果，建議先輸入「allintitle:」，後面再接關鍵字，就會讓搜尋結果更符合所要搜尋的結果。

9-1-2 自動翻譯功能

當觀看外國影片時，特別是非英語系的國家，有可能完全都聽不懂它在講什麼。事實上 YouTube 也有提供翻譯的功能，能把字幕變成你所熟悉的語言。以下以自動翻譯成繁體中文做說明。

❶ 先按此鈕使顯現預設字幕

❷ 按下「設定」鈕，下拉選擇「字幕」，再選擇「自動翻譯」指令

❸ 再點選「中文（繁體）」的選項

❹ 字幕已變更為中文囉！

9-1-3　YouTube 影片下載

對於有興趣或看到值得收藏的影片，也可以利用 Freemake Video Downloader 這套程式來下載。Freemake Video Downloader 是一套免費的軟體，可以從 YouTube、Facebook、Vimeo、TubePluse…等社群網站上下載影片，並且選擇想要轉換的視訊格式。請各位自行前往 Freemake 網站，然後將 Freemake Video Downloader 下載下來，完成安裝動作。

❶ 輸入「http://www.freemake.com/tw/downloads/」網址

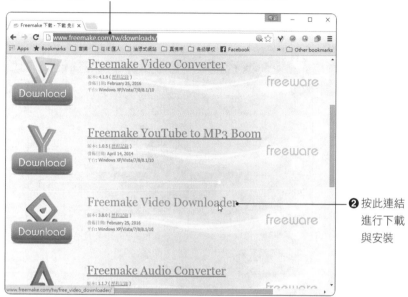

❷ 按此連結
進行下載
與安裝

安裝完成後，桌面上會看到 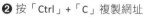 圖示鈕，接下來就要示範如何從 YouTube 上將影片下載下來。

STEP 1

❷ 按「Ctrl」+「C」複製網址

❶ 找到要下載的影片

STEP 2

❶ 啟動 Freemake Video Downloader 程式

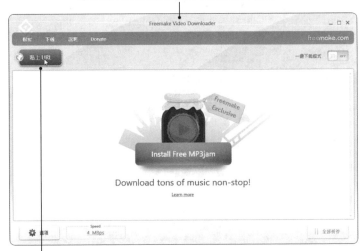

❷ 按此鈕貼上網址

STEP 3

❶ 選擇影片的品質

影片已自
動顯示在
視窗中

如需轉換
成其他格
式，可由
此做選擇

❷ 點選「僅下載」　　　❹ 按「下載」鈕下載檔案　　　❸ 按此鈕設定存放的位置

STEP 4

下載完畢，按此鈕即可在電腦上觀看影片

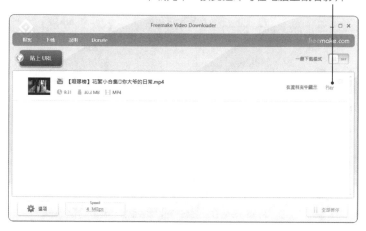

9-1-4 YouTube 影片上傳

學會了下載影片的方式後，也可以準備將自製的行銷影片上傳到 YouTube 上。首先要有 Google 帳號，申請帳戶後，即可由 YouTube 網站的右側進行「登入」的動作：

❶ 首先輸入 YouTube 網址　　❷ 按此鈕可登入帳戶，或是新增帳戶

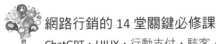

登入個人帳戶後，右側就會看到  圖示，透過該鈕即可進行登出、或是個人帳戶的管理。如下圖示：

❷ 按此鈕可做 YouTube 設定

❶ 按下此鈕

按此鈕可登出帳戶

請將自製的影片準備好，我們準備上傳影片。

STEP 1

按下「上傳」鈕準備上傳影片

STEP 2

按此鈕選取要上傳的檔案　　由此下拉選擇檔案是否要公開

STEP 3

❶ 選取要上傳的檔案

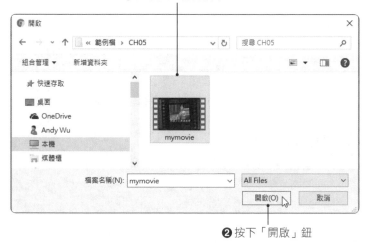

❷ 按下「開啟」鈕

STEP 4

❶ 由此設定影片名稱　　　　　　❸ 按此鈕發佈影片

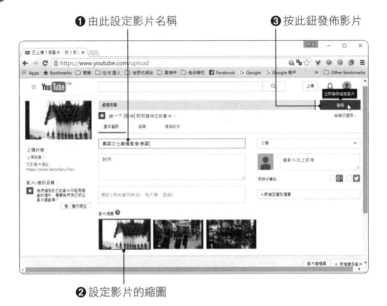

❷ 設定影片的縮圖

STEP 5

❷ 按此鈕返回編輯模式

❶ 顯示該影片的網址，可直接做連結或推廣

9-1-5　YouTube 影片管理

對於上傳到 YouTube 的影片，各位也可以加以管理，按下左上角 YouTube 標誌前方的 ☰ 鈕，下拉選擇「我的頻道」指令，即可看到影片管理者所上傳的影片。

❷ 下拉選擇「我的頻道」指令

❶ 按此鈕

❸ 剛剛上傳的影片在此

❹ 按此連結即可播放該影片

　　影片如需變更公開 / 隱藏等類型，或者是想要做授權或刪除的動作，可在影片下方按下「影片管理員」鈕，勾選要做變更的影片縮圖後，即可按下「動作」鈕，再選擇要變更的動作。如圖所示：

STEP 1

在影片下方按下「影片管理員」鈕，使進入下圖視窗

STEP 2

❶ 勾選要變更的影片　　　❷ 按下「動作」鈕，即可顯示此功能選單

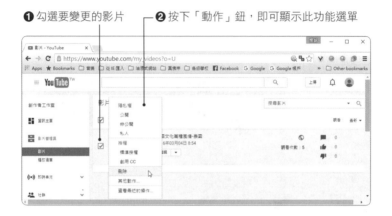

9-2 微電影爆紅行銷

隨著 YouTube 等影音社群網站效應發揮，許多人利用零碎時間上網看影片，影音分享服務早已躍升為網友們最喜愛的熱門應用之一，在影音平台內容推陳出新下，更創新出許多新興服務模式，特別是在現代的日常生活中，人們的視線已經逐漸從電視螢幕轉移到智慧型手機上，伴隨著這一行動趨勢，行動端廣告影片迅速發展，影片所營造的臨場感及真實性確實更勝於文字與圖片，靜態廣告轉化為動態的影音行銷就成為勢不可擋的時代趨勢。

🎬 一部好的微電影行銷能夠真正溫暖顧客的心

9-2-1　微電影的魅力

　　在一個講求效率的行動時代，誰有興趣在手機上去看數十分鐘甚至一小時以上的影片，影片必須要在幾秒內就能吸睛，長度不宜過長（60~120 秒為佳），只要影片夠吸引人，就可能在短時間內衝出高點閱率，因此也孕育出「微電影廣告」。「微電影」的行銷方式。「微電影」（Micro Film）是指在一個較短時間且較低預算內，把故事情節或角色／場景，以影片新媒體傳達其意念或品牌，適合在短暫的休閒時刻或移動的情況下觀賞，尤其是近幾年智慧型手機與平板電腦的普及，微電影具備病毒式傳播特性下，更強化了微電影行銷的蓬勃發展。

🔊 新加坡旅遊局所拍的微電影廣告

　　微電影不僅可以是一部小而美的電影，更可以融入企業與產品宣傳，網友總愛說：「有圖有真相」，很多企業也紛紛趕搭微電影行銷的列車，期望在網路與行動傳播媒體之中，提升自家產品或品牌的知名度。

　　現在講行銷，不打出情感牌，大家都會笑你不懂行銷，越來越多的品牌熱衷於「帶感情講故事」，特別是把影片以故事手法呈現時，相較於一般的企業宣傳片，微電影的劇情內容更容易讓人接受，能大幅提升自家產品或品牌的知名度，消費者參與使產品訊息更為真實可信，很自然地在消費者的心中淡化企業品牌或產品的商業色彩。

　　例如大眾銀行在 2010 年推出的微電影「母親的勇氣」，描述一位完全不會英文的台灣鄉下母親，排除萬難獨自飛行三天，千里迢迢搭機到半個地球以外的委內瑞拉，只為了照顧坐月子的女兒，讓許多人看到熱淚盈眶，也成功打響了大眾銀行是關心市井小人物的不平凡的平凡大眾品牌形象，這也是微電影行銷小兵立大功的最好實例。

🎬 「母親的勇氣」微電影廣告帶來超高的點擊率

9-2-2　微電影製作不求人

　　微電影行銷成功秘訣包括兩點：宣傳平台與內容製作。微電影不需要高額製作傳播費用及具病毒式傳播效益下，一般多選擇在免費的網路平台播出，如果想要利用微電影來達到訴求目的與宣傳效果，那麼內容規劃與傳達對象就得規劃清楚，好讓觀看者可以運用零碎的時間來觀看。另外焦點的引導與整體氛圍的安排也必須投入更多的心力，這樣才可能在眾多的影片當中脫穎而出。

　　相較於一般的企業宣傳片，微電影的內容更容易讓閱聽者接受，目前微電影內容與觀眾溝通的方式不外乎二種：一種是以情感故事作為訴求，透過一系列的劇情來打動觀賞者的認同感，串聯起品牌行銷的故事，進而能與觀眾產生共鳴的內容更具傳播力。微電影本質上就是另類呈現的廣告模式，娛樂仍是吸引觀眾主要的接受

型式,我們知道一份影音廣告行銷要能夠吸引人,除了視覺表現之外,越是搞笑、趣味或感動人的情節,就越容易吸引網友轉寄或分享,創造話題性及新聞價值,才能加深網友黏著度,最好就是要能夠說一個精彩故事,靠的正是故事性與網友的情感共鳴。

🔊 榮欽科技製作的油漆式速記法微電影短片

另外一種方式則是透過主題式的情節來完整闡述所要表現的目的和想法,透過置入性行銷來達到推廣其商品或服務的目的,讓原本廣告模式既可以說想說的話題,又能夠達到產品的呈現。接下來我們將以「油漆式速記多國語言雲端學習系統」為主題,透過微電影製作模式,把「用手機玩單字,走到哪玩到哪」的主題理念傳達出去,讓學生或上班族都可以透過智慧型手機,隨時隨地都能增加自己英文單字的能力。

💡 產品簡介

油漆式速記多國語言雲端學習平台(http://pmm.zct.com.tw/trial/)是一套結合速讀和速記訓練,加上多感官刺激,並強調「大量、全腦、多層次」的學習精神,

真正利用右腦圖像直覺聯想，與結合左腦理解思考練習，達到全腦學習的真正效果，目前推出的版本包括英文、日文、韓文、德文、法文、俄文、西班牙文、義大利文、泰文、越南文、印尼文、馬來文。

💡 訴求重點

用手機玩單字，走到哪玩到哪：手機板 App，讓學生或上班族隨時隨地可以透過智慧型手機，利用短時間來速記大量英文單字，讓單調乏味的背單字過程在不知不覺中轉為長期記憶。

💡 腳本說明

以一位小學生和上班族作為主角人物，號稱「單字二人組」。單字二人組不管是在麥當勞的速食店、文化中心的草坪，或是在捷運站、公車站 … 等交通場所等車，都可以利用短暫的時間來速記單字。因此一系列的生活影片，將分別在餐飲店、休憩場所、交通站等地作拍攝。只要透過行動裝置就可以讓油漆式速記法來幫你速記不同語言的單字。期望透過這樣平凡的生活情節，讓小市民與學生也能產生共鳴，這樣才能加深網友黏著度，只要平常利用零碎的時間也能輕鬆記下大量單字，學好各種語言。

💡 行銷手法

由於油漆式速記系統是一套兼具速讀、速記、測驗、趣味遊戲的軟體，為了讓目標族群可以在短時間內看到影片訴求的重點，我們將在影片中穿插字幕，讓觀賞者知道影片的重點是「用手機玩單字」，影片區分出「單字二人組」、「走到哪玩到哪」等主題。另外會在系列影片後方加入「油漆式介面導覽」的畫面，讓目標族群可以快速了解軟體所提供重要功能，期望這樣的情節安排與規劃，可以引起學生和上班族的共鳴，進而群起仿效，達到善用短暫時間來增強個人的單字量。

當目標族群認同這樣的理念,就能讓「油漆式速記法」在消費者的心中建立好感,進而促進購買的欲望與行為,如此就可以增加油漆式速記系列產品的銷售,間接提升產品的品牌知名度。藉由這種新媒體的運用,就能快速分享到各社群網站,如果能和各社群平台合作,靠廣告植入或是點擊收費,也可帶來不少的獲利。

💡 拍攝與製作工具

為了方便觀眾可以支配零碎的時間,每個影片的長度不可過長,故事短片最好在 1~2 分鐘內完成,而廣告影片的時間可更短些,因為影片過長,在瀏覽與傳播的效果上會受影響,也會增加拍攝的成本。這裡選定小五學生與上班族作為主角,以數位攝影機拍攝「單字二人組」在不同場所下,利用手機進行速讀速記的情景。而軟體介面的導覽則是從智慧型手機將介面擷取後,再以動畫軟體串接而成的影片片段。完成如下的三段影片後,再以視訊剪輯軟體(建議威力導演或會聲會影都是不錯的選擇)做視訊的串接與輸出。

以數位攝影機拍攝的影片片段

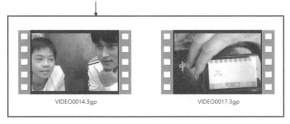

VIDEO0014.3gp VIDEO0017.3gp

油漆式介面導覽.wmv

以動畫軟體串接而成的影片片段

9-3　直播淘金社群工作術

人類一直以來聯繫的最大障礙，無非就是受到時間與地域的限制，透過行動裝置開始打破和消費者之間的溝通藩籬，特別是 Facebook 開放直播功能後，手機成為直播最主要工具；不同以往的廣告行銷手法，影音直播更能抓住消費者的注意力，依照 Facebook 官方的說法，觸及率最高的第一個就是直播功能，因此直播行銷將是下一波行動行銷的熱門話題。

目前全球玩直播正夯，許多企業開始將直播作為行銷手法，消費觀眾透過行動裝置，特別是 35 歲以下的年輕族群觀看影音直播的頻率最為明顯，利用直播的互動與真實性吸引網友目光，從個人販售產品透過直播跟粉絲互動，延伸到電商品牌透過直播行銷，也能代替網路研討會（Webinar）與產品說明會，讓現場直播可以更真實的對話。例如小米直播用電鑽鑽手機，證明手機依然毫髮無損，就是活生生把產品發表會做成一場直播秀，這些都是其他行銷方式無法比擬的優勢，也將顛覆傳統網路行銷領域。

在數位行動時代裡，我們經常聽到 Webinar 這個術語，Webinar 一字來自 seminar，是指透過網路舉行的專題討論或演講，稱為「網路線上研討會」（Web Seminar 或 Online Seminar），通常專業性或主題性較強，許多廠商都利用這種型式來做為產品發表、教育訓練、行銷推廣等用途。

平時廣大用戶除了觀賞精彩的直播影片，例如電競遊戲實況、現場音樂表演、運動賽事轉播、線上教學課程和即時新聞等，更可以利用直播影片來推銷商品，並透過連結引流到自己的網路商店，直接在網路上賣東西賺錢，不同以往的廣告行銷手法，每個人幾乎都可以成為一個獨立的購物頻道，讓參與的粉絲擁有親臨現場的體驗，也可以帶來瞬間的高流量。

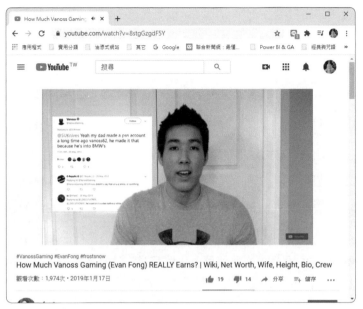

🛒 Evan Fong 遊戲直播主年收入就高達 5 億台幣

　　目前全球玩直播正夯，特別是在新冠疫情時期讓很多人開始嘗試在社群上看直播，許多店家或品牌開始將直播作為行銷手法，直播帶貨也成為品牌非常喜歡的行銷模式之一，消費觀眾透過行動裝置，利用直播的互動與真實性吸引網友目光。影片廣告是直播主的主要收入來源，遊戲直播主是目前在 YouTube 平台上最賺錢的操作模式之一，例如電競賽事不只是專業賽事，同時也被視為是種很受歡迎的娛樂節目，許多玩家利用遊戲實況直播分享自己的打怪心得和實戰經驗，27 歲的加拿大籍中韓混血青年 Evan Fong 在 YouTube 上面光是介紹電玩與過關密技，年收入就高達 5 億台幣以上。

9-3-1 Facebook 直播不求人

　　「人氣能夠創造收益」稱得上是經營直播頻道的不敗天條，直播成功的關鍵在於創造真實的內容與口碑，有些很不錯的直播內容都是環繞著特定的產品或是事

件，將產品體驗開箱拉到實況平台上，可以更真實的呈現產品與服務的狀況。每個人幾乎都可以成為一個獨立的電視新頻道，讓參與的粉絲擁有親臨現場的感覺，也可以帶來瞬間的高流量。直播除了可以和粉絲分享生活心得與樂趣外，儼然成為商品銷售的素民行銷平台，不僅能拉近品牌和觀眾的距離，這樣的即時互動還能建立觀眾對品牌的信任。

當各位要規劃一個成功的直播行銷，一定得先了解你粉絲特性、然後規劃好主題、內容和直播時間，在整個直播過程中，你必須讓粉絲不斷保持著「what is next?」新鮮感，讓他們去期待後續的結果，才有機會抓住最多粉絲的眼球，進而達到翻轉行銷的能力。多數店家會以玉石、寶物或玩具的銷售為主，現今投入的商家越來越多，不管是 3C 產品、冷凍海鮮、生鮮蔬果、漁貨、衣服…等通通都搬上桌，直接在直播平台上吆喝叫賣。

🌐 Facebook 直播是商品買賣的新藍海

越來越多銷售是透過直播進行，因為最能強化觀眾的共鳴，粉絲喜歡即時分享的互動性，也由於競爭越來越激烈且白熱化，目前最常被使用的方法為辦抽獎，有

些商家為了拼出點閱率，拉抬 Facebook 直播的參與度，還會祭出贈品或現金等方式來拉抬人氣，只要進來觀看的人數越多，就可以抽更多的獎金，也讓圍觀的粉絲更有臨場感，並在直播快結束時抽出幸運得主。

Facebook 直播功能是一個非常強大的功能，更成為網路行銷的新戰場，主要是因為 Facebook 鍾愛影片類型的貼文，不單單只是素人與品牌直播而已，還有直播拍賣搶便宜貨，讓你的品牌的觸及率大大提升。直播主只要用戶從手機上按一個鈕，就能立即分享當下實況，Facebook 上的其他好友也會同時收到通知。腦筋動得快的業者就直接利用 Facebook 直播來賣東西，甚至延攬知名藝人和網紅來拍賣商品。直播拍賣只要名氣響亮，觀看的人數眾多，主播者和網友之間有良好的互動，進而加深粉絲的好感與黏著度，記得對粉絲好一點，粉絲自然會跟你互動，就可以在Facebook 直播的平台上衝高收視率，帶來龐大無比的額外業績。

Facebook 直播的即時性能吸引粉絲目光，而且沒有技術門檻，不用被動式的等客戶上門，也不受天氣或場地的限制，只要有網路或行動裝置在手，任何地方都能變成拍賣場，開啟麥克風後，再按下 Facebook 的「直播」鈕，就可以向 Facebook上的朋友販售商品。

🛢 iPhone 手機和 Android 手機都是按「直播」鈕

在店家直播的過程中，Facebook 上的朋友可以留言、喊價或提問，也可以按下各種的表情符號讓主播人知道觀眾的感受，適時的詢問粉絲意見、開放提問、轉述粉絲留言、回應粉絲等可以讓粉絲有參與感，完全點燃粉絲的熱情，為網路和實體商品建立更深厚的顧客關係。

當拍賣者概略介紹商品後便喊出起標價，然後讓臉友們開始競標，臉友們也紛紛留言下標，搶購成一團，造成熱絡的買氣。如果觀看人數尚未有起色，也會送出一些小獎品來哄抬人氣，按分享的臉友也能得到獎金獎品，透過分享的功能就可以讓更多人看到此銷售的直播畫面。

直播過程中，瀏覽者可隨時留言、分享或按下表情的各種符號

臉友的留言也會直接顯示在直播畫面上

在結束直播拍賣後，通常業者會將直播視訊放置在 Facebook 中，方便其他的網友點閱瀏覽，甚至寫出下次直播的時間與贈品，以便臉友預留時間收看，預告下次競標的項目，吸引潛在客戶的興趣，或是純分享直播者可獲得的獎勵，讓直播影片的擴散力最大化，這樣的 Facebook 功能不但再次拉抬和宣傳直播的時間，也達到再次行銷的效果與目的。

9-3-2　最霸氣的 Instagram 直播行銷

Instagram 和 Facebook 一樣，也有提供直播的功能，它可以在下方留言或加愛心圖示，也會顯示有多少人看過，但是 Instagram 的直播內容並不會變成影片，而且會完全的消失。當各位按 IG 下方中間的 ⊕ 鈕，功能底端選用「直播」，只要按下「直播」鈕，Instagram 就會通知粉絲，以免錯過直播內容。

當你的追蹤對象分享直播時，可以從他們的大頭貼照看到彩色的圓框以及 Live 或開播的字眼，按點大頭貼照就可以看到直播視訊。

很多廠商經常舉辦商品活動和商品使用技巧等直播，來活絡商品與粉絲的關係。粉絲觀看直播視訊時，可在下方的「傳送訊息」欄中輸入訊息，也可以按下愛心鈕對影片說讚。

追蹤對象如有開直播，可從他的大頭貼看到彩虹圓框以及 Live 字眼，若在限時動態中分享直播視訊會顯示播放按鈕

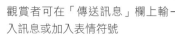

觀賞者可在「傳送訊息」欄上輸入訊息或加入表情符號

直播影片時，用戶留言都會在此顯現

顯示按讚的情況

9-4 YouTube 直播瘋潮密技

　　YouTube 平台上直播是與受眾即時互動的最有效率方式，從個人 YouTuber 販售產品，並透過直播跟粉絲互動，延伸到電商品牌透過直播行銷。要在 YouTube 上進行直播，基本上有三種方式：「行動裝置」、「網路攝影機」、「編碼器」。其中以行動裝置最適合初學者來使用，因為不需要太多的設定就可以立即進行直播，而進階使用者則可以透過編碼器來建立自訂的直播內容。

　　各位可以依照個別帳戶的狀況來選擇適合的其中一種直播方式，雖然這是一個能夠讓你不用花太多時間剪輯，就可以創造出影音內容的方式，不過不代表你可以隨意的擺放鏡頭就開拍，最好在事前想清楚節目腳本，特別要記得長久經營自己的品牌，呈現出來的作品創意是必須的，然後透過不公開或私人直播的方式預先測試音效和影像，這樣可以讓你在直播時更有信心，當然在直播前，最好預先讓粉絲們知道你何時要開始直播。

　　如果你是第一次進行直播，那麼在頻道直播功能開啟前，必須先前往 youtube.com/verify 進行驗證。這個驗證程序只需要簡單的電話驗證，然後再啟用頻道的直播功能即可。驗證方式如下：

STEP 1

❶ 輸入要驗證的網址

❷ 設定提供驗證碼的方式

❸ 輸入個人手機號碼

❹ 按下「提交」鈕

STEP 2

❶ 從你的手機中將簡訊傳送過來的 6 位數驗證碼輸入

❷ 按下「提交」鈕

STEP 3

顯示 YouTube 帳戶已完成驗證

　　完成驗證程序後,只要登入 youtube.com,並在右上角的「建立」鈕下拉選擇「進行直播」即可。如果這是你第一次直播,畫面會出現提示,説明 YouTube 將驗證帳戶的直播功能權限,這個程序需要花費 24 小時的等待時間,等 24 小時之後就能選擇偏好的 YouTube 直播方式。特別注意的是,直播內容必須符合 YouTube 社群規範與服務條款,如果不符合要求,就可能被移除影片,或是被限制直播功能的使用。如果直播功能遭停用,帳戶會收到警告,並且 3 個月內無法再進行直播。由於行動裝置攜帶方便,隨時隨地都可進行直播,記錄關鍵時刻或瞬間的精彩鏡頭是最好不過的了。不過以行動裝置進行直播,頻道至少要有 1000 人以上的訂閱者,且訂閱人數達標後,還需要等待一段時間,才能取得使用行動裝置直播權限。

　　各位要在 YouTube 進行直播,請於頻道右上角按下 ▭◢ 鈕,出現左下圖的視窗時,點選「允許存取」鈕。

❶ 按下此鈕

❷ 點選「允許存取」鈕

由於是第一次使用直播功能，所以用戶必須允許 YouTube 存取裝置上的相片、媒體和檔案，也要允許 YouTube 有拍照、錄影、錄音的功能。

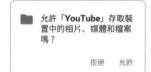

當各位允許 YouTube 進行如上的動作後，會看到「錄影」和「直播」兩項功能鈕，如下圖所示。

點選「直播」鈕後，還要允許應用程式存取「相機」、「麥克風」、「定位服務」等功能，才能進行現場直播，萬一你的頻道不符合新版的行動裝置直播資格規定，它會顯示視窗來提醒你，你還是可以透過網路設定機或直播軟體來進行直播。

1. 請簡介影音行銷。

2. 如何從 YouTube 網站上直接上傳視訊影片？

3. 如何在 YouTube 有更精確的搜尋結果？試簡述之。

4. 請簡述 YouTube 上要讓影片爆紅的幾種原因？

5. 試簡介「微電影」。

6. 試說明目前微電影與觀眾溝通的方式有哪兩種？

7. 直播行銷的好處是什麼？

8. 請簡介 IGTV。

CHAPTER

網路資安、倫理與法律

商機之外，小心！駭客就在你身邊

- ⊙ 資訊倫理
- ⊙ 網路行銷與智慧財產權相關法規
- ⊙ 網路侵權與犯罪問題

　　隨著電子商務與傳統行業的加速融合，不但提供了新型態的網路交易模式，企業可藉此架構出全球化商業模式，利用網路從事交易與行銷行為日趨增加，雖然創造了極大的線上商機，不過因為越來越多的產品和服務可以透過在線方式提供，也隱藏了諸多法律與安全上可能需要面對的問題。在網路世界上，雖然並無國界可言，但是網路世界並非就因此不受現實世界中法律或倫理所拘束。店家或品牌從事網路行銷活動，相信不少人或多或少都有參與的經驗，我們卻經常可以在媒體報導中發現，不少店家或廣告代理商，因為忽略網路行銷活動所衍生的法律問題，諸如廣告侵犯智慧財產權或商標權、不實廣告、不公平競爭、ISP 責任限制、使用 FB 或是 Twitter 社群網站上的照片與圖像、網域名稱、網路犯罪等議題，則是被政府機關處以高額的罰款、禁止從事特定活動，或是被競爭對手提起訴等，而造成已投入的行銷資源可能因此付諸流水。

🔲 部落格或 Facebook 上的行銷廣告必須小心侵犯著作權

由於傳統的法律規定與商業慣例，限制了網上交易的發展空間，我國政府於民國九十年十一月十四日為推動電子交易之普及運用，確保電子交易之安全，促進電子化政府及電子商務之發展，特制定「電子簽章法」，並自 2002 年 4 月 1 日開始施行。電子簽章法的目的就是希望透過賦予電子文件和電子簽章法律效力，建立可信賴的網路交易環境，使大眾能夠於網路交易時安心，還希望確保資訊在網路傳輸過程中不易遭到偽造、竄改或竊取，並能確認交易對象真正身分，並防止事後否認已完成交易之事實。

網路行銷雖然是在網路經濟全球化的浪潮下所產生新商務模式，也是各國立法所關注的法律新領域，同樣行銷方式在不同國家與法域可能受到不同法律評價，也是跨國行銷上最大的挑戰之一，雖然處處是商機的網路行銷活動，若處理失當也是處處危機，如何適當解決衍生的法律問題與消費紛爭，成為目前各界在進行網路行銷活動時的當務之急，本章中我們將分別來探討這些相關的課題。

10-1 資訊倫理

近年來不斷推陳出新的科技新模式，電腦的使用已經不再只是單純的考慮到個人封閉的主機，許多前所未有的資訊操作與平台模式，徹底顛覆了傳統電腦與使用者間人機互動關係。加上網路與行動通訊技術的普及，一方面為生活帶來空前便利與改善，但另一方面也衍生了許多過去未曾發生的複雜問題。網際網路架構協會（Internet Architecture Board, IAB）主要的工作是國際上負責網際網路間的行政和技術事務監督與網路標準和長期發展，就曾經將以下網路行為視為不道德：

1. 在未經任何授權情況下，故意竊用網路資源。

2. 干擾正常的網際網路使用。

3. 以不嚴謹的態度在網路上進行實驗。

4. 侵犯別人的隱私權。

5. 故意浪費網路上的人力、運算與頻寬等資源。

6. 破壞電腦資訊的完整性。

在今天傳統社會倫理道德規範日漸薄弱下，由於網路的特性具有公開分享、快速、匿名等因素，在網路社會中產生了越來越多倫理價值改變與偏差行為。除了資訊素養的訓練外，如何在一定的行為準則與價值要求下，從事資訊相關活動時該遵守的規範，就有待於資訊倫理體系的建立。

簡單來說，「資訊倫理」就是探究人類使用資訊行為對與錯之問題，適用的對象則包含了廣大的資訊從業人員與使用者，範圍則涵蓋了使用資訊與網路科技的價值觀與行為準則。接下來我們將引用 Richard O. Mason 在 1986 年時提出的資訊隱私權（Privacy）、資訊正確性（Accuracy）、資訊所有權（Property）、資訊存取權（Access）等四類議題，稱為 PAPA 理論，來討論資訊倫理的標準所在。

10-1-1　資訊隱私權

在今天高速資訊化環境中，不論是電腦或網路中所流通的資訊，都已是一種數位化資料，透過電腦硬碟或網路雲端資料庫的儲存，取得與散佈機會也相對容易，間接也造成隱私權容易被侵害的潛在威脅，消費者對隱私權日益重視。隱私權在法律上的見解，就是一種「獨處而不受他人干擾的權利」，屬於人格權的一種，是為了主張個人自主性及其身分認同，並達到維護人格尊嚴為目的，在國外隱私權政策最早可以追溯到 1988 年 10 月，歐盟當時通過監督隱私權保護指導原則（OECD 原則），而到了 1997 年 7 月則有美國政府也公佈「全球電子商務架構」的政策等，都是針對現代網路社會隱私權的討論。

「資訊隱私權」則是討論有關個人資訊的保密或予以公開的權利，並應該擴張到由我們自己控制個人資訊的使用與流通，核心概念就是在於個人掌握資料之產出、利用與查核權利，包括什麼資訊可以透露？什麼資訊可以由個人保有？也就是個人有權決定對其資料是否開始或停止被他人收集、處理及利用的請求，並進而擴及到什麼樣的資訊使用行為，可能侵害別人的隱私和自由的法律責任。

有些人喜歡未經當事人的同意，而將寄來的 Email 轉寄給其他人，這就可能侵犯到別人的資訊隱私權。如果是未經網頁主人同意，就將該網頁中的文章或圖片轉寄出去，就有侵犯重製權的可能。Google 也十分注重使用者的隱私權與安全，當 Google 地圖小組在收集街景服務影像時會進行模糊化處理，讓使用者無法認出影像中行人的臉部和車牌，以保障個人的資訊隱私權，避免透露入鏡者的身分與資料。

目前電商網站中最常用來追蹤瀏覽者行為以做為未來關係行銷的依據，就是使用 Cookie 這樣的小型文字檔。Cookie 在網際網路上所扮演的角色，基本上就是一種針對不同網路使用者而予以「個人化」功能的過濾機制，作用就是透過瀏覽器在使用者電腦上記錄使用者瀏覽網頁的行為，網站經營者可以利用 Cookie 來了解到使用者的造訪記錄，例如造訪次數、瀏覽過的網頁、購買過哪些商品等，進而根據 Cookie 及相關資訊科技所發展出來的客戶資料庫，企業可以直接鎖定特定消費者的消費取向，進而進行未來產品銷售的依據。

 Cookie 是網頁伺服器放置在電腦硬碟中的一小段資料，例如用戶最近一次造訪網站的時間、用戶最喜愛的網站記錄以及自訂資訊等。當用戶造訪網站時，瀏覽器會檢查正在瀏覽的 URL 並查看用戶的 Cookie 檔，如果瀏覽器發現和此 URL 相關的 Cookie，會將此 Cookie 資訊傳送給伺服器。這些資訊可用於追蹤人們上網的情形，並協助統計人們最喜歡造訪何種類型的網站。

隨著數據帶來的便利與精準度等益處，「數據隱私」也成了大命題，在未經網路使用者或消費者同意的情況下，收集、處理、流通甚至公開其個人數據，人們一方面期望保護個資及消費記錄，也想了解這些數據的使用方式及所提供的足跡與回饋，更加凸顯出個人隱私保護與商業利益間的緊張關係與平衡問題。例如以台灣的個人資料保護法為例，蒐集、處理及利用個人資料都必須符合比例原則、合理關聯性原則。由於消費者隱私意識逐漸覺醒，Safari 早在 2017 年便推出智慧反追蹤功能（Intelligent Tracking Prevention），Google 也不得不順應這股趨勢，希望能在減少侵犯消費者隱私的前提下，宣布 Chrome 瀏覽器將在 2022 年初停止支持第三方 Cookie。

上網過程中 Cookie 文字檔，透過瀏覽器記錄使用者的個人資料

圖片來源：http://shopping.pchome.com.tw/

之前 Facebook 為了幫助用戶擴展網路上的人際關係，設計了**尋找朋友**（Find Friends）功能，並且直接邀請將用戶通訊錄名單上的朋友加入 Facebook。後來德國柏林法院判決 Facebook 敗訴，這個功能因為並未得到當事人同意而收集個人資料做為商業利用，後來 Facebook 這個功能也改為必須經過用戶確認後才能寄出邀請郵件。

隨著全球無線通訊的蓬勃發展及智慧型手機普及率的提升，結合無線通訊與網際網路的行動網路（Mobile Internet）服務成為最被看好的明星產業，其中相當熱門的定位服務是電信業者利用 GPS、藍牙 Wi-Fi 熱點和行動通訊基地台來判斷您的裝置位置的功能，並將用戶當時所在地點及附近地區的資訊，下載至用戶的手機螢幕上，當電信業者取得用戶所在地的資訊，就會帶來各種行動行銷的商機。

　　這時有關定位資訊的控管與利用當然也會涉及隱私權的爭議，因為用戶個人手機會不斷地與附近基地台進行訊號聯絡，才能在移動過程中接收來電或簡訊，因此相關個人位址資訊無可避免的會暴露在電信業者手中。濫用定位科技所引發的隱私權侵害並非空穴來風，例如手機業者如果主動發送廣告資訊，會涉及用戶是否願意接收手機上傳遞的廣告與是否願意暴露自身位置，或者個人定位資訊若洩露給第三人作為商業利用，也造成隱私權侵害將會被擴大。

10-1-2　資訊精確性

　　資訊精確性的精神就在討論資訊使用者擁有正確資訊的權利或資訊提供者必須提供正確資訊的責任，也就是除了確保資訊的正確性、真實性及可靠性外，還要規範提供者如果提供錯誤的資訊，所必須負擔的責任。網路成為大眾最仰賴的資訊媒介，例如有人謊稱哪遭到核彈衝突，甚至造成股市大跌，更有人提供錯誤的美容小偏方，讓許多相信的網友深受其害，但卻是求訴無門。有些網路行銷業者為了讓產品快速抓住廣大消費者的目光，紛紛在廣告中使用誇張用語來放大產品的效用，例如在商品廣告中使用世界第一、全球唯一、網上最便宜、最安全、最有效等誇大不實的用語來吸引消費者購買，或許成功達到廣告吸睛的目的，但稍有不慎就有可能觸犯各國不實廣告（False Advertising）的規範，這就是強調資訊精確性的重要。

　　2014 年時台灣三星電子在台灣就發生了一件稱為三星寫手事件，是指台灣三星電子疑似透過網路打手進行不真實的產品行銷被揭發而衍生的事件。三星涉嫌與網路業者合作雇用工讀生，假冒消費者在網路上發文誇大行銷三星產品的功能，蓄意

惡意解讀數據，再以攻擊方式評論對手宏達電（HTC）出產的智慧型手機，企圖影響網路輿論，並打擊競爭對手的品牌形象，涉及了造假與資訊精確性的問題。後來這個事件也創下了台灣網路行銷史上最高的罰鍰金額，除了金錢的損失以外，對於三星也賠上了消費者對品牌價值的信任。

10-1-3　資訊財產權

　　資訊財產權是指資訊資源的擁有者對於該資源所具有的相關附屬權利。簡單來說，就是要定義出什麼樣的資訊使用行為算是侵害別人的著作權，並承擔哪些責任。例如將網路上所收集的圖片燒成 1 張光碟、拷貝電腦遊戲程式送給同學、將大補帖的軟體灌到個人電腦上、電腦掃描或電腦列印等行為都是侵犯到資訊財產權。或者你去旅遊時拍了一系列的風景照片，同學向你要了幾張留作紀念，但他如果未經你同意就把相片放在部落格上當作內容時，不管展示的是原件還是重製物，也是侵犯了你的資訊財產權。或者網路行銷經常製作、投放的電視廣告（Commercial Film, CF），只要使用到他人著作，包括廣告中任何音樂都必須取得擁有資訊財產權所有人的授權。

　　隨著線上遊戲的魅力不減，且虛擬貨幣及商品價值日漸龐大，這類價值不斐的虛擬寶物需要投入大量的時間才可能獲得。也因此有不少針對線上遊戲設計的外掛程式，可用來修改人物、裝備、金錢、機器人等，最主要的目的就是為了想要提升等級或打寶，進而縮短投資在遊戲裡的時間。遊戲中虛擬的物品不僅在遊戲中有價值，其價值感更延伸至現實生活中。這些虛擬寶物及貨幣，往往可以轉賣給其他玩家以賺取實體世界的金錢，並以一定的比率兌換。

天堂遊戲中的天幣是玩家打敗怪獸所獲得的虛擬貨幣

圖片來源：http://lineage2.plaync.com.tw/

有些線上遊戲玩家運用自己豐富的電腦知識，利用特殊軟體（如特洛依木馬程式）進入電腦暫存檔獲取其他玩家的帳號及密碼，或用外掛程式洗劫對方的虛擬寶物，再把那些玩家的裝備轉到自己的帳號來。這到底構不構成犯罪行為？由於線上寶物目前一般已認為具有財產價值，這已構成了意圖為自己或第三人不法之所有或無故取得、竊盜與刪除或變更他人電腦或其相關設備之電磁記錄的罪責，這當然也是侵犯了別人的資訊財產權。

比特幣（Bitcoin）是一種全球通用加密電子貨幣，是透過特定演算法大量計算產生的一種 P2P 形式虛擬貨幣，這個網路交易系統由一群網路用戶所構成，和傳統貨幣最大的不同是，比特幣執行機制不依賴中央銀行、政府、企業的支援或信用擔保，而是依賴對等網路中種子檔案達成的網路協定，持有人可以匿名在這個網路上進行轉帳和其他交易。隨國際著名集團或商店陸續宣布接受比特幣為支付工具後，比特幣目前市價一直創新高，吸引全球投資人目光，目前已經有許多網站開始接受比特幣交易。

10-1-4　資訊存取權

　　資訊存取權最直接的意義，就是在探討維護資訊使用的公平性，包括如何維護個人對資訊使用的權利？如何維護資訊使用的公平性？與在哪個情況下，組織或個人所能存取資訊的合法範圍。隨著智慧型手機的廣泛應用，最容易發生資訊存取權濫用的問題。通常手機的資料除了有個人重要資料外，還有許多朋友私人通訊錄與或隱私的相片。各位在下載或安裝 App 時，有時會遇到許多 App 要求權限過高，這時就可能會造成資訊全安的風險。蘋果 iOS 市場比 Android 市場更保護資訊存取權，例如 App Store 對於上架 App 的要求存取權限與功能不合時，在審核過程中就可能被剔除，即使是審核通過，iOS 對於權限的審核機制也相當嚴格。

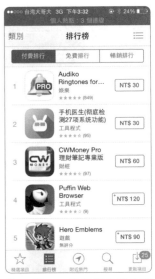

⬛ 下載 App 時經常會發生資訊存取權的問題

　　我們知道 P2P（Peer to Peer）是一種點對點分散式網路架構，可讓兩台以上的電腦，藉由系統間直接交換來進行電腦檔案和服務分享的網路傳輸型態。雖然伺服器本身只提供使用者連線的檔案資訊，並不提供檔案下載的服務，可是凡事有利必有弊，如今的 P2P 軟體儼然成為非法軟體、影音內容及資訊文件下載的溫床。雖然在使用上有其便利性、高品質與低價的優勢，不過也帶來了病毒攻擊、商業機密洩漏、非法軟體下載等問題。在此特別提醒讀者，要注意所下載軟體的合法資訊存取權，不要因為方便且取得容易，就造成侵權的行為。

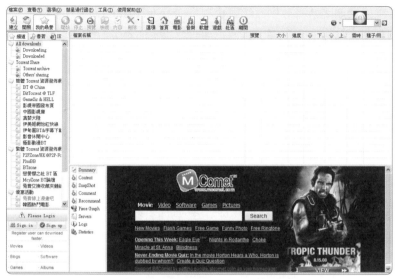
使用 BitComet 來下載軟體容易造成侵權的爭議

10-2 網路行銷與智慧財產權相關法規

　　網際網路是全世界最大的資訊交流平台，在網路行銷快速發展的同時，「智慧財產權」所牽涉的範圍也越來越廣，使得所謂資訊智慧財產權的問題越顯複雜。如何在網路上合法利用別人的著作，已成為我們每個人日常生活必須具備的基本常識。從網站設置、網頁製作、申請網域名稱、建置雲端資料庫、軟體使用以及對營業有關的科技及商業資訊進行保密（加密）措施等，都直接涉及智慧財產權的相關法律問題。

10-2-1 認識智慧財產權

　　我國目前將「智慧財產權」（Intellectual Property Rights, IPR）劃分為著作權、專利權、商標權等三個範疇進行保護規範，這三種領域保護的智慧財產權並不相同，在制度的設計上也有所差異，內容涵蓋人類思想、創作等智慧的無形財產，或者可

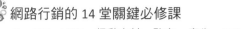

以看成是在一定期間內有效的「知識資本」（Intellectual Capital）專有權，例如發明專利、文學和藝術作品、表演、錄音、廣播、標誌、圖像、產業模式、商業設計等等。說明如下：

- **著作權**：指政府授予著作人、發明人、原創者一種排他性的權利。著作權是在著作完成時立即發生的權利，也就是說著作人享有著作權，不需要經由任何程序，當然也不必登記。

- **專利權**：專利權是指專利權人在法律規定的期限內，對其發明創造所享有的一種獨佔權或排他權，並具有創造性、專有性、地域性和時間性。但必須向經濟部智慧財產局提出申請，經過審查認為符合專利法之規定，而授與專利權。

- **商標權**：「商標」是指企業或組織用以區別自己與他人商品或服務的標誌，自註冊之日起，由註冊人取得「商標專用權」，他人不得以同一或近似之商標圖樣，指定使用於同一或類似商品或服務。

巴冷公主商標屬於榮欽科技公司所有

10-2-2　著作權的內容

　　著作權則是屬於智慧財產權的一種，我國也在保護著作人權益，調和社會利益，促進國家文化發展，制定著作權法，而著作權內容則是指因著作完成，就立即享有這項著作著作權，而受到著作權法的保護。我國著作權法對著作的保護，採用

「創作保護主義」,而非「註冊保護主義」。不需要經由任何程序,當然也不必登記。著作財產權的存續期間,於著作人之生存期間及其死後五十年。至於著作權的內容則包括以下兩項:「著作人格權」及「著作財產權」,分述如下:

著作權內容	說明與介紹
著作人格權	• 姓名表示權:著作人對其著作有公開發表、出具本名、別名與不具名之權利。 • 禁止不當修改權:著作人就此享有禁止他人以歪曲、割裂、竄改或其他方法改變其著作之內容、形式或名目致損害其名譽之權利。例如要將金庸的小說改編成電影,金庸就能要求是否必須忠於原著,能否省略或容許不同的情節。 • 公開發表權:著作人有權決定他的著作要不要對外發表,如果要發表的話,決定什麼時候發表,以及用什麼方式來發表,但一經發表這個權利就消失了。
著作財產權	包括重製、公開口述、公開播放、公開上映、公開演出、公開展示、公開傳輸權、改作權、編輯權、出租權、散布權等。

10-2-3 合理使用原則

基於公益理由與基於促進文化、藝術與科技之進步,為避免著作權過度之保護,且為鼓勵學術研究與交流,法律上乃有合理使用原則。著作權法第一條開宗明義就規定:「為保障著作人著作權益,調和社會公共利益,促進國家文化發展,特制定本法。本法未規定者,適用其他法律之規定。」

國內著作權法目前廣泛規範的刑責,已經造成資訊數位內容產業發展上的瓶頸,任意地下載、傳送、修改等行為,都可能構成侵害著作權,也造成相關業者很大的困擾。因此保護作者是著作權法中很重要的目的之一,但這絕不是著作權法所宣示的唯一政策。還必須考慮到要「促進國家文化發展」,也就是為了公益考量,又以「合理使用」規定,限制著作財產權可能無限上綱之行使。

所謂著作權法的「合理使用原則」，就是即使未經著作權人之允許而重製、改編及散布仍是在合法範圍內。其中的判斷標準包括使用的目的、著作的性質、佔原著作比例原則與利用結果對市場潛在影響等。例如對於教育、研究、評論、報導或個人非營利使用等目的，在法律所允許的條件下，得於適當範圍內逕行利用他人著作，不經著作權人同意，而不會構成侵害著作權。

著作權政策一直在作者的私利與公共利益間努力維繫平衡，並無具體之法律定義與界線，其平衡關鍵即在於如何促進國家文化的發展，希望不但能達到著作權人僅享有著作權法上所規範的一定權利，至於著作權法未規範者，均屬社會大眾所共同享有。在著作的合理使用原則下，也就是法律上不構成著作權侵害的個人使用型態，即使某些合理使用的情形，最好必須明示出處，而且要以合理方式表明著作人的姓名或名稱。當然最佳的方式是在使用他人著作之前，能事先取得著作人的合法授權。

10-2-4　個人資料保護法

隨著科技與網路的不斷發展，資訊得以快速流通，存取也更加容易，特別是在享受網路交易帶來的便利與榮景時，也必須承擔個人資訊容易外洩、甚至被不當利用的風險。例如某知名拍賣網站曾經被證實資料庫遭到入侵，導致全球有 1 億多筆的個資外洩，對於這些有大量會員的網購及社群網站在個資方面的投資與防護必須要再加強。

在台灣一般民眾對於個人資料安全的警覺度還算不夠，對於個資的蒐集與使用，總認為理所當然，過去台灣企業對個資保護一直著墨不多，導致民眾個資取得容易，造成詐騙事件頻傳，因此近年來個人資料保護的議題也就越來越受到各界的重視。經過各界不斷的呼籲與努力，法務部組成修法專案小組於 93 年間完成修正草案，歷經數年審議，終於 99 年 4 月 27 日完成三讀，同年 5 月 26 日總統公布「個人資料保護法」，其餘條文行政院指定於 101 年 10 月 1 日施行。

個人資料保護法，簡稱「個資法」，所規範範圍幾乎已經觸及到生活的各個層面，尤其新版個資法上路後，無論是公務機關、企業或自然人，對於個人資訊的蒐集、處理或利用，都必須遵循該法規的規範，應當採取適當安全措施，以防止個人資料被竊取、竄改或洩漏。個資法所規範個資的使用範圍，不論是電腦中的數位資料，或者是寫在紙張上的個人資料，全都一體適用，不僅都有嚴格規範，而且制定嚴厲罰則，否則造成資料外洩或不法侵害，企業或負責人可能就得負擔高額的金錢賠償或刑事責任，並讓網站營運及商譽遭受重大損失，對於企業而言，肯定是巨大挑戰。

　　個資法立法目的為規範個人資料之蒐集、處理及利用，個資法的核心是為了避免人格權受侵害，並促進個人資料合理利用。這是對台灣的個人資料保護邁向新里程碑的肯定，不過相對的我們卻也可能在不經意的情況下，觸犯了個資法的規定。關於個人資料保護法的詳細條文，可以參考全國法規資料庫（http://law.moj.gov.tw/LawClass/LawAll.aspx?PCode=I0050021）。

10-2-5　創用 CC 授權

　　隨著數位化作品透過網路的快速分享與廣泛流通,各位應該都有這樣的經驗,就是有時因為電商網站設計或進行網路行銷時,需要到網路上找素材(文章、音樂與圖片),不免都會有著作權的疑慮,一般人因為害怕造成侵權行為,卻也不敢任意利用。近年來網路社群與自媒體經營盛行,例如一些網路知名電商社群時常有轉載他人原創內容的需求,因此被檢舉侵犯著作權而造成不少風波,也讓人再次思考網路著作權的議題。不過現代人觀念的改變,多數人也樂於分享,總覺得獨樂樂不如眾樂樂,也有越來越多人喜歡將生活點滴以影像或文字記錄下來,並透過許多社群來分享給普羅大眾。

● 台灣創用 CC 的官網

　　因此對於網路上著作權問題開始產生了一些解套的方法,在網路上也發展出另一種新的著作權分享方式,就是目前相當流行的「創用 CC」授權模式。基本上,創用 CC 授權的主要精神是來自於善意換取善意的良性循環,不僅不會減少對著作人的保護,同時也讓使用者在特定條件下能自由使用這些作品,並因應各國的著作權法

分別修訂，許多共享或共筆的網站服務都採用此種授權方式，讓大眾都有機會共享智慧成果，並激發出更多的創作理念。

所謂**創用 CC**（Creative Commons）授權是源自著名法律學者美國史丹佛大學 Lawrence Lessig 教授於 2001 年在美國成立 Creative Commons 非營利性組織，目的在提供一套簡單、彈性的「保留部分權利」（Some Rights Reserved）著作權授權機制。「創用 CC 授權條款」分別由四種核心授權要素（「姓名標示」、「非商業性」、「禁止改作」以及「相同方式分享」），組合設計了六種核心授權條款（姓名標示、姓名標示—禁止改作、姓名標示—相同方式分享、姓名標示—非商業性、姓名標示—非商業性—禁止改作、姓名標示—非商業性—相同方式分享），讓著作權人可以透過簡單的圖示，針對自己所同意的範圍進行授權。創用 CC 的 4 大授權要素說明如下：

標誌	意義	說明
🛈	姓名標示	允許使用者重製、散佈、傳輸、展示以及修改著作，不過必須按照作者或授權人所指定的方式，標示出原著作人的姓名。
⊜	禁止改作	僅可重製重製、散佈、展示作品，不得改變、轉變或進行任何部份的修改與產生衍生作品。
🚫$	非商業性	允許使用者重製、散佈、傳輸以及修改著作，但不可以為商業性目的或利益而使用此著作。
↻	相同方式分享	可以改變作品，但必須與原著作人採用與相同的創用 CC 授權條款來授權或分享給其他人使用。也就是改作後的衍生著作必須採用相同的授權條款才能對外散布。

透過創用 CC 的授權模式，創作者或著作人可以自行挑選出最適合的條款作為授權之用，藉由標示於作品上的創用 CC 授權標章，因此讓創作者能在公開授權且受到保障的情況下，更樂於分享作品，無論是個人或團體的創作者都能夠在相關平台進行作品發表及分享。對使用者而言：可以很清楚知道創作人對該作品的使用要求與限制，只要遵守著作人選用的授權條款來利用這些著作，所有人都可以自由重製、散布

與利用這項著作，不必再另行取得著作權人的同意。當然最好能夠完整保留這些授權條款聲明，日後如有紛爭便可作為該著作確實採用創用 CC 授權的證明。從另一方面來看，對著作人而言，採用創用 CC 授權，不但可以減少個別授權他人所要花費的成本，同時也能讓其他使用者清楚地了解使用你的著作所該遵守的條件與規定。

10-3 網路侵權與犯罪問題

在網際網路尚未普及的時期，任何盜版及侵權行為都必須有實際的成品（如影印本及光碟）才能實行。不過在這個高速發展的數位化網際網路環境裡，其中除了網站之外，也包含多種通訊協定和應用程式，資訊分享方式更不斷推陳出新。數位化著作物的重製非常容易，只要一些電腦指令，就能輕易的將任何的「智慧作品」複製與大量傳送。

雖然網路是一個虛擬的世界，但仍然要受到相關法令的限制，也就是包括文章、圖片、攝影作品、電子郵件、電腦程式、音樂等，都是受著作權法保護的對象。我們知道網路著作權仍然受到著作權法的保護，不過在我國著作權法的第一條中就強調著作權法並不是專為保護著作人的利益而制定，尚有調和社會發展與促進國家文化發展的目的。

網路著作權就是討論在網路上流傳他人的文章、音樂、圖片、攝影作品、視聽作品與電腦程式等相關衍生的著作權問題，特別是包括「重製權」及「公開傳輸權」，應該經過著作財產權人授權才能加以利用。在著作權法的「合理使用原則」之下，應限於個人或家庭、非散布、非營利之少量下載，如為報導、評論、教學、研究或其他正當目的之必要的合理引用。

基本上，網路平台上即使未經著作權人允許而重製、改編及散布仍是有限度可以，因此並不是網路上的任何資訊取得及使用都屬於違法行為，但是要界定合理使用原則目前仍有相當的爭議。

很多人誤以為只要不是商業性質的使用，就是合理使用，其實未必。例如單就個人使用或是學術研究等行為，就無法完全斷定是屬於侵犯智慧財產權，網路著作權的合理使用問題很多，本節中將來進行討論。

10-3-1　網路流通軟體介紹

由於資訊科技與網路的快速發展，智慧財產權所牽涉的範圍也越來越廣，例如網路下載與燒錄功能的方便性，都使得所謂網路著作權問題越顯複雜。例如網路上流通的軟體就可區分為三種，分述如下：

軟體名稱	說明與介紹
免費軟體 （Freeware）	擁有著作權，在網路上提供給網友免費使用的軟體，並且可以免費使用與複製。不過不可將其拷貝成光碟，將其販賣圖利。
公共軟體 （Public domain software）	作者已放棄著作權或超過著作權保護期限的軟體。
共享軟體 （Shareware）	擁有著作權，可讓人免費試用一段時間，但如果試用期滿，則必須付費取得合法使用權。

其中像是「免費軟體」與「共享軟體」仍受到著作權法的保護，就使用方式與期限仍有一定限制，如果沒有得到原著作人的許可，都有侵害著作權之虞。即使是作者已放棄著作權的公共軟體，仍要注意著作人格權的侵害問題。以下我們還要介紹一些常見的網路著作權爭議問題：

10-3-2　網站圖片或文字

某些網站都會有相關的圖片與文字，若未經由網站管理或設計者的同意就將其加入到自己的頁面內容中就會構成侵權的問題。或者從網路直接下載圖片，然後在上面修正圖形或加上文字做成海報，如果事前未經著作財產權人同意或授權，都可

能侵害到重製權或改作權。至於自行列印網頁內容或圖片,如果只供個人使用,並無侵權問題,不過最好還是必須取得著作權人的同意。不過如果只是將著作人的網頁文字或圖片作為超連結的對象,由於只是讓使用者作為連結到其他網站的識別,因此是否涉及到重製行為,仍有待各界討論。

10-3-3 超連結的問題

所謂的**超鏈結**(Hyperlink)是網頁設計者以網頁製作語言,將他人的網頁內容與網址連結至自己的網頁內容中。例如各位把某網站的網址加入到頁面中,如 http://www.google.com.tw,雖然涉及了網址的重製問題,但因為網址本身並不屬於著作的一部份,故不會有著作權問題,或是單純的文字超鏈結,只是單純文字敘述,應該也未涉及著作權法規範的重製行為。如果是以圖像作為鏈結按鈕的型態,因為網頁製作者已將他人圖像放置於自己網頁,似乎已有發生重製行為之虞,不過這已成網路普遍之現象,也有人主張是在合理使用範圍之內。

還有一種框架連結(Framing),則因為將連結的頁面內容在自己網頁中的某一框架畫面中顯示,對於被連結網站的網頁呈現,因而產生其連結內容變成自己網頁中的部份時,應有重製侵權的問題。

此外,國內盛行網路部落格文化,並以悅耳的音樂來吸引瀏覽者,曾經有一位部落格版本只是用 HTML 語法的框架將音樂播放器崁入網頁中,就被檢察官起訴侵害著作權人之公開傳輸權。因此各位在設計網站架構時,除非取得被連結網站主的同意,否則我們會建議儘可能不要使用視窗連結技術。

10-3-4 影片上傳問題

我們再來討論 YouTube 上影片所有權的問題,許多網友經常隨意把他人的影片或音樂上傳 YouTube 供人欣賞瀏覽,雖然沒有營利行為,但也造成了許多糾紛,甚

至有人控告 YouTube 不僅非法提供平台讓大家上載影音檔案，還積極地鼓勵大家非法上傳影音檔案，這就是盜取別人的資訊財產權。

🔊 YouTube 上的影音檔案也擁有資訊財產權

後來 YouTube 總部引用美國 1998 年數位千禧年著作權法案（DMCA），內容是防範任何以電子形式（特別是在網際網路上）進行的著作權侵權行為，其中訂定有相關的免責的規定，只要網路服務業者（如 YouTube）收到著作權人的通知，就必須立刻將被指控侵權的資料隔絕下架，網路服務業者就可以因此免責。YouTube 網站充分遵守 DMCA 的免責規定，所以我們在 YouTube 經常看到很多遭到刪除的影音檔案。

10-3-5 網域名稱權爭議

任何連上 Internet 上的電腦，我們都叫做「主機」（Host）。而且只要是 Internet 上的任何一部主機都有唯一的 IP 位址去辨別它。IP 位址就是「網際網路通訊定位址」（Internet Protocol Address, IP Address）的簡稱由於 IP 位址是一大串的數字組成，因此十分不容易記憶。所謂「網域名稱」（Domain Name）是以一組英文縮寫來代表以數字為主的 IP 位址，例如榮欽科技的網域名稱是 www.zct.com.tw。

在網路發展的初期，許多人都把「網域名稱」當成是一個網址而已，扮演著類似「住址」的角色，後來隨著網路技術與電子商務模式的蓬勃發展，企業開始留意網域名稱也可擁有品牌的效益與功用，因為網域名稱不僅是讓電腦連上網路而已，還應該是企業的一個重要形象的意義，特別是以容易記憶及建立形象的名稱，更提升為辨識企業提供電子商務或網路行銷的表徵，成為一種有利的網路行銷工具。因此擁有一個好記、獨特的網域名稱，便成為現今企業在網路行銷領域中，相當重要的一項，例如網域名稱中有關鍵字確實對 SEO 排名有很大幫助，基於網域名稱具有不可重複的特性，使其具有唯一性，大家便開始爭相註冊與企業品牌相關的網域名稱。

由於「網域名稱」採取先申請先使用原則，許多企業因為尚未意識到網域名稱的重要性，導致無法以自身商標或公司名稱作為網域名稱。近年來網路出現了一群搶先一步登記知名企業網域名稱的「域名搶註者」（Cybersquatter），俗稱為「網路蟑螂」，讓網域名稱爭議與搶註糾紛日益增加，不願妥協的企業公司就無法取回與自己企業相關的網域名稱。政府為了處理域名搶註者所造成的亂象，或者網域名稱與申訴人之商標、標章、姓名、事業名稱或其他標識相同或近似，台灣網路資訊中心（TWNIC）於 2001 年 3 月 8 日公布「網域名稱爭議處理辦法」，所依循的是 ICANN（Internet Corporation for Assigned Names and Numbers）制訂之「統一網域名稱爭議解決辦法」。

10-3-6　駭客與怪客

只要是常上網的人，一定都聽過駭客這個名詞。不是某某網站遭駭客入侵，便是某某網站遭受駭客攻擊，也因此駭客便成了所有人敬畏的對象。最早期的駭客是一群狂熱的程式設計師，以編寫程式及玩弄各種程式寫作技巧為樂。雖然這群駭客們會入侵網路系統，但對於那些破壞行為通常都是相當的排斥，成功入侵後會以系統管理者的身份發信給管理員建議該如何進行漏洞修補等等。

🔖 駭客藉由 Internet 隨時可能入侵電腦系統

駭客不僅攻擊大型的網站和公司，也會攻擊家庭或企業中的個人電腦。駭客會使用各種方法破壞和用戶的電腦。駭客在開始攻擊之前，必須先能夠存取用戶的電腦，其中一個最常見的方法就是使用名為「特洛伊式木馬」的程式。駭客在使用此程式之前，必須先將其植入用戶的電腦，然後伺機執行如格式化磁碟、刪除檔案、竊取密碼等惡意行為，此種病毒模式多半是 Email 的附件檔。

 零時差攻擊（Zero-day Attack）就是當系統或應用程式上被發現具有還未公開的漏洞，但是在使用者準備更新或修正前的時間點所進行的惡意攻擊行為，往往造成非常大的危害。

10-3-7 網路釣魚

Phishing 一詞其實是「Fishing」和「Phone」的組合，中文稱為「網路釣魚」，網路釣魚的目的就在於竊取消費者或公司的認證資料，而網路釣魚透過不同的技術持續竊取使用者資料，已成為網路交易上重大的威脅。網路釣魚主要是讓受害者自己送出個人資料，輕者導致個人資料外洩，侵範資訊隱私權，重則危及財務損失，最常見的伎倆有兩種：

- 利用偽造電子郵件與網站作為「誘餌」，輕則讓受害者不自覺洩漏私人資料，成為垃圾郵件業者的名單，重則電腦可能會被植入病毒（如木馬程式），造成系統毀損或重要資訊被竊。

- 修改網頁程式，更改瀏覽器網址列所顯示的網址，當使用者認定正在存取真實網站時，即使你在瀏覽器網址列輸入正確的網址，還是會輕易移花接木般轉接到偽造網站上，並製造陷阱來竊取個人的機密資料，因此很難被使用者所察覺。

「網路釣魚」詐騙方式，多半不需要高竿的程式技巧與電腦知識，只要具備一般網頁的撰寫能力與詐騙腳本也可以變成釣魚駭客。刑事局就曾查獲國內一名十六歲的五專生，利用「網路釣魚」冒充「雅虎奇摩網站客服中心」名義，騙取會員的帳號、密碼資料。

- 點擊欺騙（Click Fraud）是發布者或者他的同伴對 PPC（Pay by Per Click，每次點擊付錢）的線上廣告進行惡意點擊，因而得到相關廣告費用。

- 社交工程陷阱（Social Engineering）是利用大眾疏於防範的資訊安全攻擊方式，例如利用電子郵件誘騙使用者開啟檔案、圖片、工具軟體等，從合法用戶中套取用戶系統的秘密，例如用戶名單、用戶密碼、身分證號碼或其他機密資料等。

- 跨網站腳本攻擊（Cross-Site Scripting, XSS）是當網站讀取時，執行攻擊者提供的程式碼，例如製造一個惡意的 URL 連結（該網站本身具有 XSS 弱點），當使用者端的瀏覽器執行時，可用來竊取用戶的 Cookie，後門開啟或是密碼與個人資料之竊取，甚至於冒用使用者的身份。

1. 請簡述電子簽章法的目的。

2. 何謂「資訊倫理」？有哪四種標準？

3. 請解釋「資訊隱私權」的內容。

4. 什麼是 Cookie ？有什麼用途？

5. 資訊精確性的精神為何？

6. 請解釋資訊存取權的意義。

7. 何謂著作權法的「合理使用原則」？

8. 請簡述用戶隱私權與定位資訊的控管與利用所帶來的爭議。

9. 試簡述重製權的內容與刑責。

10. 著作人格權包含哪些權利？

11. 試簡述專利權。

12. 有些玩家運用自己豐富的電腦知識，利用特殊軟體進入電腦暫存檔獲取其他玩家的虛擬寶物，可能觸犯哪些法律？

13. 請簡述創用 CC 的 4 大授權要素。

14. 請簡介創用 CC 授權的主要精神。

15. 何謂點擊欺騙（click fraud）？

16. 請跨網站腳本攻擊（XSS）的內容。

17. 什麼是網域名稱？網路蟑螂？

網路行銷未來贏家攻略與 Google Analytics 神器

- ⊙ 網路行銷的量化指標
- ⊙ 全通路時代的無限商機
- ⊙ 引爆網路行銷的創新趨勢
- ⊙ 網路行銷的數據分析神器— Google Analytics
- ⊙ GA 常見功能與專有名詞說明
- ⊙ 認識常用報表

　　人群在哪裡，錢潮就在哪裡，隨著行動上網普及，雲端服務科技與線上購物機制發展的推波助瀾，離開桌機就會拿出手機的現象已經成為現代人的普世動作。網路行銷改變了傳統的傳播模式，讓電子商務的發展更是注入強心針，行動商務對現代企業而言存在著無限的可能，全球電子商務的產值年年突破預期，阿里巴巴的馬雲更大膽直言電子商務將取代實體零售主導地位，佔據整體零售市場 70% 以上的銷售額。

🔵 網路行銷為電子商務的成長帶來超倍速的動能成長

　　隨著消費者行為劇烈改變與數位化需求暴增，這股浪潮也把「行銷」推向新高度，數位轉型與網路行銷主導企業決策與業績的後疫情時代來臨，越來越多的品牌及企業主把「網路行銷」視為企業發展的重點策略，未來網路行銷將不只是一個概念，勢必引導出一種創新的發展浪潮。

11-1 網路行銷的量化指標

消費者從過去實體環境的接觸，轉進現代網路行銷的數位媒體，行銷的本質和方法已經悄悄改變。行銷當然不可能一蹴可幾，網路行銷的模式千變萬化，從行銷接觸面的擴張與推廣到品牌認知，再到銷售通路與過程，都證明了行銷並沒有所謂最有效的套路，只有適不適合的策略，任何行銷活動都有其目的與價值存在。網路上只有量化的數據才是數據，如果我們花費大量金錢與時間來從事網路行銷，進而希望提高網站或產品曝光率，肯定需要研究與追蹤網路行銷的效果。

網路雖是目前所有媒體中**滲透率**（Reach Rate）最高的媒介，店家可以透過分析數據指標，看見網路行銷的績效，目前網路行銷衡量指標的種類相當多元，這時所謂「關鍵績效指標」（Key Performance Indicator, KPI）的選擇就扮演非常重要的角色，這些 KPI 可以用來檢視行銷過程所要花費的成本，並且提供企業一個客觀有效的評估方法，不過在決定 KPI 之前，還是完全取決於企業的需求與目標。

企業根據行銷目標來設定 KPI 衡量指標，對每一個關鍵指標都要長期追蹤，用量化指標與數據來引導行銷的測錄與監控。其實網路行銷，講求的是每一個環節環環相扣，各自具備了大大小小吸引人潮的可能因素。例如可以透過 Google Analytics 等免費

🔊 網路行銷的三大衡量指標

分析工具，提供廠商追蹤用戶或消費者的詳細統計數據，包括流量、獨立不重複訪客、下載量、停留時間、訪客成本和跳出率（Bounce Rate）等，通常這些數據可以根據三種參考 KPI 來反應出網路行銷的成果與績效。

11-1-1　人氣指標

　　流量就好比人潮，開店之後有沒有人潮，代表有沒有人走進店裏，如何幫助一個網站或行銷活動快速增加「人潮流量」（Traffic Generation），讓你的品牌、產品或服務在人前大量曝光，就是代表增加網站人氣，就像一般社群軟體粉絲專頁的按讚數往往被視為該粉絲團的最主要的人氣指標。

　　假設品牌的行銷目的是要增加網站或產品知名度，首先就要增加大量曝光的機會，要讓許多人都能看到你的內容，進而對內容產生興趣，最後才會採取購買行動。例如「不重複訪客」（Unique User）數就是一種參考依據，許多網站將不重複訪客列為 KPI，數字越高表示有越多訪客看到你所傳播的內容，「新造訪」（New Visit）數也可視為一種人氣廣度的指標，數字越高表示內容成功地吸引了來自不同領域的目標消費群，說明行銷做得不錯，網站人氣搶搶滾！

🔘 流量就好比開店人潮，是最普遍的人氣 KPI 指標

11-1-2　內容指標

　　網路行銷專家們總喜歡說：「內容為王」（Content is King），具備創意價值的行銷內容，是幫助品牌經營及企業行銷成功的不變法則，也是讓品牌更能深入人心關鍵因素。網路時代訪客擁有無限資訊選擇的空間，店家必須提升消費者對行銷內容的興趣，讓消費者願意花時間去了解。對於網路行銷的內容有很多 KPI 可以作為追蹤效益的指標，以做為了解品牌知名度成長、挖掘潛在消費者，或者幫助決定產品線的拓展方向。

🔘 平均停留時間越長表示消費者對你的內容有興趣

例如可以聚焦在如**跳出率**（Bounce Rate），這個數字越低越好，越低表示訪客對看到的文章或頁面感興趣，希望了解更多相關內容。至於平均停留時間（Avg. Visit Duration）與**互動時間**（Engaged Time）則越長表示消費者對你的內容有高度的興趣，越有機會刺激其購買意願，如果 **Repeat Visitor**（重複訪客）數字越高，這說明行銷內容做得好，訪客願意回來查看是否有新內容。

我們知道目前透過社群媒體的分享，內容行銷可以獲得更高的能見度，如果喜歡（Like）/ 按讚的次數越高，顯示店家的內容基本上是在對的軌道上，不過也要避免落入爭取高分享和轉貼數的迷思，畢竟那不是實際的成交數字。社群上回應（Comments）、留言、影片瀏覽的次數越高，代表訪客評論熱度高，希望了解更多相關內容，評論熱度內容被越多人分享時，代表你內容是具有分享價值，這些無疑都是受到你的內容吸引過來的未來潛在客戶。

11-1-3　獲利指標

網路行銷與電子商務網站算得上是哥倆好的天作之合，行銷就是要創造人潮與成交數字，能夠賺錢的行銷模式就是好的商業模式，尤其是電商網站通常都會以這段時間花了多少網路廣告和吸引眼球（Eyeballs Recruiting）經費，同時帶進多少訂單（Orders）或業績（Revenue）來作為判斷獲利指標的標準。

能夠獲利的行銷模式就是好的商業模式

網路行銷的目的在於利用最小成本，讓營業獲利達到最大效益，畢竟對購物網站而言，總希望把錢花在刀口上，最重要的指標就是廣告期間帶來的訂單數，就是要把過路客實際變成顧客。例如「轉換率」就是從網路廣告過來的訪問者最終成為付款客戶的比率，任何可視為行銷目標的行為，都可以計量成轉換率。當訪客點擊了一次廣告後，多餘的點擊對廣告投放者來說是缺乏價值，因為即使帶來了流量，卻不見轉換率。不過促成的交易筆

數、每月經常性收入、長期使用者價值、平均訂單金額、交易成功（Deal Close）件數、潛在顧客取得成本、每次行動成本、總收入等，都是能統計出產生了多少價值的 KPI，利用這些量化的指標來引導行銷方向，創造出更優質的投資報酬率。

11-2 全通路時代的無限商機

　　當行動購物趨勢成熟，搶攻 ON 世代商機就成了零售業的首要目標，隨著線下（Offline）跟線上（Online）的界線逐漸消失，當消費者購物的大部分重心已經轉移到線上時，通路其實就不單僅於實體店、網路商城、行動購物、App、社群等，現在通路的融合是各界關注的重點。

TIPS

> 所謂「ON 世代」，是每日上網 3 小時（Always Online）以上，通常是指使用智慧手機或平板等行動裝置上網的年輕族群，這個族群對於行動科技有重度的依賴。

　　在今天「社群」與「行動裝置」的迅速發展下，零售業態已進入 4.0 時代，宣告零售業正式從多通路（Multi-channel）轉變成全通路（Omni-Channel）的虛實整合型態，全通路與多通路型態的最大不同是各通路彼此並非獨立運行，而是讓不同通路間進行會員資料與消費訊息的共享與連結，專注於成為全管道、全天候、全頻道的消費年代，關鍵在於縮短服務提供者與消費者的距離，使得消費者無論透過桌機、智慧型手機或平板電腦，都能隨時輕鬆上網購物，網路購物的項目已從過去單純買衣服、買鞋子，朝向行動裝置等多元銷售、支付和服務通路，透過各種平台加強和客戶的溝通，不僅讓零售商的營運效率大幅提升，更為消費者提供高品質的購物感受，打造精緻個人化服務。面臨虛實整合時代的全通路商機，最重要的基礎是提供創新的商業模式來迎接消費者，與推動全通路體驗（Omni-Channel Experience）的發展，接下來我們要為各位介紹目前全通路的熱門零售模式。

TIPS 全通路（Omni-Channel）就是利用各種通路為顧客提供交易平台，「賣場」已不只是店面，而是在任何時間、地點都能進行購買行為的平台，並以消費者為中心的 24 小時營運模式，運用物聯網滿足顧客的需要。多通路（Multi-channel）是指企業採用兩條或以上完整的零售通路進行銷售活動，每條通路都能完成銷售的所有功能，例如同時採用直接銷售、電話購物或在 PChome 商店街上開店，也擁有自己的品牌官方網站，就是每條通路都能完成買賣的功能。

11-2-1　O2O 行銷

O2O 模式就是整合「線上（Online）」與「線下（Offline）」兩種不同平台所進行的一種行銷模式，可以讓顧客透過線上的購買動作，「促進」線下的到店取貨或接受服務，廣義來說聚焦在「將消費者從網路上帶到實體商店」。由於目前消費者都能「Always Online」，讓線上與線下能快速接軌，一旦連結成功，這是巨大的商業加乘效果，透過改善線上消費流程，直接帶動線下消費，特別適合「異業結盟」與「口碑銷售」，因為 O2O 的好處在於訂單於線上產生，每筆交易可追蹤，也更容易溝通及維護與用戶的關係，如此才能以零距離提升服務價值，包括流暢地連接瀏覽商品到消費流程，打造全通路的 360 度完美體驗。

我們以提供消費者 24 小時餐廳訂位服務的「EZTABLE 易訂網」為例，易訂網的服務宗旨是希望消費者從訂位開始就是一個很棒的體驗，除了餐廳訂位的主要業務，

● EZTABLE 買家於線上付費購買，然後至實體商店取貨

後來也導入了主動銷售餐券的服務，不僅滿足熟客的需求，成為免費宣傳，也實質帶進訂單，並拓展了全新的營收來源。

11-2-2 反向 O2O 行銷

隨著 O2O 迅速發展後，現在也越來越多企業採用**反向 O2O 通路模式**（Offline to Online），從實體通路（線下）連回線上，就是將上一節傳統的 O2O 模式做法反過來，消費者可透過在線下實際體驗後，透過 QR code 或是行動終端連結等方式，引導消費者到線上消費，並且在線上平台完成購買並支付，達到充分利用消費者的自助性與節省企業的人工交易成本。

反向 O2O 模式就是回歸了實體零售的本質，儘可能保持或提高消費者在傳統模式時的體驗，將消費者引導到線上，更容易傾聽消費者的反饋，讓再利用行動裝置線上消費，從而為消費者提供具有針對性的產品推薦，引導其進行二次消費，包括餐廳、咖啡館、酒吧、美容院、大賣場或者生活服務產業等都具有這樣的改變趨勢。

反向 O2O 回歸了零售的本質，將重點放在挖掘現有客戶的消費潛力，消費者透過實體的管道接觸商品，並在短時間內吸引實體客戶，例如南韓特易購（Tesco）的虛擬商店首次與三星合作，在地鐵內裝置了多面虛擬商店數位牆，當通勤族等車瀏覽架上商品時，透過 QR Code 或是行動終端連結等方式，就可以快快樂樂一邊等車、一邊購物，然後等宅配直接送貨到府即可。

🔸特易購的虛擬商店可以讓顧客一邊等車、一邊購物

11-2-3　ONO 行銷

在初期要成功把 O2O 模式做好並不容易，最好是起步時先做到線上與線下融合，也就是 ONO 模式。所謂 ONO（Online and Offline）模式，就是將線上網路商店與線下實體店面高度結合的共同經營模式，從而實現線上線下資源互通，雙邊的顧客也能彼此融合的一體化雙店經營模式。

由於大多數消費者對實體購物還是情有獨鍾，網路雖然方便，實體商店還是有電商完全沒有辦法提供的加值服務，除了擁有真人的服務與溫度，包括「即買即用」，「所見既所得」也是實體商店的一大優勢。例如阿里巴巴積極入股實體零售業大潤發，進一步打通線上線下的通路，實現品牌的全通路佈局，不但改善傳統門市的經營效率，更發展出顛覆實體零售的創新模式。

🟤 阿里巴巴與大潤發聯手全通路零售

 OIO（Online interacts with Offline）模式就是線上線下互動經營模式，近年電商業者陸續建立實體據點與體驗中心，即除了電商提供網購服務之外，並協助實體零售業者在既定的通路基礎上，可以給予消費者與商品面對面接觸，並且為消費者提供交貨或者送貨服務，彌補了電商平台經營服務的不足。

11-2-4　O2M/OMO 行銷

越來越多行動購物族群都是全通路消費者，電商面臨的消費者是一群全天候、全通路無所不在的消費客群，傳統 O2O 手段已無法滿足全通路快速的發展速度，

以往電商可能只要關注 PC 端用戶，但是現在更要關注行動端用戶。行動購物的熱潮更朝虛實整合 OMO（Online/Offline to Mobile）體驗發展，線上線下無縫整合的行銷體驗。

GOMAJI 經由 O2O 轉型成為吃喝玩樂券的 O2M 平台

O2M 是線下（Offline）與線上（Online）和行動端（Mobile）進行互動，或稱為 OMO（Offline Mobile Online），也就是 Online（線上）To Mobile（行動端）和 Offline（線下）To Mobile（行動端），並在行動端完成交易，與 O2O 不同，O2M 更強調的是行動端，線上與線下將隨時相互匯流，打造線上 - 行動 - 線下三位一體的全通路模式，形成實體店家、網路商城、與行動終端深入整合行銷，並在線下完成體驗與消費的新型交易模式。

行動科技的進步大幅推動了 OMO 模式的發展，從本質上講，O2M 是 O2O 的升級，想要邁向線上線下深度融合的 O2M 階段，兩者相輔相成，大大提升了消費者購物熱情以及用戶體驗。O2M 第一步落實的概念就是行動行銷，唯有透過不斷創新行動端行銷來吸引客戶，才能有效促進實體店面的業績與績效。例如台灣最大的網路書店「博客來」所推出的 App「博客來快找」，可以讓使用者在逛書店時，透過輸入關鍵字搜尋以及用「博客來快找」App 快速掃描書上的條碼，然後導引你在博客來網路上購買相同的書或將推薦閱讀的清單加入博客來的購物車，完成交易後，還會即時告知取貨時間與門市地點，並享受到更多折扣。

博客來快找還會幫忙搶實體書店客戶的訂單

所謂 OSO（Online Service Offline）模式並不是線上與線下的簡單組合，而是結合 O2O 模式與 B2C 的行動電商模式，把用戶服務納入進來的新型電商運營模式，即線上商城 + 直接服務 + 線下體驗。如果與 O2O 模式相比，OSO 模式的優勢特別增加了直接服務環節。

11-3 引爆網路行銷的創新趨勢

網路行銷已經成為所有產業必須面對的最大通路效應，這股「新眼球經濟」所締造的市場經濟效應，不僅改變大眾的日常，也將促使網路行銷這個行業跨大腳步往前邁進。由於現代消費者的喜好變動太快，選擇的通路也變得多元，行銷變成是一個必須超前部署的挑戰。企業的未來發展取決於能不斷為消費者創造更便利的行銷體驗：對於品牌行銷人員來說，即時掌握人們的數位消費行為，並在競爭對手之前趕上市場潮流，才是網路行銷的未來發展與創新趨勢。

11-3-1 擴增實境行銷

寶可夢（Pokemon Go）大概是行動行銷領域中熱門話題之一，每到平日夜晚，各大公園或街頭巷尾總能看到一群要抓怪物的玩家們，整個城市都是狩獵場，各種可愛的神奇寶貝活生生在現實世界中與玩家互動。精靈寶可夢遊戲是由任天堂公司所發行的結合智慧手機、GPS 功能及擴增實境（Augmented Reality, AR）的尋寶遊戲，其實本身仍然是一款手游。只不過比一般的手機遊戲游多了兩個屬性：定址服務（LBS）和擴增實境，也是一種從遊戲趣味出發，透過手機鏡頭來查看周遭的神奇寶貝，再動手捕抓，迅速帶起全球神奇寶貝迷抓寶的熱潮。

🫧 不分老少對抓寶都為之瘋狂

　　擴增實境是一種將虛擬影像與現實空間互動的技術，能夠把虛擬內容疊加在實體世界上，並讓兩者即時互動，也就是透過攝影機影像的位置及角度計算，在螢幕上讓真實環境中加入虛擬畫面，強調的不是要取代現實空間，而是在現實空間中添加一個虛擬物件，並且能夠即時產生互動。各位應該看過電影鋼鐵人在與敵人戰鬥時，頭盔裡會自動跑出敵人路徑與預估火力，就是一種 AR 技術的應用。

🫧 鋼鐵人電影中使用了許多擴增實境的技術

從寶可夢成功的運用擴增實境結合了遊戲與實體世界，進而增加消費者與品牌之間的粘著性，最後全面提高行銷效益的方法，大量啟動了 AR 在網路行銷上的應用風潮。目前 AR 運用在各產業間有著十分多元的型態，多數做為企業網路行銷的利器，包括讓用戶隨時隨地掃描與翻譯文字的 App、相片濾鏡，以及讓用戶實境試衣功能等，可以透過手機或其他連網設備，無所不在的抓取更多動態訊息，例如各位只要透過手勢操控，每個人都可以在試衣鏡前體會魔法般的試衣效果，盡情試穿所有中意的服裝。

透過 App 的智慧美妝鏡，素顏可以瞬間改變成神仙顏值

玩美移動公司推出的美妝 App，透過 AI 自動掃描臉部輪廓，檢測出人臉圖像的關鍵點，協助品牌消費者各項臉部特質，可根據消費者個人的臉部特徵與喜好來建議最適合的妝容與對應的產品，供使用者自由選擇，再與擴增實境（AR）結合，就能用手機鏡頭玩出不凡的美妝效果，同時收集消費者的大數據，包括臉型、膚色、皺紋等，期望透過預測使用者的偏好，建立商品推薦系統，同時收集消費者的大數據，包括臉型、膚色、皺紋等，再透過消費者所建立的數據，提供符合需求且個人化的美妝消費體驗與專屬的產品建議。

11-3-2　虛擬實境行銷

隨著**虛擬實境**（Virtual Reality Modeling Language, VRML）的軟硬體技術逐漸走向成熟，將為廣告和品牌行銷業者創造未來無限可能，從娛樂、遊戲、社交平台、電子商務到網路行銷，全球又再次掀起了虛擬實境相關產品的搶購熱潮，許多智慧型手機大廠 HTC、Sony、Samsung 等都積極推出新的虛擬實境裝置，創造出新的消費感受與可能的商業應用。

> 虛擬實境技術（Virtual Reality Modeling Language, VRML）是一種程式語法，主要是利用電腦模擬產生一個三度空間的虛擬世界，提供使用者關於視覺、聽覺、觸覺等感官的模擬世界，利用此種語法可以在網頁上建造出一個 3D 的立體模型與立體空間。VRML 最大特色在於其互動性與即時反應，可讓設計者或參觀者在電腦中獲得相同的感受，如同身處在真實世界一般，並且可以與 360 度全方位場景產生互動。

不同於 AR 為現有的真實環境增添趣味，VR 則是將用戶帶到全新的虛擬異想世界，享受沉浸式的異想互動體驗，用戶能在虛擬世界中聯繫互動，例如大夥一同觀看遊戲電競大賽，或是一起參加阿妹現場演唱會。我們知道網路商店與實體商店最大差別就是無法提供產品觸摸與逛街的真實體驗，未來虛擬實境更具備了顛覆電子商務市場的潛力，就是要以虛擬實境技術融入電子商場來完成線上交易功能，這種方法不僅可以增加使用者的互動性，改變了以往 2D 平面呈現方式，讓消費者有真實身歷其境的感覺，大大提升虛擬通路的購物體驗。

儘管網路購物日益普及，大部分消費者還是會希望在購買前親身試用產品，阿里巴巴旗下著名的購物網站

😎「Buy⁺」計畫引領未來虛擬實境購物體驗

淘寶網,將發揮其平台優勢,全面啟動「Buy⁺」計畫引領未來購物體驗,結合了網路購物的便利性,以及實體店面的真實感,向世人展示了利用虛擬實境技術改進消費體驗的構想,戴上連接感應器的 VR 眼鏡,直接感受在虛擬空間購物,帶給用戶身歷其境的體驗。不但能讓使用者進行互動以傳遞更多行動行銷資訊,還能增加消費者參與的互動和好感度,同時提升品牌的印象,為市場帶來無限商機,也優化了買家的購物體驗,進而提高用戶購買慾和商品出貨率,由此可見建立個性化的 VR 商店將成為未來消費者購物的新潮流。

11-3-3 元宇宙行銷

隨著互聯網、AI、AR、VR、3D 與 5G 技術的高度發展與到位,科幻小說家筆下的**元宇宙**(Metaverse)構想距離實現也越來越近。元宇宙的概念最早出自 Neal Stephenson 於 1992 年所著的科幻小說《潰雪》(Snow Crash)。在這個世界裡,用戶可以成為任何樣子,主要是形容在「集體虛擬共享空間」裡,每個人都在一個平等基礎上建立自己的虛擬化身(Avatar)及應用,透過這個化身在元宇宙裏面從事各種活動,例如可以工作、朋友相聚、看演唱會、看電影等,就和在真實世界中的生活一樣,只是在虛擬平行的宇宙中發生。談到元宇宙,多數人會直接聯想到電玩遊戲,因為目前元宇宙概念多從遊戲社群延伸,玩家不只玩遊戲本身,虛擬社交行為也很重要,不少角色扮演的社群遊戲已具元宇宙的雛形,讓虛擬世界與實體世界間那條界線更加模糊。

🔊 元宇宙可以看成是下一個世代的網際網路

圖片來源:https://reurl.cc/L7yErx

元宇宙可以看成是一個與真實世界互相連結、多人共享的虛擬世界，今天人們可以使用高端的穿戴式裝置進入元宇宙，而不是螢幕或鍵盤，並讓佩戴者看到自己走進各式各樣的 3D 虛擬世界，元宇宙能應用在任何實際的現實場景與在網路空間中越來越多元豐富發生的人事物。現在人們所理解的網際網路，未來也會進化成為元宇宙，Facebook Mark Zuckerberg 就曾表示「元宇宙就是下一世代的網際網路，並希望要將 Facebook 從社群平台轉型為 Metaverse 公司。」因為元宇宙是比現在的 Facebook 更能互動與優化你的真實世界，並且串聯不同虛擬世界的創新網際網路模式。

「一級玩家」電影劇情寫實地描繪了元宇宙的虛擬世界

圖片來源：https://reurl.cc/emRr4R

Vans 服飾與 ROBLOX 合力推出滑板主題的元宇宙世界－ Vans World 來行銷品牌

圖片來源：https://www.vans.com.hk/news/post/roblox-metaverse-vans-world.html

虛擬與現實世界間的界線日益模糊，已經是不可逆的趨勢，在元宇宙中可以跨越所有距離限制，完成現實中任何不可能達成的事，並且讓品牌與廣告提供足夠

好的使用者介面及如同混合實境（Mixed Reality）般真假難辨的沉浸式體驗感，因此也為電子商務與網路行銷領域帶來嶄新的契機。從網路時代跨入元宇宙時代的過程中，越來越多企業或品牌都正以元宇宙技術，來提供新服務、宣傳產品及吸引顧客，品牌與廣告主如果有興趣開啟元宇宙行銷，或者也想打造屬於自己的專屬行銷空間，未來可以思考讓品牌形象，高度融合品牌調性的完美體驗，透過賦予人們在虛擬數位世界中的無限表達能力，創造出能吸引消費者的元宇宙世界。

 混合實境（Mixed Reality）是一種介於 AR 與 VR 之間的綜合模式，打破真實與虛擬的界線，同時擷取 VR 與 AR 的優點，透過頭戴式顯示器將現實與虛擬世界的各種物件進行更多的結合與互動，產生全新的視覺化環境，並且能夠提供比 AR 更為具體的真實感，未來很有可能會是視覺應用相關技術的主流。

11-3-4 智慧家電行銷

隨著物聯網與人工智慧科技的發展，網路也開始從手機、平板的裝置滲透至我們生活的各個角落，民眾生活中常用的家電也和過去大不相同，「智慧家電」（Information Appliance）已然成為家家戶戶必備的設備之一。科技不只來自人性，更須適時回應人性，「智慧家電」是從電腦、通訊、消費性電子產品 3C 領域匯集而來，越來越多廠商推出各種標榜「智慧家庭」的裝置，未來將從符合人性智慧化操控，能夠讓智慧家電自主學習，並且結合雲端應用的發展，希望能讓使用者自此過著更便利的生活。各位在家透過智慧電視就可以上網隨選隨看影視節目，或是登入社交網路即時分享觀看的電視節目和心得，甚至於透過手機就可以遠端搖控家中的智慧家電。

🔵 掃地機器人是目前最夯的智慧家電

　　智慧家庭（Smart Home）堪稱是利用網際網路、物聯網、雲端運算、智慧終端裝置等新一代技術，智慧型手機成了促成物聯網發展的入門監控及遙控裝置，還可以將複雜的多個動作簡化為一個單純的按鈕、揮手動作，所有家電都會整合在智慧型家庭網路內，可以利用智慧手機 App，提供更為個人化的操控，甚至更進一步做到能源管理。例如家用洗衣機也可以直接連上網路，從手機 App 中進行設定，不但能控制洗衣流程，甚至用 LINE 和家電系統連線，馬上就知道現在冰箱庫存，就連人在國外，手機就能隔空遙控家電，輕鬆又省事，家中音響連上網，結合音樂串流平台，即時了解使用者聆聽習慣，推薦適合的音樂及網路行銷廣告。

　　便利一直是消費者最關心的議題，談到智慧家庭與消費之間的連動應用，可以透過每家每戶的智慧家庭平台各種裝置聯網的數據，掌握用戶即時狀態及習性，從使用情境出發，讓使用者有感，進一步用 AI 科技打造專屬自己的行銷利基市場，提供精準廣告或導購訊息來行銷產品。網路所串起的各項服務也能替當下情境提供回饋；其中記錄各種時間、使用頻率、用量及使用者習慣的特點也發展出了另一種行銷手法。例如聲寶公司首款智能冰箱，就具備食材管理、App 下載等多樣智慧

功能。只要使用者輸入每樣食材的保鮮日期，當食材快過期時，會自動發出提醒警示，未來若能透過網路連線，也可透過電子商務與網路行銷，讓使用者能直接下單採買食材。

11-3-5 網紅（KOL）行銷

越來越多的素人走上社群平台，虛擬社交圈更快速取代傳統銷售模式，為各式產品創造龐大的銷售網絡，網紅行銷可算是各大品牌近年最常使用的手法。過去民眾在社群軟體上所建立的人脈和信用，如今成為可以讓商品變現的行銷手法，不推銷東西的時候，平日是粉絲的朋友，做生意時搖身一變成為網路商品的代言人，而且可以向消費者傳達更多關於商品的評價和使用成效。所謂**網紅**（Internet Celebrity）就是經營社群網站來提升自己的知名度的網路名人，也稱為 KOL（Key Opinion Leader），能夠在特定專業領域對其粉絲或追隨者有發言權及重大影響力的人。這股由粉絲效應所衍生的現象，能夠迅速將個人魅力做為行銷訴求，利用自身優勢快速提升行銷有效性，充分展現了網紅文化的蓬勃發展。

🔊 網紅館長成功代言了許多運動相關產品

圖片來源：https://www.youtube.com/watch?v=fWFvxZM3y6g

網紅行銷（Internet Celebrity Marketing）並非是一種全新的行銷模式，就像過去品牌找名人代言，主要是透過與藝人結合，提升本身產品價值與銷售，例如過去的遊戲產業很喜歡用的代言人策略，每一套新遊戲總是要找個明星來代言，花大錢找當紅的明星代言，最大的好處是會保證有一定程度以上的曝光率，不過這樣的成本花費，也必須考量到預算與投資報酬率，相對於企業砸重金請明星代言，網紅的推薦甚至可以讓廠商業績翻倍，素人網紅似乎在目前的行動平台更具說服力，逐漸地取代過去以明星代言的行銷模式。

由於社群平台在現代消費過程中已扮演一個不可或缺的角色，隨著網紅經濟的快速風行，許多品牌選擇借助網紅來達到口碑行銷的效果，網紅通常在網路上擁有大量粉絲群，就像平常生活中的你我一樣，加上了與眾不同的獨特風格，很容易讓粉絲就產生共鳴，使得網紅成為人們生活中的流行指標。

🔴 阿滴跟滴妹國內是英語教學界的網紅

網紅行銷的興起對品牌來說是個絕佳的機會點，因為社群持續分眾化，現在的人是依照興趣或喜好而聚集，所關心或想看內容也會不同，網紅就代表著這些分眾社群的意見領袖，反而容易讓品牌迅速曝光，並找到精準的目標族群。他們可能意外地透過偶發事件爆紅，也可能經過長期的名聲累積，企業想將品牌延伸出網紅行銷效益，除了網紅必須在社群平台上有相當人氣外，還要能夠把個人品牌價值轉化為商業品牌價值，最好還能透過內容行銷來對粉絲產生深度影響，才足夠說服力帶動銷售成長。

🔊 搞笑的蔡阿嘎算是台灣網紅始祖

　　影響力在網路行銷趨勢中是重要的因素，很多品牌是靠 KOL 才會成功，因此也將更多的行銷預算用於與 KOL 合作，尤其是線上直播。例如遊戲直播主為業的網紅是目前在 YouTube 上最賺錢的操作模式之一，利用遊戲實況直播分享自己的操作心得和經驗，許多年收入超過億元台幣的世界級遊戲網紅都是靠這個起家。來自美國 26 歲的網紅遊戲實況主 Tyler Blevins，綽號叫「忍者（Ninja）」，他以遊戲《要塞英雄》（Fortnite）闖出名號，YouTube 頻道上有超過 1000 萬個追蹤者，他的影響力讓許多國際知名大廠都找他合作。

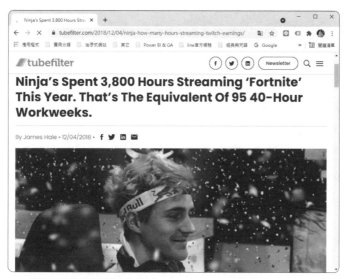

🔊 忍者也是遊戲直播平台 Twitch 上收入最高的 YouTuber

Twitch 遊戲社群最大特色就是直播自己打怪給別人欣賞，因此在全球遊戲類的流量中拔得頭籌，Twitch 非常重視玩家的參與感，功能包括提供平台供遊戲玩家進行個人直播及供電競賽事的直播，每個月全球有超過 1 億名社群成員使用該平台，有許多剛推出的新款遊戲，遊戲開發廠都會指定在 Twitch 上開直播，也提供聊天室讓觀眾們可以同步進行互動。

🟣 Twitch 是遊戲素人直播的最佳擂台

11-4 網路行銷的數據分析神器－Google Analytics

　　每種數位行銷工具都會產生屬於這個平台的數據，行銷人員必須要學習讀懂數據中隱藏的線索，習慣數據變化的頻率與原因，正如同鴻海郭台銘先生常說：「魔鬼就在細節裏！」。Google 所提供的 Google Analytics（GA）就是一套免費且功能強大的跨平台網路行銷流量分析工具，你可以使用這些數據找到潛在的問題和隱藏的事實，理解自家網站真正的優化成效，也稱得上是全方位監控網站與 App 完整功能的必備網站分析工具。GA 不僅能讓企業可以估算銷售量和轉換率，還能提供最新的

數據分析資料,包括網站流量、訪客來源、行銷活動成效、頁面拜訪次數、訪客回訪等,幫助客戶有效追蹤網站數據和訪客行為,也能反應行銷投入資源所產生的成效,有助於清楚掌握網站特點及行銷活動未來改進參考,是一種真正讓數據分析成為行銷策略的獲利好幫手。接下來我們將要告訴各位如何申請 Google Analytics 帳號與相關基本功能。

11-4-1　GA 的工作原理

Google Analytics 網站分析主要是用網頁標記(Page tags)的追蹤技術進行資料收集,我們可以將這串程式碼置於網站中的每一網頁,如此一來當使用者連上這個網站時,使用者的瀏覽器就會載入 Google Analytics 的追蹤碼(Google Analytics Tracking Code),這組追蹤碼會追蹤到訪客在每一頁上所進行的行為,並將資料送到 Google Analytics 資料庫,最後在 Google Analytics 以各種類型的報表呈現。下圖就是追蹤程式碼的過程,請複製這段程式碼,並在您想追蹤的每一個網頁上,於 <HEAD> 中當作第一個項目貼上,就可以像 CCTV(監視器)一樣,追蹤到訪客在網頁上的行為。

各位了解 GA 背後運行原理後,我們知道,要追蹤使用者的瀏覽行為,必須該位使用者所使用的瀏覽器支援 JavaScript 才可以,大部份主流的瀏覽器都支援 JavaScript 語法。以 Chrome 瀏覽器為例,如果要關閉解譯 JavaScript,請在瀏覽器網址列右側

按「自訂及管理 Google Chrome」⋮鈕，可以參考下圖的設定位置，就可以將 JavaScript 從「已允許」變更成「已封鎖」：

🌐 「設定 / 隱私權和安全性 / 網站設定 / 內容 /JavaScript」視窗

事實上，如果在網站安裝 GA 的追蹤碼，在預設的情況下就會提供許多實用的指標及有價值的資訊，例如包括網站流量、訪客來源、行銷活動成效、頁面拜訪次數、訪客回訪⋯等，這些資訊不需要事先規劃就可以在 GA 提供的多種報表中找到這些寶貴的資訊。

如果想知道使用者在網站中對某一特定文章的超連結是否有點擊，必須事先規劃追蹤這一個使用者行為，GA 才可以依據使用者所自訂的報表，來提供規劃有價值的資訊。

11-4-2 申請 Google Analytics

想要取得 Google Analytics 來幫忙分析網站流量與各種數據，只要三個簡易的步驟即可：

① 申請 Google Analytic
② 將追蹤程式碼依指定方式貼入網頁
③ 解讀 Google Analytic 追蹤網頁所收集相關統計資訊

接下來就開始示範如何申請 Google Analytics 帳號：

STEP 1 請先自行申請一個 Gmail 帳號後，接著在 Google 搜尋引擎頁面，並於右上角按下「登入」。

以 Gmail 帳戶進行登入後，輸入 https://analytics.google.com 網址，連上 Google Analytics 官方網頁。在官方網站中說明了只要 3 個步驟就能開始分析網站流量，請點選網頁右方的「申請」鈕：

STEP 2 設定所要追蹤的項目：網站或行動應用程式，其中的帳戶名稱、網站名稱及網址都是必須填寫的項目。請在下圖中先填入帳戶名稱：

接著將網頁的頁面往下移動，再按「下一步」鈕：

此處點選「網頁」評估您的網站，再按「下一步」鈕：

STEP 3 再於下圖的「資源設定」處填入網站名稱及網站網址。

STEP 4 按下「建立」鈕後，請勾選 Google Analytics（分析）服務條款，並按「我接受」鈕。

STEP 5 接著就可以產生追蹤 ID，請將下圖中的 Google Analytics（分析）追蹤程式碼複製下來。

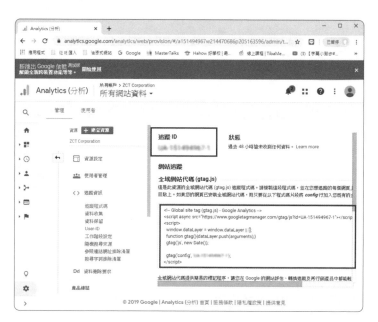

STEP 6 請把這段程式碼放到要進行追蹤網站的頁面中，作法是將複製的程式碼貼在要追蹤網站的原始程式碼的 **</head>** 前，如下圖所示，完成追蹤該網頁的設定工作。

```
<!-- Global site tag (gtag.js) - Google Analytics -->
<script async src="https://www.googletagmanager.com/gtag/js?id=UA-151494967-1"></script>
<script>
 window.dataLayer = window.dataLayer || [];
 function gtag(){dataLayer.push(arguments);}
 gtag('js', new Date());

 gtag('config', UA-151494967-1);
</script>

</head>
```

STEP 7 經過一些時間的收集後，就可以在 Google Analytics（分析）查看網站流量、訪客來源…等訪客在網站上的活動統計資訊。

11-4-3　GA 基本設定功能

接著將簡單介紹如何進行帳戶名稱的修正及如何查看追蹤 ID 及追蹤程式碼的內容，這些功能設定被安排在 GA 左下角的「管理」功能。

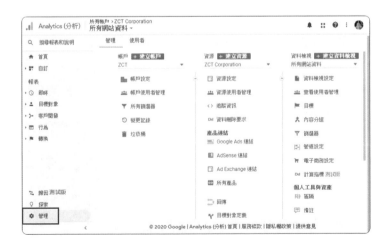

要進行帳戶名稱的修改,請於上圖中按下「帳戶設定」鈕,會出現如下圖的帳戶設定視窗外觀,可以在此修改帳戶名稱及進行資料共用的設定,我們知道使用 Google Analytics 所收集、處理和儲存的資料,Google Analytics 將會以安全隱密的方式保管。此處的資料共用選項可讓您進一步掌控資料的共用方式。

如果要查看追蹤 ID 及追蹤程式碼的內容,則請於「管理」頁面中的「資源」設定區段的「追蹤資訊」底下的「追蹤程式碼」,如下圖所示:

按下「追蹤程式碼」就可以看到自己的追蹤 ID 及此資源的全域網站代碼（gtag. js）追蹤程式碼。各位只要複製這段程式碼，並在您想追蹤的每一個網頁上，於 <HEAD> 中當作第一個項目貼上。

11-5 　GA 常見功能與專有名詞說明

Google Analytics 的功能主要有**資料收集**與**資料分析**兩大功能，其中資料收集工作除了有必要了解資料收集的運作原理外，對於資料收集的基本設定，也會影響 Google Analytics 收集資料的運作方式。至於資料分析也是網站分析師必備的另一項技能。我們可以在 Google Analytics 中選擇檢視所需的報表，也可以在報表中自訂各種類型的圖表，諸如橫條圖、區域圖、訪客分佈圖…等。下圖則是報表類型為「訪客分佈圖」的設定，「訪客分佈圖」是在世的區域和國家 / 地區以深色標示，可代表流量和互動量。

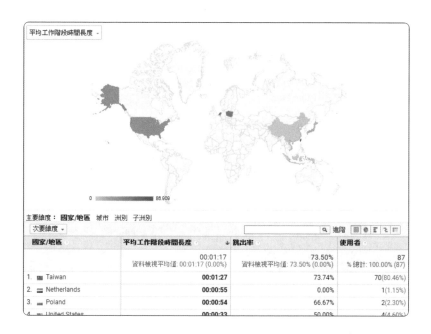

例如當準備解讀 Google Analytics 資料之前,請先設定好所要設定的「目標」報表,這可以讓各位在最短時間內了解自己所需要的後台數據,才能真正找出藏在數據背後的問題,讓你的行銷成本花在刀口上。

首先來看如何搜尋報表,例如可以在 Google Analytics 左側看到「搜尋報表及說明」,這個地方可以輸入所要搜尋的關鍵字,網頁就會列出與該關鍵字相關的報表,輸入「流量」,可以輕易查詢與「流量」有關的報表種類:

點選上圖中「流量來源」，就可以馬上看到流量來源的報表功能說明，如下圖所示：

在 Google Analytics 首頁的左側功能區有一個「自訂」可以讓各位輕鬆製作出一張客製化最符合你需求的數據報表：

接下來在使用 Google Analytics 分析之前，了解幾個經常出現的專有名詞，這樣對於 GA 的運用上相信會更加左右逢源。

11-5-1　維度與指標

Google Analytics 中呈現的報表都是由「維度」和「指標」來標示，以及兩者比對後的圖形化資料所構成，要看懂 Google Analytics 的報表就要先理解每個維度與指

標代表的意義。Google Analytics 報表中所有的可觀察項目都稱為「維度」，例如訪客的特徵：這位訪客是來自哪一個國家 / 地區，或是這位訪客是使用哪一種語言等等。

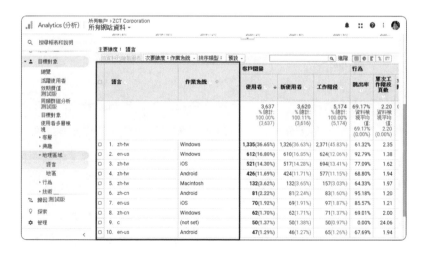

通常除了「主要維度」外，也可以進一步設定「次要維度」，例如不同語言維度中又過濾出使用不同的作業系統，如下圖所示：

至於「指標」就是觀察項目量化後的數據，也就是進一步觀察該訪客的相關細節，這是資料的量化評估方式。舉例來說，「語言」維度可連結「使用者」等指標，在報表中就可以觀察到特定語言所有使用者人數的總計值或比率。例如在「來源 /

媒介」的維度中可以細節觀察的指標相當多，例如使用者、新使用者、工作階段、跳出率、目標轉換率、畫面瀏覽量、單次工作階段頁數和平均工作階段時間長度…等，如下圖所示：

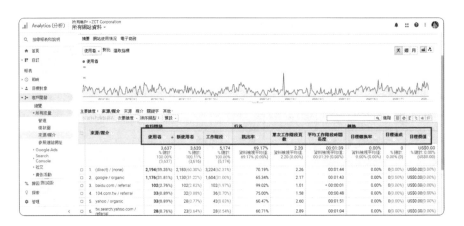

報表是以維度來區分出訪客的特徵，再細項進去觀察各種不同的指標情況，在 Google Analytics 中提供許多種維度與指標供各位選用，並可以組合出所想要觀察的報表，我們將針對幾個較常使用的指標為各位進行介紹。

11-5-2　工作階段

工作階段所代表的意義是指定的一段時間範圍內在網站上發生的多項使用者互動事件；舉例來說，一個工作階段可能包含多個網頁瀏覽、滑鼠點擊事件、社群媒體連結和金流交易。當一個工作階段的結束，可能就代表另一個工作階段的開始，一位使用者也可開啟多個工作階段。

這些工作階段可能在同一天內發生，也可以分散在一段時間區間中。工作階段的結束方式有兩種：一種是根據時間決定何時結束，例如：閒置 30 分鐘後或當天午夜後就結束前一個工作階段，並進入另一個新的工作階段。預設一個工作階段會在閒置 30 分鐘後結束，但您可以調整閒置時間的長度，短至數秒、長至數小時都可以。我們可以在「管理 / 資源」底下設定工作階段逾時的時間設定：

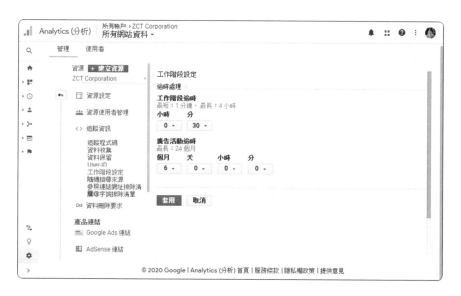

另一種工作階段結束的方式則是變更廣告活動，使用者透過某廣告活動連到網站，然後在離開之後又經由另一個廣告活動回到該網站。舉例來說，在進行網頁的瀏覽過程，如果看到一個新的廣告活動，這種情況下就會結束舊的工作階段，並重新開始計算為一個新的工作階段，即使這個網頁互動沒有超過工作階段逾時的時間設定預設值 30 分，只要廣告活動的來源不同，就會造成兩個工作階段。這裡要特別補充說明的是 Google Analytics 預設會在晚上 11:59:59 秒讓所有工作階段逾時，並開始新的工作階段，也就是說，如果使用者的瀏覽行為跨午夜，就會被計算為兩個工作階段。

11-5-3 平均工作階段時間長度

「平均工作階段時間長度」是指所有工作階段的總時間長度（秒）除以工作階段總數所求得的數值。在計算平均工作階段時間長度時，Google Analytics 會自行加總指定日期範圍內每一個工作階段的時間長度，然後再除以工作階段總數。例如：

總工作階段時間長度：500 分鐘（30,000 秒）

工作階段總數：20

平均工作階段時間長度：500/20=25 分鐘（1500 秒）

在「客戶開發 > 所有流量 > 來源 / 媒介」的報表中就可以看到「平均工作階段時間長度」指標：

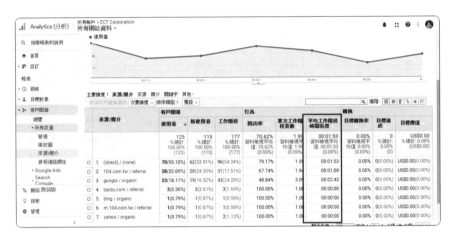

11-5-4　使用者

使用者指標是用識別使用者的方式，所謂使用者通常指同一個人，「使用者」指標會顯示與所追蹤的網站互動的使用者人數。例如使用者 A 使用「同一部電腦的相同瀏覽器」在一個禮拜內拜訪了網站 5 次，並造成了 12 次工作階段，這種情況就會被 Google Analytics 記錄為 1 位使用者、12 次工作階段。Google Analytics 之所以能判斷出是同一位使用者，主要原因是當這位使用者第一次造訪網站時，Google Analytics 所獨有的追蹤技術就會在使用者的瀏覽器中寫入一組 Cookie，這組 Cookie 所記錄的資訊中包括了能夠代表使用者的一組編號，藉由「使用者編號」是否相同就可以判斷出是否為同一位使用者。

當下次同一組相同「使用者編號」的使用者造訪網站所造成的工作階段，在 Google Analytics 就會認定為同一位使用者。下圖中以 Chrome 瀏覽器為例，可在 Chrome 瀏覽器的「設定」頁面的 Cookie 資料裡找到被 Google Analytics 追蹤程式碼寫入瀏覽器 Cookie 中的使用者編號。

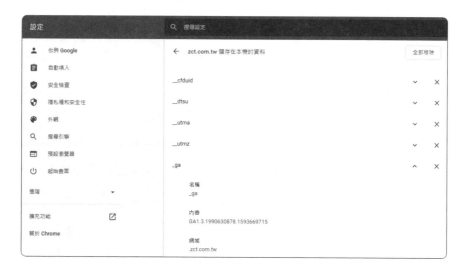

各位如果有稍微留意,應該有注意到我們刻意強調「同一部電腦的相同瀏覽器」,這是因為如果使用不同的瀏覽器或使用不同裝置的瀏覽器,因為 Cookie 是被儲存在瀏覽器中,因此對 Google Analytics 而言,如果在第二次以後的網站造訪是改用不同的裝置或瀏覽器,就會被重新分配一組使用者編號,這種情況下就會被 Google Analytics 判定為不同的使用者。

11-5-5 到達網頁 / 離開網頁

到達網頁是指使用者拜訪網站的第一個網頁,這一個網頁不一定是該網站的首頁,只要是網站內所有的網頁都可能是到達網頁。而離開網頁是指於使用者工作階段中最後一個瀏覽的網頁。例如我們在一個工作階段中瀏覽了 4 個網頁,如下所示:

網頁 1> 網頁 2> 網頁 3> 網頁 4> 離開

則網頁 1 為到達網頁,網頁 4 為離開網頁。

11-5-6　跳出率

所謂「跳出」是指使用者進入到所追蹤的網站，但並沒有再造訪網站中其他的網頁就離開網站，也就是說只造訪一個網頁就離開網站，「跳出率」的計算方式就是指只拜訪一個網頁就跳出網站所占的比例。又或可以指在您網站上的所有工作階段中，使用者只瀏覽一個網頁所占的百分比。從觀察網站中所有網頁跳出率的高低就可以判定哪些網頁有優化改善的空間。至於有哪些報表可以讓網站管理者來了解各個層面的跳出率，例如：「目標對象總覽」報表提供您網站的整體跳出率。

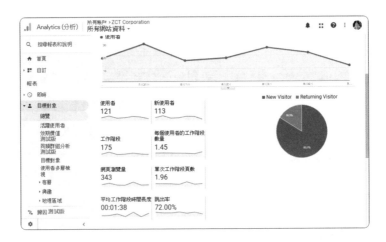

另外在「所有網頁」報表提供每一個網頁的跳出率。

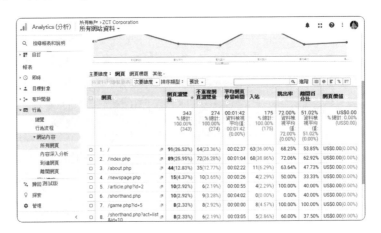

又例如「管道」報表提供每一個管道分組的跳出率。「所有流量」報表提供每一個來源 / 媒介組合的跳出率。如果您的整體跳出率偏高，就必須仔細找出到底是哪幾個網頁或哪幾個管道有這種現象，如此才可以對症下藥，針對需要優化改善的網頁或管道著手改進，以降低跳出率。

11-5-7 離開率

離開率是指使用者瀏覽網站的過程中，訪客離開網站的最終網頁的機率。也就是說，離開率是計算網站多個網頁中的每一個網頁是訪客離開這個網站的最後一個網頁的比率。或是可以說「離開率」是網頁成為工作階段中「最後」的百分比。

如果想進一步比較某個網頁「離開率」與「跳出率」的不同，我們可以用一個簡單的例子來說明最後一點。假設您的網站有網頁 1 到 4，每天只有一個工作階段，探討網站上每天都只有單一工作階段的連續幾天內，「離開率」和「跳出率」指標的意義。

4 月 1 日：網頁 1> 網頁 2> 網頁 3> 網頁 4> 離開

4 月 2 日：網頁 4> 離開

4 月 3 日：網頁 1> 網頁 3> 網頁 4> 網頁 2> 離開

4 月 4 日：網頁 4> 網頁 3> 離開

4 月 5 日：網頁 2> 網頁 4> 網頁 3> 網頁 1> 離開

「離開百分比」和「跳出率」的計算如下：

- **離開率：**

網頁 1：33%（有 3 個工作階段包含網頁 1，有 1 個工作階段從網頁 1 離開）

網頁 2：33%（有 3 個工作階段包含網頁 2，有 1 個工作階段從網頁 2 離開）

網頁 3：25%（有 4 個工作階段包含網頁 3，有 1 個工作階段從網頁 3 離開）

網頁 4：50%（有 5 個工作階段包含網頁 4，有 2 個工作階段從網頁 4 離開）

- 跳出率：

網頁 1：0%（有 2 個工作階段由網頁 1 開始，但沒有單頁工作階段，因此沒有「跳出率」）

網頁 2：0%（有 1 個工作階段由網頁 2 開始，但沒有單頁工作階段，因此沒有「跳出率」）

網頁 3：0%（有 0 個工作階段由網頁 3 開始）

網頁 4：50%（有 2 個工作階段由網頁 4 開始，但有一個單頁跳離，因此「跳出率」為 50%）

11-5-8　目標轉換率

目標轉換率就是將轉換目標的各個階段區分清楚，計算每一個階段從起始的用戶數到達成目標用戶數的比例。例如我們設定進入購物車網頁為轉換目標時，如果來訪的訪客中有 1,000 位，但其中會有 250 位訪客會進入購物車網站，則我們可以稱目標轉換率 25%。

11-5-9　瀏覽量 / 不重複瀏覽量

網頁瀏覽量是指在瀏覽器中載入某個網頁的次數，如果使用者在進入網頁後按下重新載入按鈕，就算是另一次網頁瀏覽。簡單來說就是瀏覽的總網頁數。如果以 Google Analytics 所植入的追蹤程式碼判斷原則，只要一進入網站的其中一個網頁，瀏覽量的次數就會加 1，當使用者逛到其他網頁，又回訪之前的網頁，也會算成另一

次網頁瀏覽。至於「不重複瀏覽量」(Unique Page View)是指同一位使用者在同一個工作階段中產生的網頁瀏覽,也代表該網頁獲得至少一次瀏覽的工作階段數(或稱拜訪次數)。

11-5-10　平均網頁停留時間

最後有關網頁停留時間的說明,在 Google Analytics 網站分析報表中有很多表格都會看到「平均網頁停留時間」這項指標,例如「行為 > 網站內容 > 內容深入分析」報表中就可以看到平均網頁停留時間相關數據。如下圖所示:

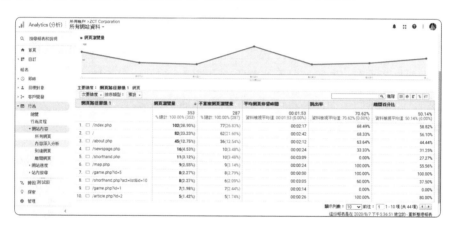

另外在 Google Analytics 說明中心也有提出平均停留時間計算公式如下:

總造訪停留時間:1000 分鐘

總造訪次數:100 次

平均造訪停留時間:1000/100=10 分鐘

11-6 認識常用報表

各位可以在 Google Analytics 左側看到各種報表分類,包括:「目標對象」、「客戶開發」、「行為」、「轉換」等,依據報表的特性,各位只要按幾下就能決定要查看的資料並自訂報表,每一種報表除了總覽功能外,還會細分出該報表分類下的不同細項報表,只要點選每一個頁面的最上方,就會有該頁使用說明或是影片的輔助說明,協助各位從網路行銷者的角度來看最重要的報表功能。

Google Analytics 在預設環境下提供超過 100 種報表,不同類型的報表分別提供不同的數據洞察力,包括:受眾分析、流量來源、使用者行為、使用者轉換數據等四個維度的數據,以提供各位使用者不同的洞察力。使用 Google Analytics 前,有必要摘要理解這些報表的意義,以下將摘要說明這四大類型報表的功能。

11-6-1 目標對象報表

目標對象報表的重點在於提供訪客的相關資訊,也是登入 Google Analytics 最先出現的預設報表。網路上我們並沒有辦法直接與訪客面對面接觸,除了個人資料外,目標對象報表能讓我們更清楚了解目標客群的特徵,目標對象所提供的資訊包括:訪客的所在地、訪客的性別、年齡層、興趣、訪客在網頁上的停留時間和瀏覽數、訪客使用的裝置、國家 / 地區、作業系統、行動裝置、平板,或是桌機等:

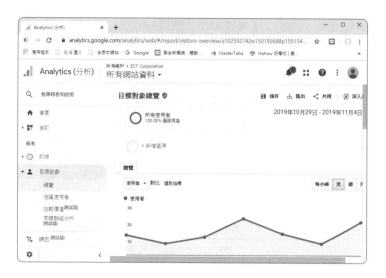

在「目標對象」底下的「行動裝置」報表可以看到訪客所使用的手機品牌、規格型號和作業系統、服務供應商、輸入選擇工具等等，可以做為行動版的開發規格與客群的相關參考依據：

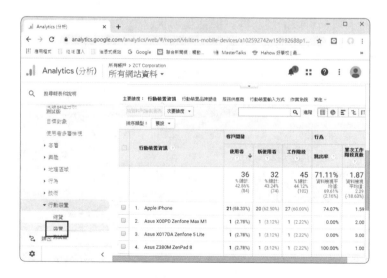

「效期價值」項目則可以評估訪客是從各種管道、來源、媒介所帶來的效期價值（Lifetime Value），最多可以查看 90 天的數據，並且快速比較不同類型流量價值，透過趨勢研究進而分析網站與行銷活動的經營現況。

另外「客層」和「興趣」項目提供了「總覽」報表,「客層」可以看到瀏覽訪客的使用者年齡區間、性別,「興趣」可以看到他們可能在 Google Cookie 中留下的資訊,「地理區域」可以看到瀏覽者所在的位置以及使用的語言等。

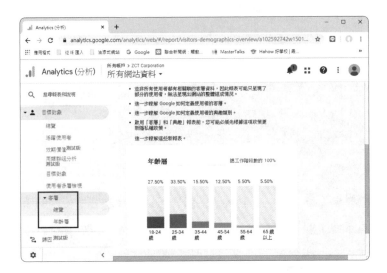

在「行為」項目可以清楚訪客與網站互動狀況,例如使用者是網站的新訪客或回訪者、這些訪客瀏覽你的網站頻率、回流頻率以及主動參與的程度,而在「技術」中可以看到訪客使用的瀏覽器、作業系統、螢幕解析度等資訊。

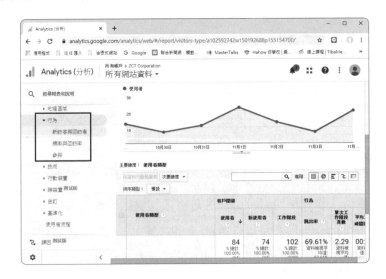

如果各位希望可以更清楚忠實訪客的行為，可以回到目標對象點開來的「使用者多層檢視」中，以不同的篩選條件篩選，找到該使用者的使用習慣和行為，例如交易次數最多、平均工作階段時間長度最長等：

11-6-2　客戶開發報表

客戶開發報表的重點在於告訴你訪客來源，可以了解不同來源的流量數據與工作階段，還能在不同的流量來源中，做到最好的資源配置，當然也能提供網站上最受歡迎的活動數據，分析行銷活動成效與執行行銷活動最佳化，跟「目標對象」下的「總覽」報表不同之處，還可以進一步看到訪客做了什麼樣的搜尋。

「所有流量」項目中則可以看到管道、樹狀圖、來源 / 媒介、參照連結網址四個報表，「來源 / 媒介」項目可以進一步看到使用者進入管道的細節，流量來源將會以來源、媒介這兩個維度呈現。例如流量來自哪個網域、CPC 廣告造訪的流量、反向連結流量、瀏覽 Facebook 時的文章或是透過自然搜尋的方式連上你的網站。當各位舉辦商品促銷活動，還可以交叉比較數個不同管道的活動宣傳或行銷成效，並能判斷出在哪些特定管道，哪一種行銷活動的成效最好。

報表中的廣告活動詳情可依自己的需求提供更深入的資訊，例如顯示特定橫幅廣告的成效，或是追蹤到哪一封郵件最能吸引顧客瀏覽網頁、行銷郵件中有哪些連結客戶最感興趣，點擊率最高。

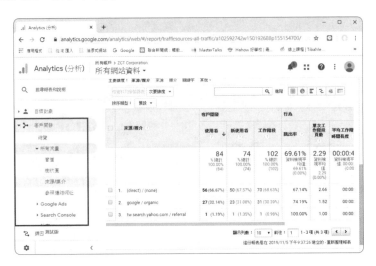

如果各位的網站有使用 Google 關鍵字廣告，還可以將 Google Adwords 帳戶與 Google Analytics 帳號連結起來，「Adwords」項目中可以看到訪客的點擊、廣告的花費、流量的工作階段以及不同關鍵字的流量。至於 Search Console 是一種搜尋的優化工具，可以檢測你的網站對於搜尋引擎的友好程度與熱門關鍵字。

「社交」項目內主要提供社群網站的流量資訊，有關社群活動的行為也會被記錄在這裡，例如 Facebook 帶給你的流量、按讚或分享數、討論情況等等，可以做為各個社群平台的資料分析工具。

11-6-3　行為報表

行為報表主要觀察訪客在網站上的活動資訊，可以看到訪客在你的網站上行為流程，方便了解網站內容跟訪客的互動關係，細節還包括瀏覽哪些內容、是否第一次造訪、重複瀏覽的訪客、網頁內容分析、讀取網站的速度、最常被瀏覽的頁面、使用者連結的管道、瀏覽網站頻率、回流的頻率等。

例如「網站內容」可以看出哪些是網站中最受歡迎的內容與平均停留時間、跳出率等互動指標。「網站速度」可以看到在人們常看的網頁中，哪些網頁的載入時間太慢，網頁的操作時間及使用者的平均網頁載入時間的速度建議。

透過「站內搜尋」觀察，則可以更理解訪客的需求與意向，例如對哪些主題有興趣？哪些主題的關鍵字比較熱門？或對哪些操作或產品想進一步了解，哪些是熱門搜尋的關鍵字等，也能日後藉此優化站內搜尋的功能，透過這些資訊，可以協助找出是什麼原因讓網頁載入的時間過長，來幫助各位對不同的網頁內容進行優化的工作。

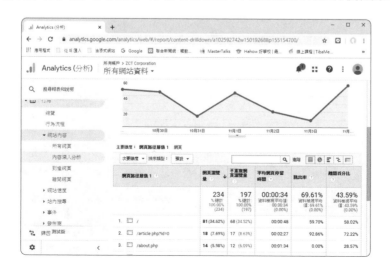

11-6-4　轉換報表

轉換報表主要告訴你哪些訪客有可能成為潛在客戶或消費顧客，能幫助你做好轉換優化（Conversion Rate Optimization, CRO）的工作，轉換率就是將這些轉換訪客的比例算出來，CRO 則是藉由讓網站內容優化來提高轉換率，達到以最低的成本得到最高的投資報酬率。

例如轉換報表中「電子商務」會提供產品業績、銷售業績、交易次數等資訊，除了電子商務報表外，在轉換報表分類下也另外收錄「多管道程序」以及「歸因」兩項報表。「多管道程序」會顯示造成轉換的行銷活動中有哪些重疊的部分與根據訪客造訪的來源觀察轉換情況，「歸因」是觀察訪客每次造訪所透過的來源，可藉由設定各個重疊的廣告活動帶來的實際金錢利益。

1. 網路行銷有哪三大衡量指標？

2. 請簡述「虛擬實境技術」（VRML）與其特色。

3. 請舉出兩種 KPI 來代表網路行銷的人氣指標。

4. 請簡介「擴增實境」（AR）。

5. 請簡介「離線商務模式」（O2O）與優點。

6. 請簡介即時報表的功用。

7. 何謂「智慧家電」（Information Appliance）？

8. 請簡述反向 O2O 模式。

9. 何謂 ONO（Online and Offline）模式？

10. 試說明 OMO（Offline Mobile Online）。

11. 零售 4.0 與全通路（Omni-Channel）是什麼概念，請簡單說明。

12. 網紅行銷到底是什麼？

13. 請簡介 Google Analytics（GA）。

14. 想要取得 Google Analytics 來幫忙分析網站流量與各種數據，需要哪三個步驟？

15. 當準備解讀 GA 資料之前，必須先設定好所要設定的哪一種報表？

16. 在「行動裝置」報表可以看到有哪些資訊？

17. 「客層」與「興趣」提供了哪些資訊？

18. 在「行為」項目可以清楚訪客與網站互動狀況，例如有哪些訊息？

MEMO

12
CHAPTER

地表最強的專案企劃

打造集客瘋潮的
遊戲產品行銷

⊙ 遊戲產品行銷簡介
⊙ 遊戲行銷角色與任務

　　相信「玩遊戲」這個念頭一直存在各位的腦海中打轉。娛樂畢竟仍然是人類物質生活最大享受，即使在那種堪稱遊戲發展初期的蠻荒歲月，確實也誕生出不少如大金剛、超級瑪莉兄弟等等充滿古早味，但又膾炙人口的經典名作。在網路高速發展的全民娛樂年代，追求更多日常生活樂趣成為不可或缺的消費主軸，今天的遊戲產業已經從「小孩不讀書，只會打電動」的負面形象，提升到創造「電競運動」的新興主流產業。電子競技近年來風靡全球，正帶來全新的娛樂型態，打電動不再被爸媽說是不學無術，專業電競手的身價更是水漲船高，年薪甚至超越知名影星。

●現在年輕人打電動也能出人頭地

●星海爭霸的成功帶動了電競類遊戲的起飛

TIPS

　　所謂電競運動，就是利用電子設備（電腦、手機、遊戲主機、街機）作為運動器械進行的比賽模式，就是電子遊戲比賽打到「競技」層面的活動，性質和傳統球賽是相似的，選手和隊伍的操作都是透過電子系統人機互動介面來實現，操作上強調人與人之間的智力與反應對抗運動，也就是只要玩家能連線對戰與分出勝負結果，或者透過網路直接連線的手機遊戲，都可以算是電競比賽。

　　現代遊戲業變化非常快速、產品類型也多，從最早的單機遊戲、線上遊戲、到近年的網頁遊戲、社交遊戲、電競遊戲等，很快現在手機遊戲又造成一股狂熱，更令全球遊戲市場產生重大變化。在這個凡事都需要網路行銷的時代裏，遊戲行銷最能看出從傳統行銷到網路行銷之間的改變與創新。

線上遊戲與手機遊戲已成為主流的遊戲平台

隨著網路已成為現代商業交易的潮流及趨勢，交易金額及數量不斷上升，遊戲交易與行銷的方式也做了結構性改變，例如台灣也通過了第三方支付專法，由具有實力及公信力的「第三方」設立公開平台，做為銀行、商家及消費者間的服務管道模式孕育而生，這樣的作法讓玩家可以直接在遊戲官網輕鬆使用第三方支付收款服務。

歐付寶 AllPay 是國內第一家專營第三方支付的機構

線上交易規模不斷擴大，將便利超商的通路行為，導引到線上支付，有效改善遊戲付費體驗，對遊戲業者點數卡的銷售通路造成結構性改變，過去業者透過傳統實體通路會被抽 30% 至 40% 的手續費用，改採第三方支付可降至 10% 以下，這對於遊戲公司的獲利能力，更有機會大幅提升，對遊戲產業的生態也產生巨大的變化。對於遊戲產品而言，網路所帶來行銷方式的轉變必須更即時符合人們的習慣與喜好，努力做到讓遊戲行銷更貼近玩家的行為，因此如何制定一個好的行銷策略對遊戲商業模式的成功更是至關重要。

12-1 遊戲產品行銷簡介

行銷策略最簡單的定義就是在有限的企業資源條件下，充分分配資源於各種行銷活動，雖然賣得產品都是遊戲，就行銷面而言，需要的基本能力與方法都是大同小異，但仍要隨時與時俱進的掌握市場的變化。遊戲行銷方式必須著重理論與實務兼備，找到快速將遊戲產品融入市場的方法，進而激發玩家更多購買的動力。遊戲行銷的方法也有流行期，特別在網路行銷的時代，各種新的行銷工具及手法不斷推陳出新，4P 行銷組合要互相搭配，才能讓遊戲行銷活動達到最佳效果。

12-1-1 產品因素

隨著市場及遊戲行為的改變，產品策略主要在研究新產品開發與改良，包括了產品組合、功能、包裝、風格、品質、附加服務等。遊戲市場競爭一直都很激烈，但是市場也慢慢趨向飽和，加上同類型的產品過多，所以要如何突顯自家的產品相對上困難許多，把遊戲當作一個產品，在基本行銷理論上都是相同，首先必須要訂出明確的定位與目標。

當行銷人員開始要行銷一款新遊戲時,第一步就是要了解這款遊戲的特性,對遊戲的熟悉度一定得要自己花時間好好去玩。所謂花時間玩遊戲,對遊戲的操作等級要達到一定的程度以上,接著配合對市場的了解,進行「競品分析」過程,找出同質性高的競爭對手,接著對產品做精準的分眾行銷,不同遊戲類型有不同產品策略,一旦確定了目標客群是什麼樣的年齡,什麼樣特徵的玩家族群,接下來就要思考運用什麼行銷工具去觸及到這些人,這樣才能更快打進這款遊戲的目標族群。

12-1-2　通路因素

　　遊戲通路是介於遊戲商與玩家間的行銷中介單位所構成,不論實體或虛擬店面,只要是撮合遊戲與玩家交易的地方,都屬於通路範疇。目前遊戲開發商採實體與虛擬通路並進的方式,除了傳統套裝遊戲的通路外,包含便利商店、一般商店、電信據點、大型賣場、3C賣場、各類書局、網咖等通路,同時也建立網路與行動平台的通路。

　　傳統上便利商店是玩家主要購買遊戲或相關產品的最大通路,所以大多數遊戲產品一定會優先選擇在便利商店鋪貨。例如早期遊戲橘子成功以單機板模擬經營遊戲《便利商店》熱賣,就是運用 7-11 通路讓產品大量曝光的成功案例。在遊戲開發商與通路商的拉鋸戰中,通路商始終處於強勢的一方,不過在各國遊戲業者紛紛朝向全球化經營的趨勢下,通路商的優勢不再,而是更強調網路行銷與在地推廣雙效合一。例如行動裝置成就智慧型手機發展新趨勢,更帶動手機遊戲的快速竄起,透過 App Store、Google Play 的開放平台,手遊已成功打破區域藩籬的限制。

12-1-3　價格因素

　　過去因遊戲產品的種類較少,一款遊戲只要本身夠好玩,自然就會大賣,然而在現代競爭激烈的全球市場中,提供類似產品的公司絕對不只一家,顧客可選擇對

象增多了，影響遊戲廠商存活的一個重要因素就是價格策略，消費者為達到某些效益而付出的成本和公司的定價有相當大關係。價格策略往往是唯一不花錢的關鍵行銷因素。

在靠著網路宅經濟旋風下，全球遊戲產業的產值年年突破預期，並且帶動通訊產業需求成長，不過不少想要切入市場的新遊戲，都將「收費」視為生死存亡的關鍵。通常遊戲廠商會採取參考競爭者定價策略，例如做線上遊戲行銷還有另一項與一般商品不同的經驗，那就是開台封測的瞬間就知道這款遊戲紅不紅，你可以立即感受到消費者的反應，因此目前許多線上遊戲初期都會玩遊戲免費的行銷策略，希望能在最短時間內吸收會員人數，但經常在正式收費後往往就會失去大量的玩家。

不論是網頁遊戲、線上遊戲還是手機遊戲，現在主流遊戲走的都是「Free to play」的免費路線，「免費行銷」就是透過免費提供產品或者服務，來達成破壞性創新後的市場目標，目的是希望極小化玩家轉移到自家遊戲的移轉成本，來增加未來消費的可能性。

例如憤怒鳥遊戲就是一款免費下載的遊戲，先讓玩家沉浸在免費內容中，再讓想玩下去的玩家掏腰包購買完整版或是升級為 VIP，不過沒有穩定收入的免費行銷是撐不久的，因此廠商還必須透過各種五花八門的加值服務來獲利。有些免費行銷遊戲則是完全免費體驗，靠著利用走馬燈視窗展示虛擬物品或是觀戰權限、VIP 身分、介面外觀等商城機制來獲利，不同等級的玩家對於虛擬寶物也有不同的需求，畢竟只要能在短期贏得夠多玩家的青睞，對這款遊戲而言始終是佔有競爭優勢。

🔊 手機遊戲是目前年輕人最喜愛的遊戲平台

12-1-4　促銷因素

　　促銷（promotion）是將產品訊息傳播給目標市場的活動，也是銷售行為中最有可能直接讓玩家上門的方式，遊戲開發商以較低的成本，開拓更廣闊的市場，最好搭配不同行銷工具進行完整的策略運用，並讓促銷推廣的效益擴展購買力。

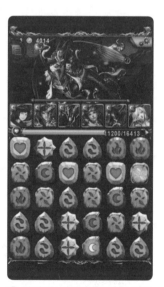

　　曾經竄紅的手機轉珠遊戲「神魔之塔」廣受台灣低頭族歡迎，行銷手法也是令遊戲火紅的關鍵因素，官方經常辦促銷活動送魔法石，並活用社群工具以及跟遊戲網站合作，讓沒有花錢的人也可以享受石抽，達到線上與線下虛實合一的效果。如此可吸引大量玩家的加入，想要獲得魔法石，全新角色等免費寶物，並經由與超商通路、飲料的合作，使玩家購買飲品的同時，只要前往

🔊 神魔之塔的促銷策略相當成功

兌換網頁，輸入序號便可兌換獎賞，利用了非常好的促銷策略吸引住不消費與小額消費的玩家持續遊戲，創造雙贏的局面。

12-2　遊戲行銷角色與任務

　　一款受歡迎的遊戲，還是需要靠不間斷的行銷活動來支持，遊戲是屬於娛樂性質的產品，行銷活動最好充滿活潑與樂趣，如果沒有市場行銷部門，賣力地推銷研發人員的遊戲作品，將很難使開發團隊的辛苦付出得到良好回報。遊戲行銷人員的角色就是如何借助各種管道與方法，使玩家充分認識自家遊戲產品的存在，並且進一步激起玩家想要進一步玩遊戲的動機。

　　台灣遊戲市場的競爭一直都很激烈，市場雖然慢慢趨向飽和，但是仍然有許多遊戲廠商前仆後繼地想要擠進這個產業中，遊戲公司的行銷人員，幾乎有 90% 的行銷工作、是發生在遊戲開始營運之後。

　　行銷工作基本上是責任制，不一定有固定上下班時間，例如寒暑假的旺季，或是有新品上市時，就經常會有熬夜加班的需要。遊戲行銷人員的角色對內包括產品製作、宣傳、廣告文案制定、新聞稿、新產品計畫撰寫與銷售數據分析，對外則包括與其他企業談異業合作，或是洽談辦活動，除了對產品的認識外，了解目前市場趨勢很重要，平常更要多玩遊戲、多看網站粉絲討論、多參加活動等。遊戲行銷的工作實務上相當繁雜，亦即必須在預算許可之下，進行上市行銷推廣策略擬定、營運操作、遊戲活動規劃、活動執行時程控管、目標達成設定與追蹤、媒體廣告分析等相關事項。但具體來說，可以概分為以下三項基本工作。

12-2-1　撰寫遊戲介紹稿

　　市場的變動對行銷工作影響很大，尤其遊戲市場競爭越來越激烈，許多新產品的生命週期與以往作品相較變得越來越短。做為遊戲行銷，最重要是對市場敏感度要很高，因為市場一直在變，新遊戲也不斷在推出，如何能把一套全新遊戲內容精準寫在一份麻雀雖小但五臟俱全的介紹稿內，就要考驗自己對遊戲的功力。

一個好的遊戲介紹稿必須包括遊戲風格、故事大綱、玩法機制、遊戲特色、遊戲流程等基本單元。我們以「神奇寵物專賣店」遊戲介紹稿提供給各位作為範本：

神奇寵物專賣店

< 類　　型 > 經營策略

< 適合年齡層 > 不限

< 類似型態遊戲 > 便利商店、鍊金術士瑪麗

< 特色 >

1. 在遊戲中加入部分冒險成分，為平淡的養成遊戲增加緊張及趣味性。

2. 珍禽異獸（蛇、變色龍、鱷魚⋯）的飼養在目前頗為流行，本遊戲提供消費者以小成本孕育各式奇異生物的空間。

3. 遊戲過程中不時提供一些寵物飼育及動植物特性等基本常識，或加入一些保育類生物的角色，達到寓教於樂的效果。

4. 在速食店、火鍋店等遊戲中，玩家自行配料設計出的新產品（漢堡或火鍋），所能產生的外型變化及震撼性有限；而在本遊戲中玩家所能培育出的新物種（如羚角蝙蝠魚、兔耳迷你熊..），可以是前所未見的新鮮產物。

< 大綱 >

玩家扮演熱愛動物的寵物店老闆，除了一般常見的寵物外，亦可移植各種動物的不同部位，培育出各式各樣新品種的寵物，在銷售或各類比賽中獲得佳績。

< 說明 >

1. 遊戲之初玩家必須利用有限的金錢，建構理想的寵物飼育空間，並取得基本類型的寵物，升級之後可改善寵物飼育空間，可飼養及培育的寵物類型會逐漸增加。

2. 不同的開店地點會有不同的消費客群，玩家可針對所在地點的顧客喜好，販售不同類型的寵物，以提高銷售成績。

3. 除了向固定飼養場購買寵物販賣外，玩家也必須到世界各地去採集稀有品種的寵物，以滿足不同顧客的需求，在採集的過程中會遇到戰鬥（野獸或其他的寵物店主人搶奪），玩家可選擇店內戰鬥力較強的寵物隨行以作為保護。

4. 玩家所訂閱的「寵物日報」提供特別寵物需求或各類寵物比賽（如選美、比武、特異功能…等）資訊。玩家可依自己的能力培育出顧客所期望的寵物或適合參加各種比賽的寵物。達成要求或贏得比賽後可獲得升級、賞金、或提升知名度等獎勵。

5. 玩家可依自己的寵物飼育能力，以不同品種的寵物合成新種，創造出前所未見的新型態寵物。每一種動物的各個部分有不同的屬性（如白兔耳朵：可愛 +3；獒犬牙齒：攻擊 +5；龜殼：防禦 +4…），玩家所具備的各式基因藥劑，也可加強新品種的各類屬性；藉此培育出可贏得比賽的神奇寵物。

< 遊戲流程 >

1. 設定遊戲難易度

   易—開店資金 100,000 元

   中—開店資金 50,000 元

   難—開店資金 10,000 元

2. 設定開店地點

   住宅區—顧客群以家庭主婦及老人為主，喜好：一般正常寵物

   學區—顧客群以學生青少年為主，喜好：可愛、奇特造型寵物

   商業區—顧客群以上班族為主，喜好：戰鬥力強的寵物

3. 進入遊戲

4. 鎮上販賣寵物飼育相關物品處

   繁殖場—販賣一般正常寵物

   市集—販賣寵物飼料

   研究中心—販賣基因藥劑、書籍

   生化科技中心—販賣飼育專用工具

5. 店鋪配置

   店面—寵物展示，顧客活動區域

   實驗室—寵物飼育專區（寵物分類、名稱、數量、飼料種類、存量、藥水種類、存量）

   辦公室—店鋪狀況記錄區（系統設定、預訂情形、經營狀況）

6. 每日開銷

7. 採集：地點決定所花費日數、採集物內容、遇到怪獸種類（戰鬥）

8. 圖鑑內容：寵物名稱、屬性、所需物種、藥劑、飼育器材、培育日數、每日飼料

9. 事件（公佈於寵物週報）

10. 提升等級的條件：營收、技術、名聲

11. 在固定時間內（5 年），依玩家的成績（經營狀況、技能、名聲）不同，而有不同的 5 種結局

< 玩法介紹 >

1. 一開始玩家先決定開店地點，佈置好店舖之後即可開始營業。

2. 視開店地點不同，每天約有 5-20 人不等的顧客量。日後視店舖的名聲增減顧客量。

3. 每週的寵物週報提供寵物飼育的小秘方及特殊顧客需求，點選需求欄位可決定是否接受這項任務。

4. 寵物育成所需物品可至城中各處購買，或前往郊外採集。

5. 寵物依等級不同而有育成步驟多寡等區分，若玩家尚無技能可育成某寵物，則該寵物在圖鑑上以較黯淡的色澤呈現。

6. 遊戲中會隨機出現各種事件，影響寵物育成的難易度。

7. 每季（3 個月）會有一次寵物比賽，玩家可決定是否參賽。比賽的結果會影響店舖的名聲，亦會獲得金額不等的賞金。

8. 除了寵物的育成，玩家也必須製作各種寵物所需的用具，出售給擁有該寵物、有需求的顧客。

9. 要育成寵物或製作寵物用器具時，先到店舖的實驗室中，點選要育成的寵物，系統即會列出該寵物育成所需材料及製作時程。選擇育成數量後點選「確定」，即可在指定的天數之後得到指定數量的寵物。

10. 每種寵物均有育成所需技術值，若玩家技術不足，即使備齊材料仍有失敗的可能。

< 美術及音樂風格 >

美術方面以可愛造型及明亮的色彩為主，音樂風格輕快活潑。

12-2-2　廣告文案與遊戲攻略

　　「世上沒有不好賣的商品，只有不會賣的行銷人員！」一份讓人怦然心動的廣告文案，如果能掌握不同文字呈現風格所能夠帶來的不同效果，絕對會幫遊戲帶來加分的效果，文案中除了加入遊戲特色外，如果有促銷之類的活動也一定要加入，內容可以從玩法種類或是銷售客群來連結玩家的心理，最好還能配上一兩句響亮的口號。具體來說，就是要靈活運用文字，讓玩家對遊戲產生共鳴，還記得「不必禱告，快上天堂」、「你上天堂了嗎？」這兩句天堂線上遊戲的廣告口號，當年在校園讓多少年輕學子為之瘋狂，更成為當時青少年之間最常聽見的問候語，創下同時上線人數超過 8 萬 5 千人的記錄。

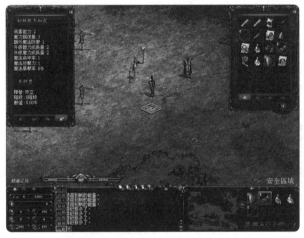

🔘 天堂遊戲擁有百萬名以上的會員

　　攻略本則是遊戲的最佳副產品，可以輔助玩家了解遊戲設計的全貌，更是每個行銷人員必做的功課，詳細解說從遊戲基礎要素到戰鬥模式架構等各方面資料，行銷人員最好能親身經歷遊戲，甚至要一玩再玩、破關無數次，才可能動筆表達出遊戲的特色與精髓，進而只要讓玩家看完能破關就可以了。以下我們以榮欽科技研發的巴冷公主遊戲攻略給各位作為參考範本：

第一關

1. 先在屋內取得木杖,之後和阿瑪交談後離開房間

2. 在達德勒部落先到長老家上課

3. 接著和小孩玩遊戲取得 5 樣寶物

4. 出村落後到達德勒森林,先往橋邊走,卡多會留守在那個地方,用和小孩取得的 5 樣寶物騙過卡多經過橋

5. 留意看板了解指示,先到石雕詢問如何才可以讓石雕恢復法力,以便將進入小山洞的封印打開,依指示取得三塊碎片後,回到石雕使其恢復法力,將進入小山洞的封印打開,接著走到已打開封印的門口,先打敗鬼族的魔王,之後跟著小狗的叫聲,請進入小山洞打敗將小狗囚禁的 2 個人,取得小 key,將小狗救出,接著跟著小狗走,巴冷掉入橋下,出現接關動畫進入第二關說明巴冷受傷的 2D NPC

第二關

1. 第二關從鬼湖的地圖開始尋找小狗,先找到進入伊娜森林(進入的指示牌卻寫吠叫森林)的入口

2. 循狗的叫聲,找尋狗的位置進入伊娜森林,會被小狗引導到找到它母親的屍體的 NPC 播放,同時在這森林中,會發現有作怪的狗的幽靈,請先找到作怪的狗幽靈,與之戰鬥後,會出現一段說明此母狗幽靈為小狗母親身份的 NPC

3. 播放完畢後,請找到回到達德勒部落的入口,由於達德勒部落的入口被封印,玩家可依指示牌的暗示依序找到藍色、咖啡色、橘紅色、綠色的光牆,便可以破解進入達德勒部落的入口,請走入達德勒部落,在部落中和巴冷的阿瑪交談後,進入過關動畫,到達第三關的劇情

第三關

1. 由於巴冷的因那(即媽媽)因擔心巴冷的安危而病倒,請先回到巴冷的家中,向長老及婆婆詢問因那的情況,及救因那的方法為何?得知必須到大武山取得三種藥草,請從部落後面的出口到伊娜森林

2. 在伊娜森林中先依序找到綠色、橘紅色、咖啡色、藍色的光牆破解進入鬼湖的入口,進入鬼湖後,請走到鬼湖的地圖中間位置左右,可以找到阿達里歐

3. 找到阿達里歐後,在地圖右邊居中的位置,尋找進入大武山峽谷的入口

4. 在大武山峽谷先往下走，找到祖穆拉尋求三種藥草的協助（此段會以 NPC 模式表示），接著在此峽谷中可以找到無花草第一種藥草，由於擔心巴冷會造成尋找藥草的不方便，所以找到第一種藥草後，巴冷停留在在大武山峽谷等候阿達里歐及祖穆拉找尋其他兩種藥草，接著玩家扮演阿達里歐，然後請走到大武山峽谷地圖的左下角，再找到進入大武山後山的入口，在大武山後山找到其他兩種藥草，找齊後回大武山峽谷找巴冷，在路途中依指示牌的暗示，請點燃或熄滅地圖中的燭火（地圖中共有 4 個燭火設置點，請小心尋找），想辦法開啟進入鬼湖的入口，再和巴冷一起回達德勒部落

第四關

1. 把找到的解藥拿回到夜晚的朗拉路小屋，並和長老及婆婆進行一段交談，交談中太麻里使者到來訪，巴冷父親先去招呼該使者，然後巴冷帶領阿達里歐參觀達德勒部落

2. 出門後，巴冷和阿達里歐想先去集會所（朗拉路家的左邊，此處設計不太像屋子），了解太麻里使者的來意，並得知太麻里發生水枯源，且卡多自願前往乾旱的巴那河谷探究原因，並得到大家的一致同意，次日巴冷醒來，其母親提醒她趕快去為卡多送行，並在出去達德勒森林的出口和卡多等人進行一段交談，無奈卡多因擔心危險之故，不同意公主與他同行至太麻里，可是巴冷公主執意偷偷跟去，在達德勒森林被卡多碰到，一番僵持下，卡多只好讓步讓巴冷隨行

3. 從達德勒森林經過小山洞及鬼湖森林，找到進入乾旱太麻里的入口，並和當地人交談了解探究乾旱的原因，得知必須前往乾旱的巴那河谷（先通過山道入口，不過此處會發生遮罩值的設定位置，超出陣列範圍），在此河谷，卡多及巴冷沿路清除了兩處的河道阻塞，直至阿達里歐遇害，並播放一段 NPC，為了協助救阿達里歐，卡多跑去找人幫忙，此時故事情節的安排，會切入阿達里歐和巴冷情定山洞外的動畫，之後阿達里歐醒來，並夥同巴冷及卡多從巴那河谷依反方向回到達德勒部落（即巴那河谷→太麻里→鬼湖森林→鬼湖→伊娜森林→達德勒部落）朗拉路的家中，進入了第五關的劇情

🔴 快速跳關的快速鍵 -F11

NPC 即是 Non Player Character 的縮寫，它指的是非玩家人物的意思。在角色扮演的遊戲中，最常出現是由電腦來控制的人物，而這些人物會提示玩家們重要的情報或線索，使得玩家可以繼續進行遊戲。

12-2-3 產品製作

行銷遊戲本身就是一項服務，要把對玩家的服務作好，最大的考量還是在於媒體效應，特別是網路媒體，並透過各種管道傳達給潛在的目標玩家。行銷和產品製作應該做更緊密的結合，通常當行銷人員開始接觸與製作產品的時間，至少會是上市前半年就要開始動，包括進行產品預算編制、執行與控制各項成本，例如產品製作流程、上市前後行銷宣傳規劃、廣告上片時間、數量、封面與包裝或海報設計等。

例如線上遊戲的產品包裝在行銷上是一門大學問，付費線上遊戲多半是傳統機制，目前遊戲公司向消費者的收費方式，最主要是以消費者購買點數卡為主，玩家得支付月費才能進入遊戲，不過近幾年有逐漸萎縮的趨勢，現在多半是將遊戲以類似發送試用包的方式，先使玩家上癮養成習慣後，接著再來專賣虛擬寶物，就是隨遊戲進行發售的寶物或點數包。

🎀 巴冷公主的產品封面設計

TIPS 線上遊戲吸引人之處,在於玩家只要持續「上網練功」就能獲得虛擬寶物或虛擬貨幣,這些虛擬寶物往往可以轉賣其他玩家以賺取實體世界的金錢,並以一定的比率兌換。

12-2-4 行銷活動整合社群與大數據

市場的變動對遊戲行銷工作影響很大,早期遊戲公司較少,每年推出遊戲的數量也不多,向來抱著願者上鉤的被動心態,重心都放在開發與設計上,總認為玩家真正在意的還是遊戲本身的內容,把行銷當成是旁枝末節,就算有廣告,也都出現在報紙或雜誌等傳統媒體上。

不過現在許多玩家根本不看報章雜誌,傳統廣告對現在的玩家幾乎沒有效果。遊戲橘子的「天堂」以後起之勢追上當時華義國際「石器時代」霸主地位,就是「行銷」這件事做得比誰都還出色!遊戲橘子成功以找明星代言、開闢電玩節目、上電視廣告的作法,樹立起擅長行銷與活潑的公司形象,開始引起遊戲產業對於行銷方面的廣泛重視與討論。

🍊 遊戲橘子非常善於應用與整合行銷

傳統上廣告是行銷人員最能夠掌控其訊息和內容的行銷手法，傳統廣告主要是利用傳單、廣播、大型看板及電視的方式傳播，來達到刺激消費者的購買欲望。販售遊戲最重要的是能大量吸引玩家的目光，然後產生實際的購買或下載等行為，如果一款遊戲的玩家族群很廣，那就很適合電視這種大眾媒體電視 CF（Commercial film）。

例如魔獸爭霸早期就以史詩般的電視廣告風格成功擄獲了許多玩家的心，當然上一些專業電玩節目的廣告，也是個極佳的管道。除了電視廣告，網路一直是線上遊戲與手機遊戲的主力戰場，特別是網路上的互動性是網路行銷最吸引人的因素，不但可提高玩家的參與度，也大幅增加了網路廣告的效果。

 魔獸世界曾經是相當火紅的線上遊戲

社群行銷當然也是推廣遊戲的主要方式之一，社群行銷過程就是創造互動分享的口碑價值的活動，光會促銷的時代已經過去了，強迫玩家觀看廣告的策略已經不再奏效。如果想透過社群的方法做行銷，最主要的目標當然是增加遊戲的知名度，其中互動與口碑行銷的影響力不容忽視。

　　例如透過世界知名的遊戲與地區社群合作，從而打入不同的地區市場，目前運用比較多的行銷管道是靠選擇適合的遊戲社群網站或大型入口網站，這些遊戲社群網站的討論區，一字一句都左右著遊戲在玩家心中的地位，透過社群網路提升遊戲的曝光與口碑已經是最常見策略，自然而然使社群媒體更容易像病毒般擴散，這將提供市場行銷人員更好的投資回饋。

🏆遊戲基地 gamebase

🏆巴哈姆特電玩資訊站

　　口碑行銷跟一般行銷的差別在必須完全以玩家角度出發，社群的特性是分享交流，並不是一個可以直接販賣銷售的工具。玩家到社群來是分享心情，而不是看廣告，每個社群都有各自的語言與文化特色，同樣是玩英雄聯盟的一群玩家，在各個平台的互動方式也不一定相同。口碑行銷的目標為在社群中發起議題和創造內容，藉由引發玩家們自然討論，一旦遊戲的口碑迅速普及，除了能迅速傳達到玩家族群，還能透過玩家們分享到更多的目標族群裡，進而提供更好的商業推廣。

　　行銷就是對市場進行分析與判斷，繼而擬定策略並執行，創意往往是行銷活動的最佳動力，尤其是在面對一個三百六十度傳統與網路整合行銷的時代，未來遊戲產業趨勢將以團體戰取代過去單打獨鬥的模式遊，異業結盟合作特帶來了前所未有

的成果，也就是整合多家對象相同但彼此不互相競爭公司的資源，產生廣告加乘的效果。例如神魔之塔的開發商瘋頭公司創立以來，一直在跨界結盟，不論是辦展覽、比賽、演唱會，跟其他產品公司、動畫公司合作，或是授權販賣實體卡片等，充份發揮了異業結盟的多元性效果。

遊戲開發商也發現開發新玩家的成本往往比留住舊粉絲所花的成本要高出 5~6 倍，因此把重心放在開發新玩家，不如將重心放在維持原有的粉絲上，也就是遊戲的鐵粉身上。例如神魔之塔遊戲就是運用社群網路與品牌連結的行銷手法，藉由創立遊戲社團與玩家互動，粉絲團不定期發佈分享活動，分享 Facebook 上相關訊息就能獲得獎勵，塗鴉牆上也天天可見哪位朋友又完成了神魔之塔的任務，藉此提升玩家們對於遊戲的忠誠度與黏著度。

遊戲產業的發展越來越受到矚目，在這個快速競爭的產業，不論是線上遊戲或手遊，遊戲上架後數周內，如果你的遊戲沒有擠上排行榜前 10 名，那大概就沒救了。遊戲開發者不可能再像傳統一樣憑感覺與個人喜好去設計遊戲，他們需要更多、更精準的數字來告訴他們玩家要什麼。

「英雄聯盟」（LOL）是一款免費多人線上遊戲，遊戲開發商 Riot Games 重視大數據分析，目標是希望成為世界上最了解玩家的遊戲公司，背後靠的正是收集以玩家喜好為核心的大數據，掌握了全世界各地區所設置的伺服器裏遠超過每天產生超過 5000 億筆以上的各式玩家資料，透過連線對於全球所有比賽玩家進行的每一筆搜尋、動作、交易，或者敲打鍵盤、點擊滑鼠的每一個步驟做即時監測的動作與產出大數據資料分析，並了解玩家最喜歡的英雄，再從已建構的大數據資料庫中把這些資訊整理起來分析排行。

🛡️ 英雄聯盟的遊戲畫面場景

　　遊戲市場的特點就是飢渴的玩家和激烈的割喉競爭，大數據的解讀特別是電競戰中非常重要的一環，電競產業內的設計人員正努力擴增大數據的使用範圍，數字就不僅是數字，這些「英雄」設定分別都有一些不同的數據屬性，玩家偏好各有不同，你必須了解玩家心中的優先順序，只要發現某一個英雄出現太強或太弱的情況，就能即時調整相關數據的遊戲平衡性，用數據來擊殺玩家的心，進一步提高玩家參與的程度。

🛡️ 英雄聯盟的遊戲戰鬥畫面

不同的英雄會搭配各種數據平衡，研發人員希望讓每場遊戲盡可能地接近公平，因此根據玩家所認定英雄的重要程度來排序，創造雙方勢均力敵的競賽環境，然後再集中精力去設計最受歡迎的英雄角色，找到那些沒有滿足玩家需求的英雄種類，是創造新英雄的第一步，這樣做法真正提供了遊戲基本公平又精彩的比賽條件。Riot Games 懂得利用大數據來隨時調整遊戲情境與平衡度，確實創造出能滿足大部分玩家需要的英雄們，這也是英雄聯盟能成為目前最受歡迎遊戲的重要因素。

1. 請問第三方支付（Third-Party Payment）法案與遊戲業者有何關係？

2. 試問遊戲開發商的通路策略？

3. 請簡介遊戲免費行銷的目的與方法。

4. 請簡述「神魔之塔」的促銷方式。

5. 請問遊戲行銷人員有哪三項基本工作？

6. 如何在 YouTube 上行銷遊戲？

7. 請簡介線上遊戲與大數據的應用。

8. 什麼是宅經濟（Stay at Home Economic）？

9. 如何利用社群行銷來推廣遊戲？

13
CHAPTER

超強大聊天機器人 —— ChatGPT 與網路行銷

- ⊙ 認識聊天機器人
- ⊙ ChatGPT 初體驗
- ⊙ ChatGPT 在行銷領域的應用
- ⊙ 讓 ChatGPT 將 YouTube 影片轉成音檔（mp3）
- ⊙ 活用 GPT-4 撰寫行銷文案

今年度最火紅的話題絕對離不開 ChatGPT，目前網路、社群上對於 ChatGPT 的討論已經沸沸揚揚。ChatGPT 是由 OpenAI 所開發的一款以生成式 AI 為基礎的免費聊天機器人，擁有強大的自然語言生成能力，可以根據上下文進行對話，並進行多種應用，包括客戶服務、銷售、產品行銷等，短短 2 個月全球用戶高達 1 億，超過抖音的用戶量。ChatGPT 是由 OpenAI 公司開發的，該技術是建立在深度學習（Deep Learning）和自然語言處理技術（Natural Language Processing, NLP）的基礎上。由於 ChatGPT 基於開放式網絡的大量數據進行訓練，使其能夠產生高度精確、自然流暢的對話回應，與人進行交互。如下圖所示：

ChatGPT 能以一般人的對話方式與使用者互動，例如提供建議、寫作輔助、寫程式、寫文章、寫信、寫論文、劇本小說…等，而且所回答的內容有模有樣，除了可以給予各種問題的建議，也可以幫忙寫作業或程式碼，例如下列二圖的回答內容：

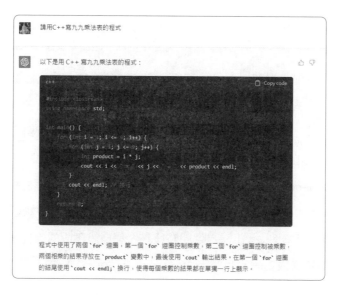

　　ChatGPT 之所以強大，是它背後難以計數的資料庫，任何食衣住行育樂的生活問題或學科都可以發問，而 ChatGPT 也會以類似人類所寫出來的文字，給予相當到位的回答，與 ChatGPT 互動是一種雙向學習的過程，在用戶獲得想要資訊內容文本的過程中，ChatGPT 也不斷在吸收與學習，ChatGPT 用途非常廣泛多元，根據國外報導，很多 Amazon 上的店家和品牌紛紛轉向 ChatGPT，還可以幫助店家或品牌在進行網路行銷時，為他們的產品生成吸引人的標題，和尋找宣傳方法，進而與廣大的目標受眾產生共鳴，從而提高客戶參與度和轉換率。

13-1 認識聊天機器人

　　人工智慧行銷從本世紀以來，一直都是店家或品牌尋求擴大影響力、與客戶互動的強大工具，過去企業為了與消費者互動，需聘請專人全天候在電話或通訊平台前待命，不僅耗費了人力成本，也無法妥善地處理龐大的客戶量與資訊，聊天機器人（Chatbot）則是目前許多店家客服的創意新玩法，背後的核心技術是以自然語言處理中的 GPT（Generative Pre-Trained Transformer）模型為主，利用電腦模擬與使用者互動對話，是由對話或文字進行交談的電腦程式，並讓用戶體驗像與真人一樣的對話。聊天機器人能夠 24 小時提供即時服務，與自設不同的流程來達到想要的目的，協助企業輕鬆獲取第一手消費者偏好資訊，有助於公司精準行銷、強化顧客體驗與個人化的服務。這對許多粉絲專頁的經營者或是想增加客戶名單的行銷人員來說，聊天機器人就相當適用。

🤖 AI 電話客服也是自然語言的應用之一

圖片來源：https://www.digiwin.com/tw/blog/5/index/2578.html

電腦科學家通常將人類的語言稱為自然語言 NL（Natural Language），比如說中文、英文、日文、韓文、泰文等，這也使得自然語言處理（Natural Language Processing, NLP）範圍非常廣泛，所謂 NLP 就是讓電腦擁有理解人類語言的能力，也就是一種藉由大量的文本資料搭配音訊數據，並透過複雜的數學聲學模型（Acoustic model）及演算法來讓機器去認知、理解、分類，並運用人類日常語言的技術。

GPT 是「生成型預訓練變換模型（Generative Pre-trained Transformer）」的縮寫，是一種語言模型，可以執行非常複雜的任務，會根據輸入的問題自動生成答案，並具有編寫和除錯電腦程式的能力，如回覆問題、生成文章和程式碼，或者翻譯文章內容等。

13-1-1 聊天機器人的種類

例如以往店家或品牌進行行銷推廣時，必須大費周章取得用戶的電子郵件，不但耗費成本，而且郵件的開信率低，由於聊天機器人的應用方式多元、效果容易展現，可以直觀且方便的透過互動貼標來收集消費者第一方數據，直接幫你獲取客戶的資料，例如：姓名、性別、年齡…等臉書所允許的公開資料，驅動更具效力的消費者回饋。

臉書的聊天機器人就是一種自然語言的典型應用

聊天機器人共有兩種主要類型：一種
是以工作目的為導向，這類聊天機器人是
一種專注於執行一項功能的單一用途程
式。例如 LINE 的自動訊息回覆，就是一種
簡單型聊天機器人。

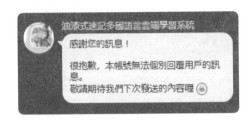

另外一種聊天機器人則是一種資料驅動的模式，能
具備預測性的回答能力，如 Apple 的 Siri 就是屬於這種
類型的聊天機器人。

例如在臉書粉絲專頁或 LINE 常見有：留言自動回
覆、聊天或私訊互動等各種類型的機器人，其實這一類
具備自然語言對話功能的聊天機器人也可以利用 NLP 分
析方式進行打造，也就是説，聊天機器人是一種自動的
問答系統，它會模仿人的語言習慣，也可以和你「正常
聊天」，就像人與人的聊天互動，而 NLP 方式來讓聊天
機器人可以根據訪客輸入的留言或私訊，以自動回覆的
方式與訪客進行對話，也會成為企業豐富消費者體驗的
強大工具。

13-2 ChatGPT 初體驗

從技術的角度來看，ChatGPT 是根據從網路上獲取的大量文本樣本進行機器人工
智慧的訓練，不管你有什麼疑難雜症，你都可以詢問它。當你不斷以問答的方式和
ChatGPT 進行互動對話，聊天機器人就會根據你的問題進行相對應的回答，並提升這
個 AI 的邏輯與智慧。

登入 ChatGPT 網站註冊的過程中雖然是全英文介面，但是之後與 ChatGPT 聊天機器人互動發問問題時，可以直接使用中文的方式來輸入，而且回答的內容專業性也不失水平，甚至不亞於人類的回答內容。

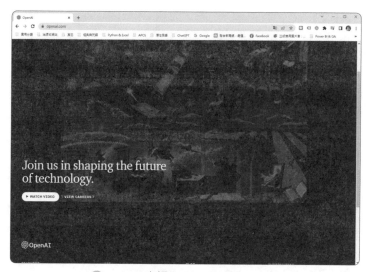

🔊 OpenAI 官網：https://openai.com/

　　目前 ChatGPT 可以辨識中文、英文、日文或西班牙等多國語言，透過人性化的回應方式來回答各種問題。這些問題甚至含括了各種專業技術領域或學科的問題，可以說是樣樣精通的百科全書，不過 ChatGPT 的資料來源並非 100% 正確，在使用 ChatGPT 時所獲得的回答可能會有偏誤，為了讓得到的答案更準確，當使用 ChatGPT 回答問題時，應避免使用模糊的詞語或縮寫。「問對問題」不僅能夠幫助用戶獲得更好的回答，ChatGPT 也會藉此不斷精進優化，切記！清晰具體的提問才是與 ChatGPT 的最佳互動。如果需要深入知道更多的內容，除了盡量提供夠多的訊息，就是提供足夠的細節和上下文。

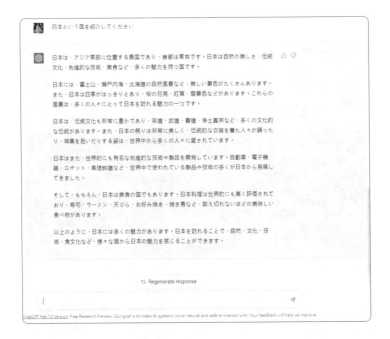

13-2-1　註冊免費 ChatGPT 帳號

首先我們來示範如何註冊免費的 ChatGPT 帳號，請先登入 ChatGPT 官網（網址為 https://chat.openai.com/），登入官網後，若沒有帳號的使用者，可以直接點選畫面中的「Sign up」按鈕，註冊一個免費的 ChatGPT 帳號：

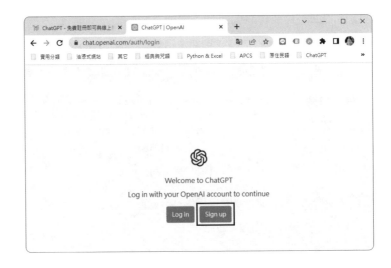

接著輸入 Email 帳號，或是有 Google 帳號、Microsoft 帳號者，也可以透過 Google 帳號或是 Microsoft 帳號進行註冊登入。此處我們直接示範以輸入 Email 帳號 的方式來建立帳號。請在下圖視窗中間的文字輸入方塊中輸入要註冊的電子郵件， 輸入完畢後，按下「Continue」鈕。

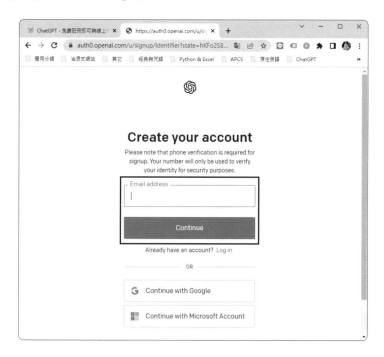

接著如果你是使用 Email 註冊，則系統會要求使用者輸入一組至少 8 個字元的密 碼，作為這個帳號的註冊密碼。

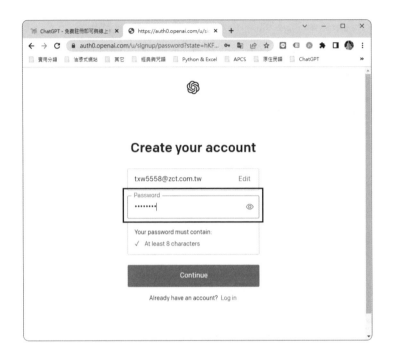

上圖輸入完畢後，接著再按下「Continue」鈕，會出現類似下圖的「Verify your email」的視窗。

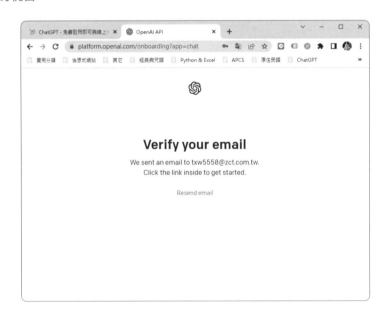

接著請打開自己收發郵件的程式,將會收到如下圖的「Verify your email address」的電子郵件。請直接按下「Verify email address」鈕:

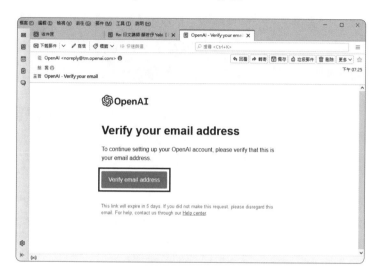

接著會直接進入到輸入姓名的畫面,請注意,這裡要特別補充說明的是,如果是透過 Google 帳號或 Microsoft 帳號快速註冊登入的,那就會直接進入到輸入姓名的畫面:

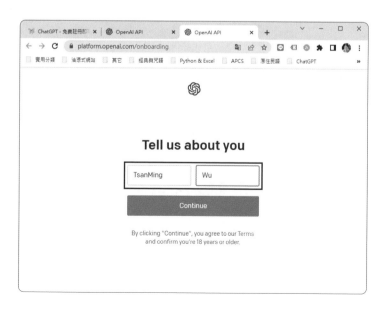

輸入完姓名後，接著按下「Continue」鈕，就會要求輸入個人的電話號碼進行身分驗證，這是一個非常重要的步驟，如果沒有透過電話號碼來通過身分驗證，將無法使用 ChatGPT。請注意輸入行動電話時，直接輸入行動電話後面的數字，例如你的電話是「0931222888」，只要直接輸入「931222888」，輸入完畢後，記得按下「Send Code」鈕。

過幾秒後，就能收到官方系統發送到指定號碼的簡訊，該簡訊會顯示 6 碼的數字。

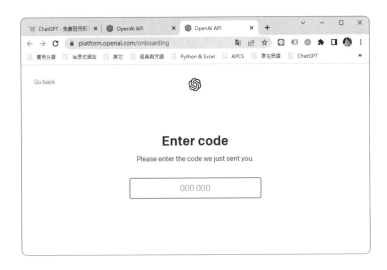

各位只要於上圖中輸入手機所收到的 6 位驗證碼後，就可以正式啟用 ChatGPT。
登入 ChatGPT 之後，會看到下圖畫面，在畫面中可以找到許多和 ChatGPT 進行對話
的真實例子，也可以了解使用 ChatGPT 有哪些限制。

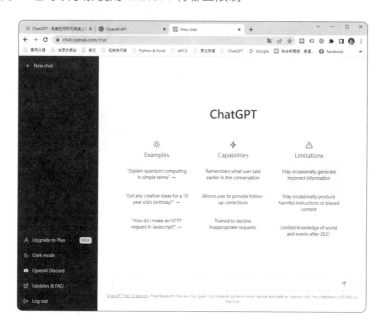

13-2-2　更換新的機器人

你可以藉由這種問答的方式，持續地去和 ChatGPT 對話。如果你想要結束這個
機器人，可以點選左側的「New chat」，他就會重新回到起始畫面，並開啟一個新的
訓練模型，而此時輸入同一個題目，可能得到的結果會不一樣。

例如下圖，我們還是輸入「請用 Python 寫九九乘法表的程式」，按下「Enter」鍵正式向 ChatGPT 機器人詢問，就能得到不同的回答結果：

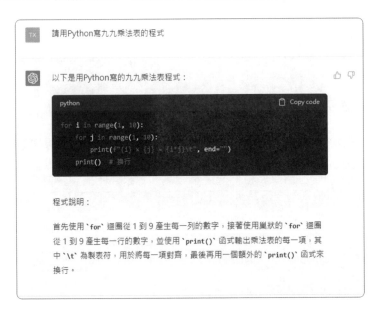

如果要取得這支程式碼，可以按下回答視窗右上角的「Copy code」鈕，就可以將 ChatGPT 所幫忙撰寫的程式，複製貼上到 Python 的 IDLE 程式碼編輯器，底下為這支新的程式在 Python 的執行結果。

```
Python 3.11.0 (main, Oct 24 2022, 18:26:48) [MSC v.1933 64 bit (AMD64)] on win32
Type "help", "copyright", "credits" or "license()" for more information.
========== RESTART: C:/Users/User/Desktop/博碩_CGPT/範例檔/99table-1.py ==========
1 × 1 = 1      1 × 2 = 2      1 × 3 = 3      1 × 4 = 4      1 × 5 = 5      1 × 6 = 6      1 × 7 = 7      1 × 8 = 8      1 × 9 = 9
2 × 1 = 2      2 × 2 = 4      2 × 3 = 6      2 × 4 = 8      2 × 5 = 10     2 × 6 = 12     2 × 7 = 14     2 × 8 = 16     2 × 9 = 18
3 × 1 = 3      3 × 2 = 6      3 × 3 = 9      3 × 4 = 12     3 × 5 = 15     3 × 6 = 18     3 × 7 = 21     3 × 8 = 24     3 × 9 = 27
4 × 1 = 4      4 × 2 = 8      4 × 3 = 12     4 × 4 = 16     4 × 5 = 20     4 × 6 = 24     4 × 7 = 28     4 × 8 = 32     4 × 9 = 36
5 × 1 = 5      5 × 2 = 10     5 × 3 = 15     5 × 4 = 20     5 × 5 = 25     5 × 6 = 30     5 × 7 = 35     5 × 8 = 40     5 × 9 = 45
6 × 1 = 6      6 × 2 = 12     6 × 3 = 18     6 × 4 = 24     6 × 5 = 30     6 × 6 = 36     6 × 7 = 42     6 × 8 = 48     6 × 9 = 54
7 × 1 = 7      7 × 2 = 14     7 × 3 = 21     7 × 4 = 28     7 × 5 = 35     7 × 6 = 42     7 × 7 = 49     7 × 8 = 56     7 × 9 = 63
8 × 1 = 8      8 × 2 = 16     8 × 3 = 24     8 × 4 = 32     8 × 5 = 40     8 × 6 = 48     8 × 7 = 56     8 × 8 = 64     8 × 9 = 72
9 × 1 = 9      9 × 2 = 18     9 × 3 = 27     9 × 4 = 36     9 × 5 = 45     9 × 6 = 54     9 × 7 = 63     9 × 8 = 72     9 × 9 = 81
```

其實，各位還可以透過同一個機器人不斷的向他提問同一個問題，它會根據前面所提供的問題與回答，換成另外一種角度與方式來回應你原本的問題，就可以得到不同的回答結果，例如下圖又是另外一種九九乘法表的輸出外觀：

13-3　ChatGPT 在行銷領域的應用

ChatGPT 是目前科技整合的極致，繼承了幾十年來資訊科技的精華。以前只能在電影上想像的情節，現在幾乎都實現了。ChatGPT 擁有強大的自然語言生成及學習能力，更具備強大的資訊彙整功能，魅力就在於它的學習能力及彈性，能在我們的要求下產生快速正確的解答。當今沒有一個品牌會忽視數位行銷的威力，尤其是在電商文案的撰寫上，可用於為品牌官網或社群媒體，去產製更多優質內容、線上客服、智慧推薦、商品詢價等服務，ChatGPT 正以各種方式融入我們的日常生活與數位行銷領域，以下先介紹目前耳熟能詳的應用範圍：

💡 AI 客服

ChatGPT 在客服行業中具有非常大的應用潛力，品牌商家可以使用 ChatGPT 開發聊天機器人。對於一些知名企業或品牌，客服中心的運作成本非常高，ChatGPT 可以擔任自動客服機器人，藉以回答常見的客戶問題，並提供有關購買、退貨和其他查詢的服務，達到節省成本來創造行銷機會來優化客戶體驗，協助行銷與客服人員提供更加自然且精準的回覆，能有效引導消費者完成購買流程，提高客戶關係管理的效率（CRM），不僅業績提升成交量，也建立起消費者資料庫，利於日後推播個人化廣告與產品。雖然 ChatGPT 可以成為有價值的附加工具，但不應將其完全作為和客製客戶服務的替代品，畢竟相比 ChatGPT 客觀理性的冰冷回答，真實人員服務能針對「顧客的需求」展現具有溫度的同理與貼心，是 AI 客服無法完全取代真人的關鍵。

🛒 緯創資通推出 ChatGPT 客服機器人

💡 語言翻譯

　　ChatGPT 可以幫助我們進行不同語言之間的翻譯，對於需要大量人工翻譯的跨境電商產業而言，ChatGPT 可以應用於語系翻譯和自動調整產品描述與說明，使得不同語言之間的溝通變得更加容易和順暢，並且大大減少翻譯人力成本，為用戶帶來更好的閱讀體驗。

Please introduce U.S.A.

The United States of America, commonly referred to as the United States or the USA, is a federal republic composed of 50 states, a federal district (Washington, D.C.), five major self-governing territories, and various possessions. It is the third largest country in the world by land area and the third most populous country, with a population of over 331 million people.

The USA is a highly developed country with a diversified economy and is considered to be one of the most powerful countries in the world. Its economy is the largest in the world, with a highly developed service sector, a large manufacturing base, and abundant natural resources. The USA is a founding member of the United Nations, World Bank, International Monetary Fund, and World Trade Organization.

The country is known for its cultural diversity, with a population composed of people from all over the world. The USA is also home to many iconic landmarks and destinations, such as the Statue of Liberty, the Grand Canyon, Hollywood, the Golden Gate Bridge, and the White House, among others. Its diverse and influential popular culture has had a major impact on the world, with American music, movies, and TV shows being popular across the globe.

The USA is a constitutional federal democracy, with a government composed of three branches: the executive, legislative, and judicial branches. The country has a long history of political and social activism, including movements for civil rights, women's rights, LGBTQ rights, and environmentalism.

接著只要輸入類似「請將我剛才問的問題的英文的回答內容翻譯成中文」，就會將剛才的英文回答內容翻譯成中文，請參考下圖：

請將我剛才問的問題的英文的回答內容翻譯成中文

好的，以下是對於美國（U.S.A.）的英文回答的翻譯：

美利堅合眾國（United States of America），簡稱美國（United States或USA），是一個聯邦共和國，由50個州、一個聯邦區（華盛頓特區）、五個自治領土和各種屬地組成。美國是世界上第三大的國家，其土地面積和人口數都居世界第三位，擁有超過3.31億人口。

美國是一個高度發達的國家，擁有多元化的經濟體系，被認為是世界上最強大的國家之一。其經濟體系是全球最大的，擁有高度發達的服務業和龐大的製造業基礎，並擁有豐富的自然資源。美國是聯合國、世界銀行、國際貨幣基金組織和世界貿易組織的創始成員。

美國因其文化多樣性而著名，其人口來自世界各地。美國也擁有許多標誌性的地標和旅遊勝地，如自由女神像、大峽谷、好萊塢、金門大橋和白宮等。其多元且有影響力的流行文化對全球產生了巨大影響，美國的音樂、電影和電視節目在全球都很受歡迎。

美國是一個憲法聯邦民主國家，政府由三個部門組成：行政、立法和司法。該國具有悠久的政治和社會行動的歷史，包括民權運動、婦女權利、LGBTQ權利和環保主義等運動，

行銷內容創作

　　ChatGPT 在電子商務領域中也具有重要的應用價值，隨著網路行銷管道的模式越來越多，為了提高消費者體驗，店家需要將商品訊息做出清晰明確的描述，因此快速產出素材與文案的壓力越來越大，由於 ChatGPT 的核心應用就是文書處理，可以應用於自動生成商品描述與產品介紹，不但能寫論文、劇本和小說，還能幫店家和品牌分擔行銷活動的工作量，進一步提高電商平台的營收。

　　例如產品描述是市場行銷的一個重要部分，ChatGPT 可以根據客戶的喜好、交易行為、興趣、偏好和需求，幫助行銷團隊確定目標受眾的偏好、興趣和痛點，生成更符合受眾的產品文案與提高消費者關注度，甚至協助大量生成創意雛形，還可以開發對應的市場行銷活動方案、符合社群平台所需的貼文與撰寫 YouTube 影片腳本，進而提高廣告的點擊率和轉換率，還具備自動摘要的能力，可以將長文摘要出文章重點：

請以至少600字介紹台灣

台灣是一個美麗的島嶼，位於東亞的中心地帶，北臨東海，東鄰太平洋，西接台灣海峽，南隔巴士海峽與菲律賓相望。台灣地理位置獨特，緯度介於北緯20°45'~25°56'之間，面積約有36,000平方公里，是世界上第38大的國家。

台灣擁有豐富的人文歷史，是一個多元文化的國家。先民們在台灣島上居住已有萬餘年歷史，歷經荷蘭、西班牙、清朝、日治時期等不同的政權統治，每個時期都留下了獨特的文化遺產，使得台灣文化綜合了多種不同文化的元素。

台灣的氣候溫和，四季分明，植被豐富，有各種不同的自然風光，如高山、海岸、溪流、森林、湖泊等等。其中，太魯閣、日月潭、阿里山等地區是著名的旅遊勝地，吸引了大量國內外遊客前來旅遊。

此外，台灣也是一個經濟發達的國家。自20世紀80年代開始，台灣的經濟快速發展，成為了亞洲四小龍之一。現在，台灣擁有高度發達的科技產業、製造業、金融業等，也是全球最大的積體電路製造商之一。台灣的經濟成就得益於政府的積極政策，也得益於勤奮的台灣人民。

台灣的人民熱情好客，友善而有禮。華人文化中講究的"以人為本"和"和氣生財"在台灣得到了充分體現。台灣的飲食文化豐富多彩，有許多美食是讓人流連忘返的，如台北的小吃、台南的小吃、台中的豆花、嘉義的瘦肉粥等等。此外，台灣也是茶葉生產和茶文化的重要地區，台灣茶

各位只要輸入類似「請將我剛才問的問題的回答內容摘要重點」，就會將剛才的回答內容摘要成條列重點，請參考下圖：

13-3-1　發想廣告郵件與官方電子報

電子郵件行銷（Email Marketing）與電子報行銷（Email Direct Marketing）是許多企業慣用的行銷手法，由於費用相對低廉，加上可以追蹤，大大地節省行銷時間及提高成交率。而 ChatGPT 能為店家自動發想與生成電子郵件與電子報回信內容，只要下對指令，把你的行銷需求告訴 ChatGPT，輸入推廣的對象，需要促銷的產品，以及預期達到的目的，就能自動產出一封符合指定情境、信件內容的官方郵件與電子報，除了提高品牌知名度以外，也更加連結與消費者之間的關係。

Q 提問

請幫忙寫一封商品推薦的官方電子郵件，商品資訊如下：

油漆式速記多國語言雲端學習系統（https://pmm.zct.com.tw/zct_add/）這套系統是利用本公司獨家發明的油漆式速記法原理所建構完成，配合教育部的全英語授課（English as a Medium of Instruction, EMI）與國際教育政策，內容包含了國內外十幾種著名的英語檢定與 20 種第二外語相關檢定（日、韓、德、西、法、

越、泰、印尼等），近期也將推出本土語學習系統（臺語、手語、客家語、原住民語），目前已開放六大類試用版本。

研發公司：榮欽科技股份有限公司

公司官網：**www.zct.com.tw**

業務代表：吳燦銘先生

 ChatGPT 回答

> 請幫忙寫一封商品推薦的官方電子郵件，商品資訊如下：
> 油漆式速記多國語言雲端學習系統(https://pmm.zct.com.tw/zct_add/))這套系統是利用本公司獨家發明的油漆式速記法原理所建構完成，配合教育部的全英語授課(English as a Medium of Instruction, EMI)與國際教育政策，內容包含了國內外十幾種著名的英語檢定與20種第二外語相關檢定(日、韓、德、西、法、越、泰、印尼等)，近期也將推出本土語學習系統(臺語、手語、客家語、原住民語)，目前已開放六大類試用版本。
> 研發公司：榮欽科技股份有限公司
> 公司官網：www.zct.com.tw
> 業務代表：吳燦銘先生

> 尊敬的客戶您好，
>
> 感謝您對榮欽科技股份有限公司的油漆式速記多國語言雲端學習系統感興趣。我們的系統是利用本公司獨家發明的油漆式速記法原理所建構完成，配合教育部的全英語授課(English as a Medium of Instruction, EMI)與國際教育政策，內容包含了國內外十幾種著名的英語檢定與20種第二外語相關檢定(日、韓、德、西、法、越、泰、印尼等)，並且近期也將推出本土語學習系統(臺語、手語、客家語、原住民語)，目前已開放六大類試用版本。
>
> 我們相信這套系統能夠有效地協助您學習語言，無論是在工作、旅遊或學術方面。使用我們的系統，您可以學習並且熟練掌握不同的語言，進而擴大您的國際視野。
>
> 如果您對我們的產品有任何問題或者需要進一步的資訊，請聯繫我們的業務代表吳燦銘先生，他將竭誠為您服務。
>
> 謝謝您對我們產品的關注，期待您的回應。
>
> 此致
> 敬禮
>
> 榮欽科技股份有限公司

13-3-2 生成社群與部落格標題與貼文

不會有人想追蹤一個沒有內容的粉專，因此貼文內容扮演著最重要的角色，甚至粉絲都會主動幫你推播與傳達。社群上發佈貼文的目的當然是盡可能讓越多人看

到越好，一張平凡的相片，如果搭配一則好文章，也能搖身一變成為魅力十足的貼文。寫貼文時更要注意標題訂定，設身處地為用戶著想，了解他們喜歡聽什麼、看什麼，或是需要什麼，為貼文配上注目標題，這樣撰寫出來的標題與貼文較能引起共鳴。ChatGPT 能幫助絞盡腦汁的小編，讓它完美化身你的免費行銷專員，只要輸入正確店家名稱、文章關鍵字、活動主題、呈現的風格，如果還有一些特別需求，可以在指令加上字數和語氣的要求，加入目的可以讓標題更有效捕捉目光，就會自動產生對應的文章，快速生成符合各種平台所需的標題與貼文。

Q 提問

請寫出十個較會引人感興趣的關於林書豪（Jeremy Lin）的 Instagram post 標題

ChatGPT 回答

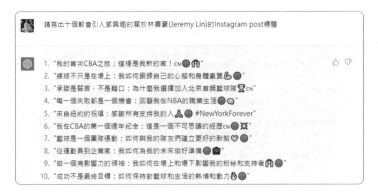

Q 提問

請寫出 " 每一個失敗都是一個機會：回顧我在 NBA 的職業生涯🏀🎮 " 的 Instagram post 貼文

😀 ChatGPT 回答

請寫出"每一個失敗都是一個機會：回顧我在NBA的職業生涯🏀 🏆"的Instagram post內文

大家好，今天我想談談我在NBA的職業生涯，作為一個職業籃球運動員，我經歷了許多高低起伏，也經歷了很多失敗。但是我始終相信，每一個失敗都是一個機會。

當我第一次進入NBA時，我曾被視為一個不夠優秀的球員。我被忽略了，沒有被選中，也沒有得到太多的關注。但這些挫折並沒有讓我放棄。相反地，我更加堅定了自己的信念，認為只要努力，我就能夠在NBA中立足。

在NBA的生涯中，我經歷了很多失敗。有的是因為自己的技術不夠好，有的是因為缺乏經驗和智慧。但是我並不會被這些失敗打取。相反地，我會從中吸取教訓，努力變得更好。

我的NBA生涯並不是一帆風順的。我經歷過許多困難和挫折。但是我從中學到了很多東西，也因此變得更加堅強和堅定。我的職業生涯給了我很多機會去成長和發展，讓我能夠在籃球場上展現自己的技術和才華。

我希望我能夠在自己的職業生涯中，繼續成長和進步。我會繼續對自己的技術和才華保持挑戰和追求，因為我相信每一個失敗都是一個機會。謝謝大家的支持和關注，讓我能夠在籃球場上發光發熱！

💡 對話範例：生成部落格文章

Q 提問

請寫出十個值得推薦高雄旅遊景點的部落格文章標題

😀 ChatGPT 回答

請寫出十個值得推薦高雄旅遊景點的部落格文章標題

1. 「在城市中尋找自然：高雄最美公園推薦」
2. 「高雄必訪的五大文化景點」
3. 「探訪高雄最受歡迎的夜市美食」
4. 「別有洞天的高雄老街：鹽埕區探索之旅」
5. 「高雄必去的五大海灘，夏日好去處！」
6. 「品味高雄的特色小吃：旗津島上的美食之旅」
7. 「高雄必遊的四大主題公園，好玩好拍照！」
8. 「漫步高雄的後花園：旗津後勁湖風景區」
9. 「高雄必去的三大歷史建築，見證城市的發展」
10. 「從港口走入歷史：高雄港區文化之旅」

Q 提問

請寫一篇上面標題「高雄必訪的五大文化景點」的部落格文章

ChatGPT 回答

> 請寫一篇上面標題「高雄必訪的五大文化景點」的部落格文章
>
> 高雄作為台灣南部的重要城市，不僅擁有豐富的自然景觀，還有著許多文化景點值得探訪。在這篇部落格中，我們要介紹高雄必訪的五大文化景點。
>
> 1. 高雄鳳山文化園區
>   位於鳳山區的高雄文化園區，是由鳳山糖廠改建而成，保存了許多懷舊風格的建築，也展示了當地的歷史文化。遊客可以在這裡欣賞到許多藝術展覽，也可以參加各種文化活動。
> 2. 高雄市立歷史博物館
>   高雄市立歷史博物館位於鼓山區，是一座專門收藏高雄市歷史文物的博物館。博物館內收藏了大量的古文物、照片、文獻等，展示了高雄市的歷史和文化發展。
> 3. 高雄市立美術館
>   高雄市立美術館是一座現代藝術博物館，位於左營區，館內收藏了豐富的現代藝術作品，還經常舉辦各種主題展覽，吸引了眾多藝術愛好者前來參觀。
> 4. 旗津海上風景區
>   旗津是高雄著名的觀光勝地之一，位於旗津區的海上風景區是遊客必訪的景點之一。遊客可以搭乘渡輪前往旗津，欣賞到美麗的海景和潔白的沙灘，還可以品嚐當地的海鮮美食。
> 5. 美麗島捷運站
>   美麗島捷運站是高雄的地標建築之一，位於前鎮區，是高雄捷運紅線的轉運站。這座建築以其獨特的造型和豐富的藝術裝飾聞名，遊客可以在這裡拍照留念，也可以欣賞到許多藝術作品。
>
> 以上是高雄必訪的五大文化景點，每個景點都有其

Q 提問

請繼續

ChatGPT 回答

> 請繼續
>
> 4. 高雄市立美術館
>   高雄市立美術館位於高雄市鼓山區，建築外觀獨特，是一座現代風格的大型文化藝術建築，設計者是知名建築師周照發，美術館內收藏著眾多珍貴的文化藝術品，包括中國古代青銅器、陶瓷、書畫等。另外，美術館也會不定期舉辦各種展覽，吸引著許多國內外的藝術愛好者前來參觀。
> 5. 高雄市立圖書館
>   高雄市立圖書館位於高雄市苓雅區，是一座現代化的大型圖書館。圖書館內擁有豐富的圖書資源和電子資源，提供各種閱讀和學習場所，是高雄市民的重要學習場所之一。此外，圖書館也會舉辦各種文化活動，例如講座、展覽、讀書會等，深受市民喜愛。
>
> 以上就是高雄必訪的五大文化景點，每個景點都有其獨特的文化內涵，讓人感受到不同的藝術魅力。如果你想要深入了解高雄的文化風情，不妨安排一天時間來探訪這五大景點，相信一定會留下難忘的回憶。

13-3-3　速覽影片摘要（YouTube Summary with ChatGPT）

「他山之石，可以攻錯！」如果行銷團隊想要參考國外其他同業的網站或行銷影片技巧，ChatGPT 可幫助我們自動快速產生像是新聞、網站、YouTube 影片摘要、網頁文章等的摘要內容，例如「YouTube Summary with ChatGPT」是一個免費的 Chrome 擴充功能，可讓您透過 ChatGPT AI 技術快速地觀看 YouTube 影片的摘要內容，有了這項擴充功能，能節省觀看影片的大量時間，加速學習。另外，您可以透過在 YouTube 上瀏覽影片時，點擊影片縮圖上的摘要按鈕，來快速查看影片摘要。

首先請在「chrome 線上應用程式商店」輸入關鍵字「YouTube Summary with ChatGPT」，接著點選「YouTube Summary with ChatGPT」擴充功能：

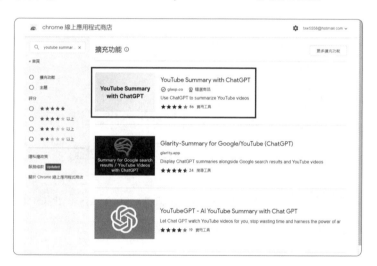

接著會出現下圖畫面，請按下「加到 Chrome」鈕：

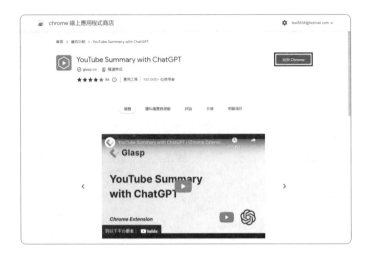

出現下圖視窗後，再按「新增擴充功能」鈕：

　　完成安裝後，各位可以先看一下有關「YouTube Summary with ChatGPT」擴充功能的影片介紹，就大概知道這個外掛程式的主要功能及使用方式：

接著我們就以實際例子來示範如何利用這項外掛程式的功能，首先請連上 YouTube 觀看想要快速摘要了解的影片，接著按「YouTube Summary with ChatGPT」擴充功能右方的展開鈕：

就可以看到這支影片的摘要說明，如下圖所示：

圖片來源：youtube.com/watch?v=s6g68rXh0go

在上圖中各位可以看到一個工具列 ，由左到右的功能分別為「View AI Summary」、「Jump to Current Time」、「Copy Transcript(Plain Text)」三項功能。其中「View AI Summary」鈕會啟動 ChagGPT 來查看該影片的摘要功能，如下圖所示：

其中「Jump to Current Time」鈕則會直接跳到目前影片播放位置的摘要文字說明，如下圖所示：

其中「Copy Transcript(Plain Text)」鈕則會複製摘要說明的純文字檔，各位可以依自己的需求貼上到指定的文字編輯器來加以應用。例如下圖為摘要文字內容貼到 Word 文書處理軟體的畫面：

其實 YouTube Summary with ChatGPT 這款擴充功能，它的原理就是將 YouTube 影片字幕提供給 ChatGPT，而 ChatGPT 就根據這個字幕的文字內容，快速摘要出這支影片的主要重點。在方框旁有一個複製的按鈕，就可以將文字丟入 ChatGPT，ChatGPT 就會幫我們摘要一段英文。如下圖所示：

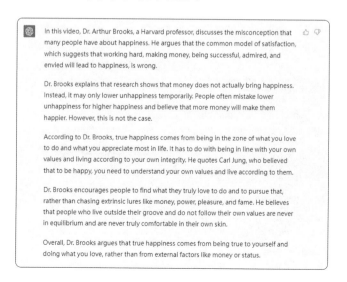

接著再輸入「請將上述英文翻譯成繁體中文」，就可以馬上翻譯成如下的成果：

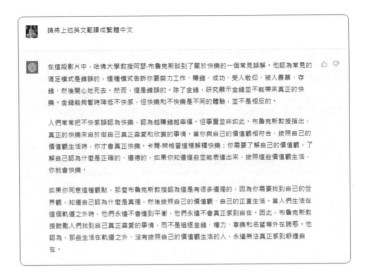

如果你已經拿到 New Bing 的權限，則可以直接使用 New Bing 上面的問答引擎，輸入「請幫我摘要這個網址影片：https://www.youtube.com/watch?v=s6g68rXh0go」，萬一輸入 YouTube 上瀏覽器的網址沒有成功，則建議影片的網址改放 YouTube 上面分享的短網址，例如：「請幫我摘要這個網址影片：https://youtu.be/s6g68rXh0go」，也能得到這個影片的摘要。

13-4 讓 ChatGPT 將 YouTube 影片轉成音檔（mp3）

我們可以請 ChatGPT 協助寫一支 Python 程式，教您如何將指定網址的 YouTube 影片轉成音檔（mp3）。完整的操作過程如下：

13-4-1 請 ChatGPT 寫程式

> **Q 提問**
>
> 我使用的程式語言是 Python，請問有辦法抓取 YouTube 影片的音擋嗎？

ChatGPT 回答

從上述 ChatGPT 的回答畫面中，ChatGPT 也提到這個範例程式碼只會下載影片的音軌，如果您需要下載影片的影像，可以使用 yt.streams.filter(only_video=True).first() 取得影像軌，並進行下載。

13-4-2　安裝 pytube 套件

為了可以順利下載音軌或影像軌，請確保您已經安裝 pytube 套件。如果沒有安裝，可以在「命令提示字元」的終端機，使用「pip install pytube」指令進行安裝。如下圖所示：

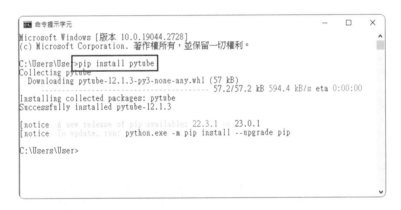

13-4-3　修改影片網址及儲存路徑

開啟 python 整合開發環境 IDLE，並複製貼上 ChatGPT 幫忙撰寫的程式，同時將要下載的 YouTube 影片網址更換成自己想要下載音檔的網址，並修改程式中的儲存路徑，例如本例中的 'D:\music' 資料夾。

```
ytdownload.py - C:/Users/User/Desktop/博碩_ChatGPT/範例檔/ytdownload.py (3.11.0)    —    □    ×
File  Edit  Format  Run  Options  Window  Help
from pytube import YouTube

# 建立 YouTube 物件
yt = YouTube('https://www.youtube.com/watch?v=BA8cD6G8zEA&t=25s')

# 取得影片中的音軌
audio = yt.streams.filter(only_audio=True).first()

# 下載音軌到指定位置
audio.download(output_path='D:\music')

                                                                    Ln: 11  Col: 0
```

不過一定要事先確保 D 硬碟這個 music 資料夾已建立好，如果還沒建立這個資料夾，請先於 D 硬碟按滑鼠右鍵，從快顯功能表中新建資料夾。如下圖所示：

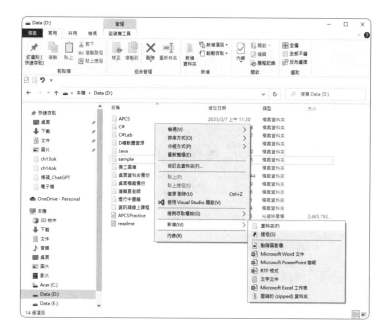

建立好資料夾後，會看到目前的資料夾是空的，沒有任何檔案。如下圖所示：

13-4-4　執行程式下載影片音檔（mp3）

接著請在 IDLE 中執行「Run/Run Module」指令：

程式執行完成後，如果沒有任何錯誤，就會出現如下圖的程式執行結束的畫面：

接著各位只要利用檔案總管開啟位於 D 硬碟的「music」資料夾，就可以看到已成功下載該 YouTube 網址的影片轉成音檔（mp3）。如下圖：

點選該音檔圖示，就會啟動各位電腦系統的媒體播放器來聆聽美妙的音樂。

請注意，這邊要提醒大家，不要未經授權下載有版權保護的影片喔！

13-5 活用 GPT-4 撰寫行銷文案

本章主要介紹如何利用 ChatGPT 發想產品特點、關鍵字與標題，並利用 ChatGPT 撰寫 FB、IG、Google、短影片文案，以及如何利用 ChatGPT 發想行銷企劃案。在本章中，我們將會介紹如何使用 ChatGPT 來協助您的行銷策略，並提供一些有用的技巧和建議。本章的例子採用微軟 Edge 瀏覽器內建的 New Bing 搜尋引擎來示範如何活用 GPT-4 撰寫行銷文案，主要目的是要以「油漆式速記多國語言雲端學習系統」為例，完整示範如何請 ChatGPT 撰寫行銷文案。

圖片來源：https://pmm.zct.com.tw/zct_add/

13-5-1 利用 ChatGPT 發想產品特點、關鍵字與標題

在現代商業社會，創新和行銷是推動業務增長的核心。如何讓您的產品在競爭激烈的市場中脫穎而出，是每一個企業都面臨的挑戰。利用 ChatGPT 作為一個智能的創意輔助工具，可以幫助您發想產品特點、關鍵字和標題，提高行銷效果。本小節將介紹如何利用 ChatGPT 這一工具來挖掘產品賣點的關鍵字，推薦適合的行銷文案標題，並提供一些有用的技巧和建議。讓您的產品更加吸引眼球，促進銷售增長。

💡 請教 ChatGPT 行銷產品的摘要特點

Q 提問

漆式速記多國語言雲端學習系統是什麼

回答畫面

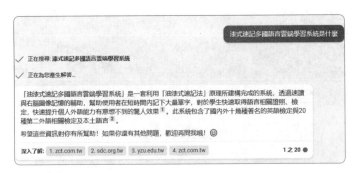

找出賣點的關鍵字

Q 提問

請列出漆式速記多國語言雲端學習系統介紹中的幾個重要關鍵字

回答畫面

推薦行銷文案標題

Q 提問

我想寫一篇行銷文案，請列出針對上述幾個重要關鍵字重點，列出 5 個行銷文案的標題

回答畫面

> 我想寫一篇行銷文案, 請列出針對上述幾個重要關鍵字重點, 列出5個行銷文案的標題

當然可以! 以下是我為您準備的5個行銷文案標題:

1. 用「油漆式速記法」, 快速提升你的外語能力!

2. 油漆式速記多國語言雲端學習系統, 讓你輕鬆應對各種語言檢定!

3. 油漆式速記多國語言雲端學習系統, 讓你在短時間內記下大量單字!

4. 油漆式速記多國語言雲端學習系統, 讓你的學習更有效率!

5. 油漆式速記多國語言雲端學習系統, 讓你的學習更有成效!

希望這些標題能夠幫助到您! 如果您還有其他問題, 歡迎再問我哦! 😊

3 之 20 ●

13-5-2　利用 ChatGPT 寫 FB、IG、Google、短影片文案

社交媒體和網路廣告成為現代企業行銷的重要途徑。撰寫引人入勝的社群媒體文案和廣告文案,能夠吸引目標客戶的注意力,提高產品的知名度和銷售量。此外,在短影片和演講推廣等方面,撰寫精煉而又生動有趣的文案也是至關重要的。利用 ChatGPT 智能寫作輔助工具,可以協助您撰寫各種社交媒體和網路廣告的文案,讓您的產品更容易被消費者所發現和喜愛。

在本小節中,我們將會介紹如何使用 ChatGPT 來協助您撰寫不同平台的行銷文案和腳本,並提供一些有用的技巧和建議。包括如何利用 ChatGPT 撰寫 FACEBOOK 社群行銷文案、IG 社群行銷文案、Google 平台的廣告文案,以及撰寫抖音短影片腳本和演講推廣的流程大綱。

💡 撰寫 FACEBOOK 社群行銷文案

Q 提問

請針對 " 油漆式速記多國語言雲端學習系統,讓你在短時間內記下大量單字!"
這個標題寫一篇適合 Facebook 平台的社群行銷文案
字數:200 字以內
廣告目標:吸引有大量背單字需求的使用者
文案風格:專業

😀 回答畫面

> 請針對"油漆式速記多國語言雲端學習系統，讓你在短時間內記下大量單字！"這個標題寫一篇適合 Facebook平台的社群行銷文案 字數：200字以內 廣告目標：吸引有大量背單字需求的使用者 文案風格：專業
>
> 當然可以！以下是我為您準備的Facebook社群行銷文案：
>
> 「油漆式速記多國語言雲端學習系統」，讓你在短時間內記下大量單字！如果你正在準備各種語言檢定，或是想要快速提升自己的外語能力，那麼這個系統絕對是你不可錯過的好幫手！利用「油漆式速記法」原理所建構完成的系統，透過速讀與右腦圖像記憶的輔助，幫助使用者在短時間內記下大量單字，讓你的學習更有效率、更有成效！如果你有大量背單字的需求，那麼這個系統一定能夠滿足你的需求。現在就來體驗「油漆式速記多國語言雲端學習系統」，讓你的學習事半功倍！
>
> 4 之 20 ●

💡 撰寫 IG 社群行銷文案

Q 提問

請針對 " 用「油漆式速記法」，快速提升你的外語能力！" 這個標題寫一篇適合 IG 平台的社群行銷文案

字數：200 字以內

廣告目標：吸引有想快提升外語能力的的使用者

文案口吻：活潑、幽默

😀 回答畫面

> 請針對「用「油漆式速記法」，快速提升你的外語能力！"這個標題寫一篇適合IG平台的社群行銷文案 字數：200字以內 廣告目標：吸引有想快提升外語能力的使用者 文案口吻：活潑、幽默
>
> 當然可以！以下是我為您準備的IG社群行銷文案：
>
> 「用「油漆式速記法」，快速提升你的外語能力！」如果你正在為了各種語言檢定而煩惱，或是想要快速提升自己的外語能力，那麼這個系統絕對是你不可錯過的好幫手！利用「油漆式速記法」原理所建構完成的系統，透過速讀與右腦圖像記憶的輔助，幫助使用者在短時間內記下大量單字，讓你的學習更有效率、更有成效！如果你想要快速提升自己的外語能力，那麼這個系統一定能夠滿足你的需求。現在就來體驗「油漆式速記多國語言雲端學習系統」，讓你的學習事半功倍！
>
> 5 之 20 ●

💡 撰寫 Google 平台的廣告文案

Q 提問

請針對 " 油漆式速記多國語言雲端學習系統，讓你輕鬆應對各種語言檢定！" 這個標題寫一篇適合 Google 平台的廣告文案

字數：200 字以內

文案口吻：活潑、幽默

🤖 回答畫面

> 請針對"油漆式速記多國語言雲端學習系統，讓你輕鬆應對各種語言檢定！"這個標題寫一篇適合Google平台的廣告文案 字數：200字以內 文案口吻：活潑、幽默
>
> 當然可以！以下是我為您準備的Google廣告文案：
>
> 「油漆式速記多國語言雲端學習系統，讓你輕鬆應對各種語言檢定！」如果你正在為了各種語言檢定而煩惱，或是想要快速提升自己的外語能力，那麼這個系統絕對是你不可錯過的好幫手！利用「油漆式速記法」原理所建構完成的系統，透過速讀與右腦圖像記憶的輔助，幫助使用者在短時間內記下大量單字，讓你的學習更有效率、更有成效！如果你想要輕鬆應對各種語言檢定，那麼這個系統一定能夠滿足你的需求。現在就來體驗「油漆式速記多國語言雲端學習系統」，讓你的學習事半功倍！
>
> 6 之 20 ●

💡 撰寫抖音短影片腳本

Q 提問

請針對 " 油漆式速記多國語言雲端學習系統，讓你在短時間內記下大量單字！"

這個標題寫一篇一分鐘短影片腳本

必須以條列式方式呈現，且必須有短影片角色設定

字數：100 字以內

😀 回答畫面

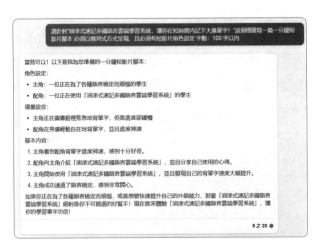

💡 撰寫演講推廣的流程大綱

Q 提問

我想去各學校以演講方式推廣行銷 " 油漆式速記多國語言雲端學習系統 ", 請幫我規劃一個 90 分的演講流程的大綱

😀 回答畫面

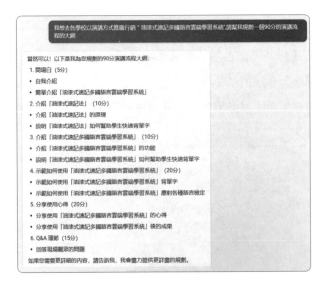

13-5-3　利用 ChatGPT 發想行銷企劃案

　　行銷企劃案是企業制定行銷策略和計畫的重要工具。有效的行銷企劃案可以幫助企業在競爭激烈的市場中獲得更大的優勢，提高品牌知名度和銷售量。然而，制定一個成功的行銷企劃案需要對市場和消費者進行深入的分析和了解，這對許多企業來說是一個挑戰。

　　利用 ChatGPT 這一智能創意輔助工具，可以幫助企業快速發想出多樣化的行銷企劃案，從而更好地應對市場變化和客戶需求。本小節將介紹如何利用 ChatGPT 發想出多種行銷企劃案，並且推薦其他的行銷方式，讓企業在行銷方面更具創新性和競爭力。

請 ChatGPT 規劃行銷企劃案

Q 提問

除了上述的文案撰寫及演講推廣之外，能否給我規劃三個行銷企劃案

回答畫面

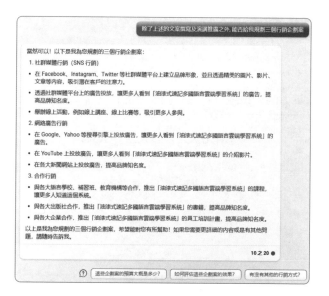

💡 請 ChatGPT 推薦其他的行銷方式

Q 提問

直接按下回答框下方的「有沒有其他的行銷方式？」

🤖 回答畫面

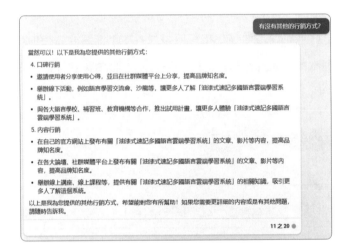

有沒有其他的行銷方式？

當然可以！以下是我為您提供的其他行銷方式：

4. 口碑行銷
- 邀請使用者分享使用心得，並且在社群媒體平台上分享，提高品牌知名度。
- 舉辦線下活動，例如語言學習交流會、沙龍等，讓更多人了解「油漆式速記多國語言雲端學習系統」。
- 與各大語言學校、補習班、教育機構等合作，推出試用計畫，讓更多人體驗「油漆式速記多國語言雲端學習系統」。

5. 內容行銷
- 在自己的官方網站上發布有關「油漆式速記多國語言雲端學習系統」的文章、影片等內容，提高品牌知名度。
- 在各大論壇、社群媒體平台上發布有關「油漆式速記多國語言雲端學習系統」的文章、影片等內容，提高品牌知名度。
- 舉辦線上講座、線上課程等，提供有關「油漆式速記多國語言雲端學習系統」的相關知識，吸引更多人了解這個系統。

以上是我為您提供的其他行銷方式，希望能對您有所幫助！如果您需要更詳細的內容或是有其他問題，請隨時告訴我。

11 之 20

💡 請 ChatGPT 總結行銷方式的效果

Q 提問

直接按下回答框下方的「這些行銷方式的效果如何？」

回答畫面

這些行銷方式的效果如何？

每一種行銷方式的效果都不同，以下是我為您整理的效果：

1. 社群媒體行銷（SNS 行銷）
- 可以提高品牌知名度，吸引更多人關注「油漆式速記多國語言雲端學習系統」。
- 可以透過社群媒體平台上的廣告投放，讓更多人看到「油漆式速記多國語言雲端學習系統」的廣告。
- 可以舉辦線上活動，例如線上講座、線上比賽等，吸引更多人參與。

2. 網路廣告行銷
- 可以讓更多人看到「油漆式速記多國語言雲端學習系統」的廣告。
- 可以在各大新聞網站上投放廣告，提高品牌知名度。

3. 合作行銷
- 可以與各大語言學校、補習班、教育機構等合作，推出「油漆式速記多國語言雲端學習系統」的課程，讓更多人知道這個系統。
- 可以與各大出版社合作，推出「油漆式速記多國語言雲端學習系統」的書籍，提高品牌知名度。
- 可以與各大企業合作，推出「油漆式速記多國語言雲端學習系統」的員工培訓計畫，提高品牌知名度。

4. 口碑行銷
- 可以邀請使用者分享使用心得，提高品牌知名度。
- 可以舉辦線下活動，例如語言學習交流會、沙龍等，讓更多人了解「油漆式速記多國語言雲端學習系統」。
- 可以與各大語言學校、補習班、教育機構等合作，推出試用計畫，讓更多人體驗「油漆式速記多國語言雲端學習系統」。

從上面的實例可以發現 ChatGPT 確實可以幫助行銷人員快速產生各種文案，如果希望文案的品質更加符合自己的期待，就必須在下達指令時要更加明確，也可以設定回答內容的字數或文案風格，也就是說，能夠精準提供給 ChatGPT 產生文案屬性的指令，就可以產出更符合我們期待的文案。

不過還是要特別強調，ChatGPT 只是個工具，它只是給你靈感及企劃方向或減少文案的撰寫時間，行銷人員還是要加入自己的意見，以確保文案的品質及行銷是否符合產品的特性或想要強調的重點，這些工作還是少不了有勞專業的行銷人員幫忙把關。當行銷人員下達指令後產出的文案成效不佳，這種情況下就要思考是否提問的資訊不夠精確完整，或是對要行銷產品的特點不夠了解，只要各位行銷人員也能精進與 ChatGPT 的互動的方式，持續訓練 ChatGPT，相信一定可以大幅改善行銷文案產出的品質，讓 ChatGPT 成為文案撰寫及行銷企劃的最佳幫手。

1. 請簡述聊天機器人的種類。

2. 如何才能註冊免費 ChatGPT 帳號？

3. 如何才能在 ChatGPT 中更換新的機器人？

4. 請簡單列出至少三個 ChatGPT 的應用範圍。

5. 請簡述 YouTube Summary with ChatGPT 這個 Chrome 擴充功能。

6. 如何利用 ChatGPT 發想產品特點、關鍵字與標題？

7. 如何利用 ChatGPT 發想行銷企劃案及推薦其他的行銷方式？

AI 多媒體科技
輕鬆打造吸睛網路行銷

◎ 最強 AI 繪圖生圖神器簡介
◎ DALL · E 3 AI 繪圖平台的技巧與實踐
◎ 使用 Midjourney 輕鬆繪圖
◎ 功能強大的 Playground AI 繪圖網站
◎ 微軟 Bing 的生圖工具：Copilot
◎ ChatGPT 和剪映軟體製作影片
◎ D-ID 讓照片人物動起來

　　早期社群行銷往往是以文字為基礎，分析商品在目標市場，消費者於網路社群討論與產品相關的話題、人物和市場效果。隨著人工智慧技術的進步，越來越多的 AI 多媒體成像平台應運而生，今天店家或品牌應善用目前最新的「AI 多媒體技術」來即時創造市場話題，打造吸睛、吸引消費者互動及觀看的圖像內容及影音素材，幫助我們提升社群的效果和消費體驗。

🤖 行銷名人吳淡如也在學習最新的 AI 繪圖技術

圖片來源：https://www.gemarketing.com.tw/relatnews/betty-ai/

14-1　最強 AI 繪圖生圖神器簡介

　　本節將介紹一些著名的 AI 繪圖生成工具和平台，這些工具和平台將生成式 AI 繪圖技術應用於實際的軟體和工具中，讓普通用戶也能輕鬆地創作出美麗的圖像和繪畫作品。這些 AI 繪圖生成工具和平台的多樣性，使用戶可以根據個人喜好和需求選擇最適合的工具，以下是一些知名的 AI 繪圖生成工具和平台的例子：

- Midjourney：這是一個 AI 繪圖平台，它讓使用者無需具備高超的繪畫技巧或電腦技術，僅需輸入幾個關鍵字，便能快速生成精緻的圖像。這款繪圖程式不僅高效，而且能夠提供出色的畫面效果。

圖片來源：https://www.midjourney.com

■ Stable Diffusion：這是於 2022 年推出的深度學習模型，專門用於從文字描述生
成詳細圖像。除了這個主要應用，它還可應用於其他任務，例如內插繪圖、外
插繪圖，以及以提示詞為指導生成圖像。

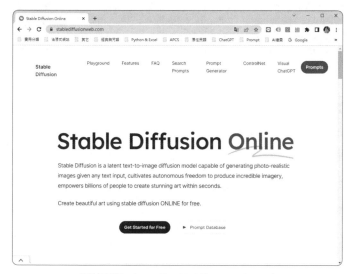

圖片來源：https://stablediffusionweb.com/

- DALL・E 3：非營利的人工智慧研究組織 OpenAI 在 2021 年初推出了名為 DALL・E 的 AI 製圖模型。DALL・E 的名字是藝術家 Salvador Dali 和機器人 WALL-E 的合成詞，使用者只需在 DALL・E 這個 AI 製圖模型中輸入文字描述，就能生成對應的圖片。而 OpenAI 後來也推出了升級版的 DALL・E 3，這個新版本生成的圖像不僅更加逼真，還能夠進行圖片編輯的功能。

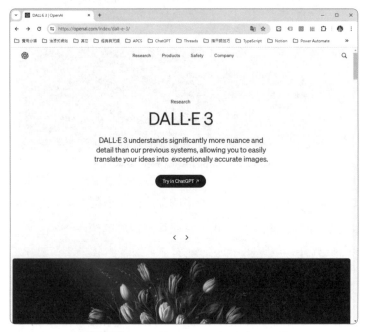

圖片來源：https://openai.com/index/dall-e-3/

- Copilot in Bing：微軟 Bing 針對台灣用戶推出了一款免費的 AI 繪圖工具，名為「Copilot」。這個工具是根據 OpenAI 的 DALL・E 3 圖片生成技術開發而成。使用者只需使用他們的微軟帳號登入該網頁，即可免費使用，並且對於一般用戶來說非常容易上手。使用這個工具非常簡單，圖片生成的速度也相當迅速（大約幾十秒內完成）。只需要在提示語欄位輸入圖片描述，即可自動生成相應的

圖片內容。不過需要注意的是，一旦圖片生成成功，使用者可以自由下載這些圖片。

圖片來源：https://www.bing.com/images/create

■ Playground AI：這是一個簡易且免費使用的 AI 繪圖工具。使用者不需要下載或安裝任何軟體，只需使用 Google 帳號登入即可。每天提供 1000 張免費圖片的使用額度，相較於其他 AI 繪圖工具的限制，此工具讓你有足夠的測試空間。使用上也相對簡單，提示詞接近自然語言，不需調整複雜參數。首頁提供多個範例供參考，當各位點擊「Remix」可以複製設定重新繪製一張圖片。請注意使用量達到 80% 時會通知，避免超過 1000 張限制，否則隔天將限制使用間隔時間。

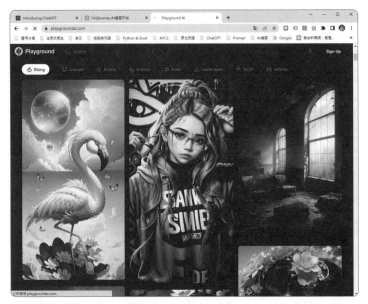

圖片來源：https://playgroundai.com/

　　以上這些知名的 AI 繪圖生成工具和平台提供了多樣化的功能和特色，讓用戶能夠嘗試各種有趣和創意的 AI 繪圖生成。然而，需要注意的是，有些工具可能需要付費或提供高級功能時需付費。在使用這些工具時，請務必遵守相關的使用條款和版權規定，尊重原創作品和知識產權。

14-2　DALL‧E 3 AI 繪圖平台的技巧與實踐

　　DALL‧E 3 利用深度學習和生成對抗網路（GAN）技術來生成圖像，並且可以從自然語言描述中理解和生成相應的圖像。例如，當給定一個描述「請畫出有很多氣球的生日禮物」時，DALL‧E 3 可以生成對應的圖像。

14-2-1 利用 DALL．E 3 以文字生成高品質圖像

要體會這項文字轉圖片的 AI 利器，可以連上 https://openai.com/index/dall-e-3/ 網站，接著請按下圖中的「Try in ChatGPT」鈕：

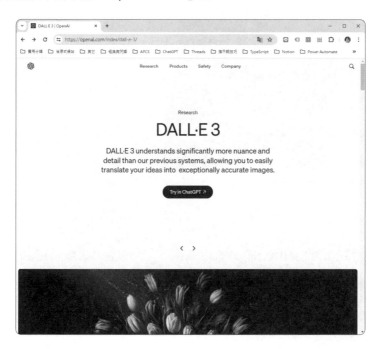

目前，DALL．E 3 的圖像生成功能僅對 ChatGPT Plus 和 ChatGPT Enterprise 用戶開放，免費版用戶暫時無法使用這項功能。不過，免費用戶可以透過 Bing 的 Copilot 來體驗 DALL．E 3 的圖像生成技術，先行嘗試其強大的功能。

接著請使用 Copilot 輸入要產生圖像的詳細描述，例如下圖輸入「請畫出有很多氣球的生日禮物」，再按下「提交」鈕，之後就可以快速生成品質相當高的圖像。如下圖所示：

接著嘗試按上圖的「描繪出歡樂的派對場景」鈕，就會產生類似下圖的圖片效果。

14-3 使用 Midjourney 輕鬆繪圖

Midjourney 是一款輸入簡單描述文字，就能讓 AI 自動幫你創建出獨特而新奇的圖片程式，只要 60 秒的時間，就能快速生成四幅作品。

🌐 由 Midjourney 產生的長髮女孩

想要利用 Midjourney 來嘗試作圖，你可以先免費試用，不管是插畫、寫實、3D 立體、動漫、卡通、標誌、或是特殊的藝術風格，它都可以輕鬆設計出來。不過免費版是有限制生成的張數，之後就必須訂閱付費才能夠使用，而付費所產生的圖片可做為商業用途。

14-3-1 申辦 Discord 的帳號

要使用 Midjourney 之前必須先申辦一個 Discord 的帳號，才能在 Discord 社群上下達指令。各位可以先前往 Midjourney AI 繪圖網站，網址為：https://www.midjourney.com/home/。

請先按下底端的「Join the Beta」鈕，它會自動轉到 Discord 的連結，請自行申請一個新的帳號，過程中需要輸入個人生日、密碼、電子郵件等相關資訊。由於 Midjourney 原本開放給所有人免費使用，但申請的人數眾多，官方已宣布不再提供免費服務，費用為每月 10 美元才能繼續使用。

14-3-2 登入 Midjourney 聊天室頻道

Discord 帳號申請成功後，每次電腦開機時就會自動啟動 Discord。當你受邀加入 Midjourney 後，你會在 Discord 左側看到 鈕，按下該鈕就會切換到 Midjourney。

❶ 按此鈕切換到 Midjourney

❸ 由右側欄位可欣賞其他新成員
的作品與下達的關鍵文字

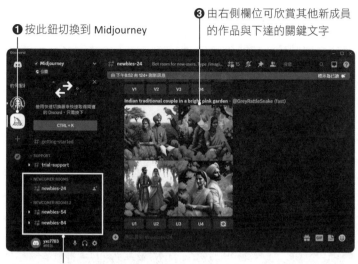

❷ 點選「newcomer rooms」中的任一頻道

對於新成員，Midjourney 提供了「newcomer rooms」，點選其中任一個含有「newbies-#」的頻道，就可以讓新進成員進入新人室中瀏覽其他成員的作品，也可以觀摩他人如何下達指令。

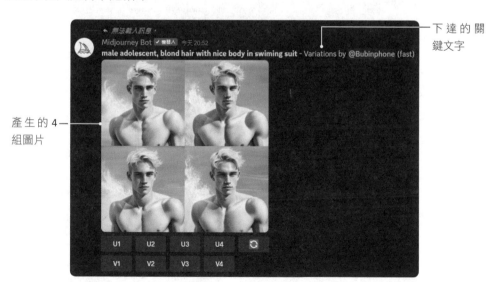

下達的關鍵文字

產生的 4 組圖片

14-3-3 下達指令詞彙來作畫

當各位看到各式各樣精采絕倫的畫作，是不是也想實際嘗試看看！下達指令的方式很簡單，只要在底端含有「+」的欄位中輸入「/imagine」，然後輸入英文的詞彙即可。你也可以透過以下方式來下達指令：

❶ 先進入新人室的頻道

❷ 按此鈕，並下拉選擇「使用應用程式」

❸ 再點選此項

❹ 在 Prompt 後方輸入你想要表達的英文字句，按下「Enter」鍵

❺ 約莫幾秒鐘，就會
在上方顯示作品

上方會顯示你所下達的指令和你的帳號

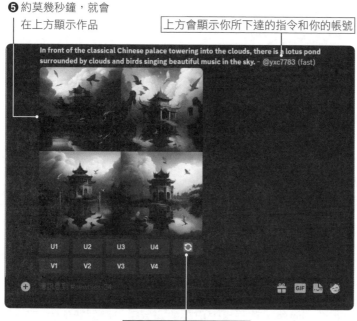

In front of the classical Chinese palace towering into the clouds, there is a lotus pond surrounded by clouds and birds singing beautiful music in the sky. - @yxc7783 (fast)

不滿意可按此鈕重新刷新

14-3-4 英文指令找翻譯軟體幫忙

對於如何在 Midjourney 下達指令詞彙有所了解後，再來說說它的使用技巧吧！首先是輸入的 prompt，輸入的指令詞彙可以是長文的描述，也可以透過逗點來連接詞彙。

在觀看他人的作品時，對於喜歡的畫風，你可以參閱他的描述文字，然後應用到你的指令詞彙之中。如果你覺得自己英文不好也沒有關係，可以透過 Google 翻譯或 DeepL 翻譯器之類的翻譯軟體，把你要描述的中文詞句翻譯成英文，再貼入 Midjourney 的指令區即可。同樣地，看不懂他人下達的指令詞彙，也可以將其複製後，以翻譯軟體幫你翻譯成中文。

特別注意的是，由於目前試玩 Midjourney 的成員眾多，洗版的速度非常快，你若沒有看到自己的畫作，往前後找找就可以看到。

14-3-5 重新刷新畫作

在你下達指令詞彙後，萬一呈現出來的四個畫作與你期望的落差很大，一種方式是修改你所下達的英文詞彙，另外也可以在畫作下方按下　重新刷新鈕，Midjourney 就會重新產生新的 4 個畫作出來。

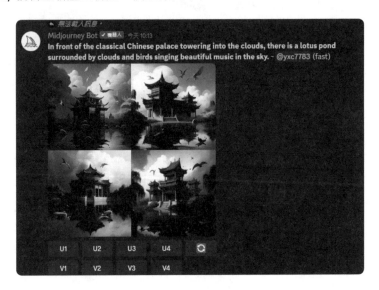

如果你想以某一張畫作來進行延伸的變化，可以點選 V1 到 V4 的按鈕，其中 V1 代表左上、V2 是右上、V3 左下、V4 右下。

14-3-6 取得高畫質影像

當產生的畫作有符合你的需求，你可以考慮將它保留下來。在畫作的下方可以看到 U1 到 U4 等 4 個按鈕。其中的數字是對應四張畫作，分別是 U1 左上、U2 右上、U3 左下、U4 右下。如果你喜歡右上方的圖，可按下 U2 鈕，它就會產生較高畫質的圖給你，如下圖所示。於畫作上按右鍵，執行「開啟連結」指令，會在瀏覽器上顯示大圖，再按右鍵執行「另存圖片」指令，就能將圖片儲存到你指定的位置。

14-4 功能強大的 Playground AI 繪圖網站

本節再介紹一個便捷且強大的 AI 繪圖網站— Playground AI。這個網站免費且不需要進行任何安裝程式，並且經常更新，以確保提供最新的功能和效果。Playground AI 讓使用者能夠完全自由地客製化生成圖像，同時還能夠以圖片作為輸入生成其

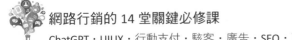
他圖像。使用者只需先選擇所偏好的圖像風格，然後輸入英文提示文字，最後點擊「Generate」按鈕即可立即生成圖片。

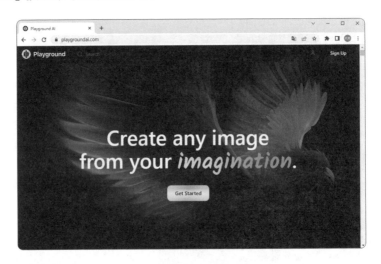

14-4-1 　學習圖片原創者的提示詞

首先，讓我們來探索其他人的技巧和創作。當你在 Playground AI 的首頁向下滑動時，會看到許多其他使用者生成的圖片，每一張圖片都展現了獨特且多樣化的風格。你可以自由地瀏覽這些圖片，並找到喜歡的風格。只需用滑鼠點擊任意一張圖片，就能看到該圖片的原創者、使用的提示詞，以及任何可能影響畫面出現的其他提示詞等相關資訊。

這樣的資訊對於學習和獲得靈感非常有幫助。你可以了解到其他人是如何使用提示詞和圖像風格來生成他們的作品。這不僅讓你更好地了解 AI 繪圖的應用方式，也可以啟發在創作過程中的想法和技巧。無論是學習他們的方法，還是從他們的作品中獲得靈感，都可以讓創作更加豐富和多元化。

Playground AI 提供了一個豐富的創作社群，讓你可以與其他使用者互相交流、分享和學習。這種互動和共享的環境可以激發創造力，並促使不斷進步和成長。所以，不要猶豫，立即探索這些圖片，看看可以從中獲得的靈感和創作技巧吧！

❶以滑鼠點選此圖片，使進入下圖畫面

圖片生成者

生成此張畫的 Prompt

複製 Prompt

再混合

　　即使你的英文程度有限，無法理解內容也不要緊，你可以將文字複製到「Google 翻譯」或者使用 ChatGPT 來協助你進行翻譯，以便得到中文的解釋。此外，你還可以點擊「Copy prompt」按鈕來複製提示詞，或者點擊「Remix」按鈕以混合提示詞來生成圖片。這些功能都可以幫助你更好地使用這個平台，獲得你所需的圖像創作體驗。

按下「Remix」鈕會進入 Playground 來生成混合的圖片

　　除了參考他人的提示詞來生成相似的圖像外，你還可以善用 ChatGPT 根據你自己的需求生成提示詞喔！利用 ChatGPT，你可以提供相關的說明或指示，讓 AI 繪圖模型根據你的要求創作出符合你想法的圖像。這樣你就能夠更加個性化地使用這個工具，獲得符合自己想像的獨特圖片。不要害怕嘗試不同的提示詞，挑戰自己的創意，讓 ChatGPT 幫助你實現獨一無二的圖像創作！

14-4-2　初探 Playground 操作環境

　　在瀏覽各種生成的圖片後，我相信你已經迫不及待地想要自己嘗試了。只需在首頁的右上角點擊「Sign Up」按鈕，然後使用你的 Google 帳號登入即可開始完全享受到 Playground AI 提供的所有功能和特色。

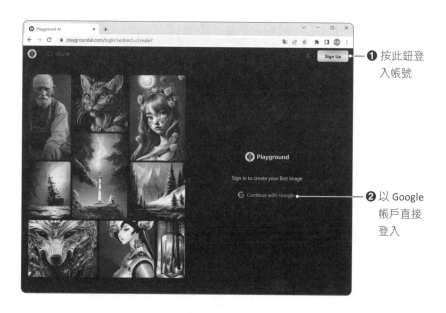

❶ 按此鈕登
入帳號

❷ 以 Google
帳戶直接
登入

❸ 顯示 Playground 的視窗畫面

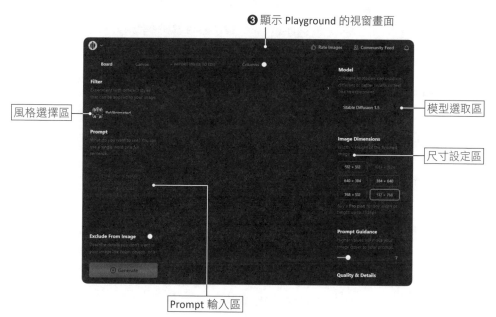

風格選擇區

模型選取區

尺寸設定區

Prompt 輸入區

14-4-3　利用 ChatGPT 取得最佳的提示詞

在這裡，我們將利用 ChatGPT 提出問題來獲得最佳的提示詞，然後將這些提示詞複製到 Playground AI 中生成圖片。這樣做可以確保 Playground AI 生成的圖片更符合我們的期望。我們可以讓 ChatGPT 扮演 Playground AI 的提示詞生成器，以獲得更具創意和個性化的繪圖提示。這種結合 ChatGPT 和 Playground AI 的方式將為我們帶來更加豐富和獨特的圖像創作體驗。現在就讓我們開始利用 ChatGPT 來生成最佳的繪圖提示，並在 Playground AI 中展開創作吧！

💬 prompt 提示

> **TX** 接下來請你扮演Playground AI繪圖提示生成器
>
> ⑤ 當然，我很樂意扮演Playground AI繪圖提示生成器的角色。請告訴我您希望生成的圖片內容或提供一些關鍵字，我將努力為您生成一個適合的繪圖提示。請描述您期望的畫面風格、主題或任何您想在圖片中看到的元素。我將嘗試生成一個繪圖提示，讓您可以在Playground AI中繼續創作。請提供您的需求，我將盡力幫助您。

當我們告訴 ChatGPT 我們想要的畫面效果時，接下來就輸入要提示的文字內容。

💬 prompt 提示

> **TX** 我想要一個歡樂的籃球總冠軍賽奪冠的慶祝畫面。
>
> ⑤ 給您的繪圖提示是：「一個歡樂的籃球總冠軍賽奪冠的慶祝畫面」。您可以將這個提示複製並貼到Playground AI的Prompt區塊中，然後按下「Generate」來生成相應的圖片。希望這個繪圖提示能幫助您創作出一個令人歡欣鼓舞的畫面！

如果 ChatGPT 給出的內容符合你的要求，你可以請它將其翻譯成英文。這樣，你就能獲得更優秀的提示詞，並將該段英文文字複製並貼到 Playground AI 中。這將有助於你在 Playground AI 中獲得更理想的生成圖像。

> 😊 prompt 提示

> TX　請將上面的繪圖提示翻譯成英文

> 🅖　The translation of the drawing prompt is: "A joyful celebration scene of winning the basketball championship." You can copy and paste this prompt into the Prompt section of Playground AI, and then click on "Generate" to create the corresponding image. I hope this drawing prompt helps you create an inspiring and joyful artwork!

14-4-4　實戰 Playground AI 生成圖片

一旦你登入 Playground 帳號，你可以使用左側的篩選器來選擇你喜歡的圖片濾鏡。按下圖示下拉式按鈕後，你將看到各種縮圖，這些縮圖可以大致展示出圖片呈現的風格。在這裡，你可以嘗試更多不同的選項，並發現許多令人驚豔的畫面。不斷探索和試驗，你將發現各種迷人的風格和效果等待著你。

現在，將 ChatGPT 生成的文字內容「複製」並「貼到」左側的提示詞（Prompt）區塊中。右側的「Model」提供四種模型選擇，預設值是「Stable Diffusion 1.5」，這是一個穩定的模型。DALL·E 3 模型需要付費才能使用，因此建議你繼續使用預設值。至於尺寸，免費用戶有五個選擇，其中 1024 x 1024 的尺寸需要付費才能使用。

❶ 將 ChatGPT 得到的文字內容貼入

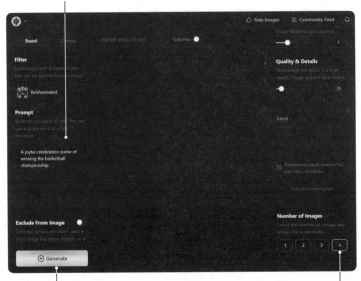

❸ 按此鈕生成圖片　　　　　　　❷ 這裡設定一次可生成 4 張圖片

完成基本設定後，最後只需按下畫面左下角的「Generate」按鈕，即可開始生成
圖片。

14-4-5　放大檢視生成的圖片

生成的四張圖片太小看不清楚嗎？沒關係，可以在功能表中選擇全螢幕來觀看。

❶ 按下「Actions」鈕，在下拉功能表單中選擇「View full screen」指令

❷ 以最大的顯示比例顯示畫面，再按一下滑鼠就可離開

14-4-6 利用 Create Variations 指令生成變化圖

當 Playground 生成四張圖片後，如果有找到滿意的畫面，就可以在下拉功能表單中選擇「Create Variations」指令，讓它以此為範本再生成其他圖片。

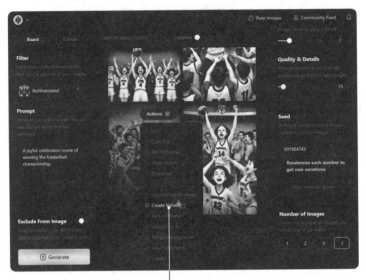

❶ 選擇「Create Variations」指令生成變化圖

❷ 生成四張類似的變化圖

14-4-7 生成圖片的下載

當你對 Playground 生成的圖片滿意時，可以將畫面下載到你的電腦上，它會自動儲存在你的「下載」資料夾中。

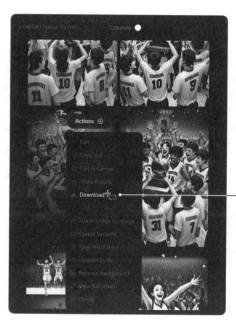

選擇「Download」指令下載檔案

14-5 微軟 Bing 的生圖工具：Copilot

微軟 Bing 引入了 Copilot 功能，可讓使用者輕鬆將文字轉化為圖片。這款 Copilot AI 影像生成工具已經正式推出，且對所有使用者免費開放。使用者可以輸入中文或英文的提示詞，Copilot 會迅速生成相應的圖片。

Copilot 會先描述設計理念再生成圖片，但目前生成的圖像僅限於正方形，無法顯示全景。這個影像生成工具使用的引擎與 ChatGPT 相同，均基於 DALL·E 技術。當使用者透過提示詞生成圖像後，可以將滑鼠游標移至任一圖像上，右鍵點擊以開啟功能表，執行另存圖片、複製圖片等操作。

14-5-1 從文字快速生成圖片

現在，讓我們來示範如何使用 AI 從文字建立影像。首先請先連上以下的網址（https://www.bing.com/images/create），參考以下的操作步驟：

❶ 點選「加入並創作」鈕

你可以有兩種登入方式：

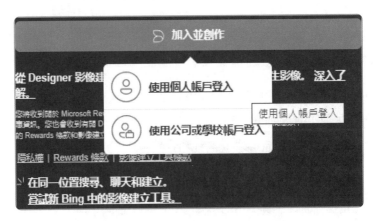

這裡選擇「使用個人帳戶登入」，其相關操作步驟，示範如下：

❷ 輸入 Microsoft 帳號

❸ 按「下一步」鈕

❹ 輸入使用者 Microsoft 帳號的密碼

❺ 按下「登入」鈕

❻ 如果要保持登入則可以直接按下「是」鈕，若有勾選「不要再顯示」核取方塊，則下次登入時就不會再出現這個畫面

登入後即可使用 Copilot AI 工具來快速生成圖片，下圖為介面的簡易功能說明：

這裡會有 Credits 的數字，雖然免費，但每
次生成一張圖片則會使用掉一點

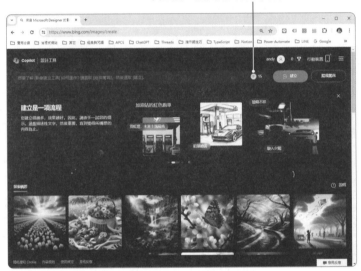

接著示範從輸入提示文字，到產生圖片的實作過程：

❶ 輸入提示文字「The beautiful hostess is dancing with the male
host on the dance floor.」（也可以輸入中文提示詞）

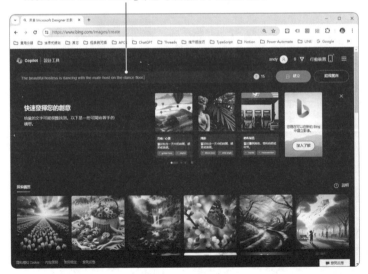

❷ 按「建立」鈕可以開始產生圖，一些秒數之後就可以
根據提示詞一次生成 4 張圖片，請點按其中一張圖片

❸ 接著就可以針對該圖片按右鍵呼叫快顯功
能表，選擇對圖片的操作指令

14-5-2 「給我驚喜」可自動產生提示詞

你也可以再次輸入不同的提示詞，以生成更多圖片，輕鬆使用 Copilot 將文字轉換成圖片，或是按下圖的「給我驚喜」可以讓系統自動產生提示文字。

例如此處的「Superman sitting at a cubical, 1930's comic」，如下圖所示：

接著只要再按下「建立」鈕就可以根據這個提示文字生成新的四張圖片，如下圖所示：

點選喜歡的圖片就可以放大查看該圖片，並允許使用者進行「分享」、「儲存」或「下載」等操作行為。如下圖所示：

14-6 ChatGPT 和剪映軟體製作影片

當 ChatGPT 日益受到大家的關注後，透過它的幫忙可以快速為 YouTuber 製作影片內容，也能透過它來進行產品的宣傳。特別是 ChatGPT 和剪映軟體二者合體，那麼不管是文字腳本、圖片、字幕、旁白錄音、配樂等，只要幾分鐘的時間就可以搞定，而且生成的影片品質可比擬專業水準。這一小節就來為各位做說明，如何利用 ChatGPT 和剪映軟體來製作影片。

14-6-1 使用 ChatGPT 構思腳本

首先各位可以在 ChatGPT 上，將想要詢問的主題直接詢問機器人，這裡以端午節為例，請 ChatGPT 簡要告知端午節的由來，並請它以美食專家的身分來介紹三款台灣人最喜歡的粽子。如下圖：

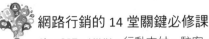
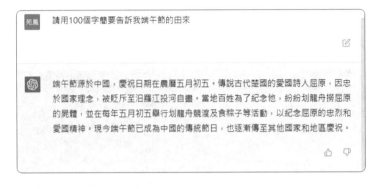

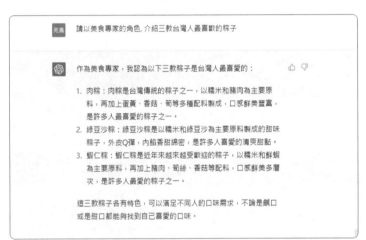

14-6-2 使用記事本編輯文案

對於 ChatGPT 所提供的內容，你可以照單全收，如果想要進一步編修，可以利用 Ctrl+C 鍵「複製」機器人的解答，再到記事本中按 Ctrl+V 鍵「貼上」文案，即可在記事本中編修內容。

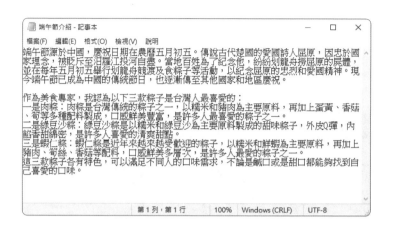

14-6-3 使用剪映軟體製作視訊

剪映軟體是一套簡單易用的影片剪輯軟體，可以輸出高畫質且無浮水印的影片，能在 Mac、Windows、手機上使用，不但支援多軌剪輯、還提供多種的素材和濾鏡可以改變畫面效果。剪映軟體可以免費使用，功能又不輸於付費軟體，且支援中文，因此很多自媒體創作者都以它來製作影片。欲使用剪映軟體，可在 Google 搜尋「剪映」，或到官網下載。專業版下載網址：https://www.capcut.cn/?_trms=67db0 6e7ac082773.1680246341625。

完成下載和安裝程式後，桌面上會顯示 ✂ 圖示鈕，按滑鼠兩下即可啟動程式。啟動後會看到如下的首頁畫面，請按下「圖文成片」鈕，即可快速製作影片。

❶ 按此鈕做圖文成片，使顯示下圖視窗

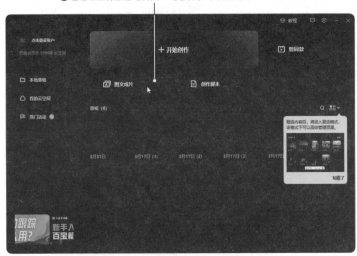

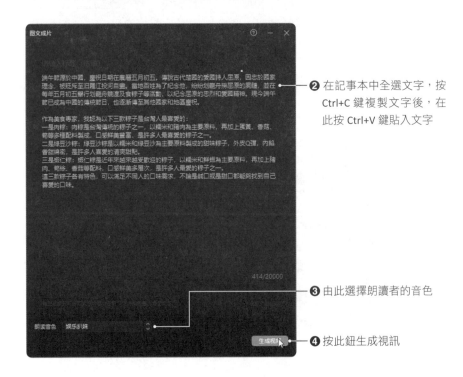

❷ 在記事本中全選文字，按 Ctrl+C 鍵複製文字後，在此按 Ctrl+V 鍵貼入文字

❸ 由此選擇朗讀者的音色

❹ 按此鈕生成視訊

❺ 影片生成中，請稍待一下

❻ 完成影片的生成，包含字幕、旁白、圖片、音樂等，按此鈕預覽影片

　　夠厲害吧！一分半的影片只要一分鐘的時間就產生出來了。這樣就不用耗費力氣去找尋適合的圖片或影片素材，旁白和背景音樂也幫你找好，真夠神速！如果有不適合的素材圖片亦可按右鍵來替換素材。

14-6-4　導出視訊影片

　　影片製作完成，最後就是輸出影片，按下右上角的「導出」鈕，除了輸出影片外，也可以一併導出音檔和字幕喔！

❶ 按此鈕導出影片

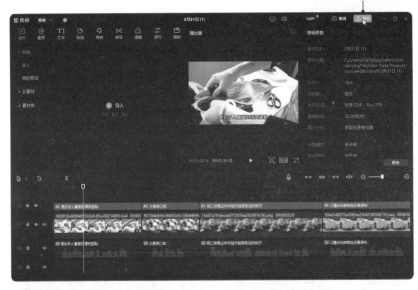

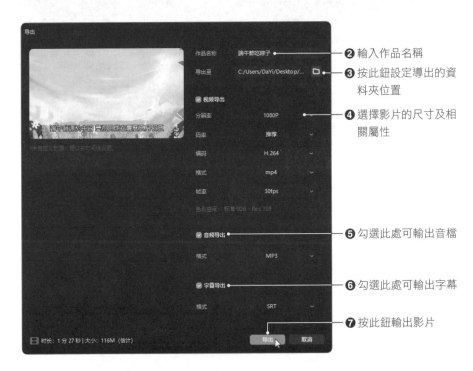

❷ 輸入作品名稱

❸ 按此鈕設定導出的資料夾位置

❹ 選擇影片的尺寸及相關屬性

❺ 勾選此處可輸出音檔

❻ 勾選此處可輸出字幕

❼ 按此鈕輸出影片

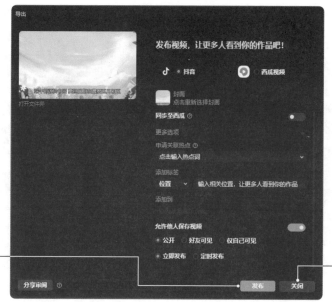

按「發布」鈕
可發布到抖音
或西瓜視頻

按「關閉」鈕
離開可在設定
的資料夾中看
到影片

14-7 D-ID 讓照片人物動起來

前面我們介紹了利用 ChatGPT 讓機器人幫我們構思有關端午節的介紹。如果你希望有演講者來解說影片的內容，那麼可以考慮使用 D-ID，讓它自動生成 AI 演講者。

14-7-1 準備人物照片

在人物照片方面，你可以選用真人的照片，也可以使用前面介紹的 Midjourney來生成人物，如下圖所示。如果你有預先將人物照片做去背景處理，屆時匯入到剪映視訊軟體之中，還可以與影片素材整合在一起。

　　使用 Midjourney 生成的人物　　　　　　　　已做去背景處理的人物

　　　要將人物做去背景處理很簡單，一般的繪圖軟體就可以做到，你也可以使用線上的 removebg 進行快速去背處理，網址：https://www.remove.bg/zh。

❶ 將相片拖曳到此處

❷ 顯示去背的結果　　　　❸ 按此鈕下載檔案

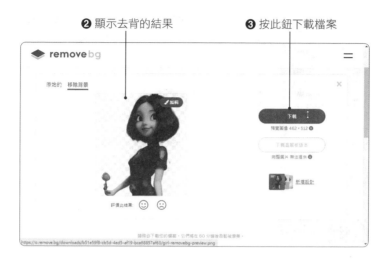

請將相片拖曳到網站上，幾秒鐘的時間就可以看到去背景的成果，按「下載」鈕可下載到你的電腦中，待會我們就以去背景的人物匯入到 D-ID 網站。

14-7-2　登入 D-ID 網站

有了人物和解說的內容，接下來開啟瀏覽器，搜尋 D-ID，使顯現如下的畫面。網址：https://www.d-id.com/。

❶ 按此鈕登入

❷ 按下「Guest」訪客鈕，再選擇「Login/Signup」

❸ 在此輸入電子郵件和密碼，此處筆者以 Google 帳號進行登入

❺ 按此鈕開始建立影片

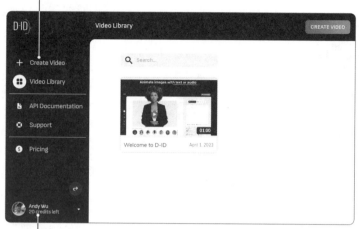

❹ 進入個人帳號,新帳號有 20 個 Credits 可以試用

進入 D-ID 個人的帳戶後,新用戶有 20 個 Credits 可運用。要建立影片請從左上方按下「Create Video」鈕。

14-7-3 D-ID 讓真人說話

請將 ChatGPT 所生成的文字內容複製後,貼入右側的 Script 欄位,接著在 Language 欄位選擇語言,要使用繁體中文就選擇「Chinese(Taiwanese Mandarin, Traditional)」的選項,Voice 則有男生和女聲可以選擇。人物的部分,你可以直接套用網站上所提供的人物大頭貼,也可以按下中間的黑色圓鈕「Add」來加入自己的照片,或是利用 AI 繪圖所完成的人物圖像,按下 🔊 鈕試聽一下人物角色與聲音是否搭配,最後按下右上方的「Generate video」鈕即可生成視訊。

❶ 貼入文案　❻ 按此鈕產生影片

❹ 按此鈕匯入人物照片　❺ 按此鈕試聽效果　❸ 選擇人聲　❷ 選擇語言

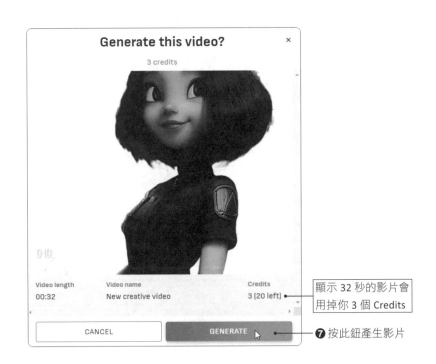

顯示 32 秒的影片會
用掉你 3 個 Credits

❼ 按此鈕產生影片

❽ 影片完成囉！點選可觀看成果

❾ 按下「播放」鈕即可看到維妙維肖的人物播報內容

❿ 按此鈕下載影片

14-7-4 播報人物與剪映整合

當我們完成播報人物的匯出後，你可以將動態人物匯入到剪映軟體中做整合，並利用「智能摳像」的功能完成去背處理。去背整合的技巧如下：

❶ 開啟剪映軟體，按此鈕導入剛剛下載的人物影片

❸ 拖曳四角的控制點調整畫面比例，並移到想要放置的位置

❷ 將人物拖曳到時間軸中擺放

❹ 從右側面板切換到「畫面／摳像」

❻ 瞧！人物去除黑色背景，完美與背景融合在一起　❺ 點選「智能摳像」的選項

這麼簡單就完成影片的製作，各位也來嘗試看看喔！

1. 請舉出至少三個知名的 AI 繪圖生成工具和平台。

2. 如何才能利用 DALL‧E 3 以文字生成高品質圖像？

3. 在 Midjourney 中，若呈現出來的四個畫作與你期望的落差很大時，有哪些作法可以改善？

4. 請簡述 Playground AI 繪圖網站的主要功能。

5. 試舉例如何利用 ChatGPT 扮演 Playground AI 的提示詞生成器。

6. 請簡述「微軟 Bing 的生圖工具：Copilot」的功能特點。

APPENDIX

老鳥鐵了心都要懂的
最夯網路行銷專業術語

每個行業都有該領域的專業術語，網路行銷產業也不例外，面對一個已經成熟的網路行銷環境，通常不是經常在網路行銷相關工作的從業人員，面對這些術語可能就沒這麼熟悉了，以下我們特別整理出網路行銷產業中常見的專業術語：

- Accelerated Mobile Pages, AMP（加速行動網頁）：是 Google 的一種新項目，網址前面顯示一個小閃電形符號，設計的主要目的是在追求效率，就是簡化版 HTML，透過刪掉不必要的 CSS 以及 JavaScript 功能與來達到加快速度的效果，對於圖檔、文字字體、特定格式等限定，網頁如果有製作 AMP 頁面，幾乎不需要等待就能完整瀏覽頁面與加載完成，因此 AMP 也有加強 SEO 作用。

- Active User（活躍使用者）：在 Google Analytics「活躍使用者」報表可以讓分析者追蹤 1 天、7 天、14 天或 28 天內有多少使用者到您的網站拜訪，進而掌握使用者在指定的日期內對您網站或應用程式的熱衷程度。

- Ad Exchange（廣告交易平台）：類似一種股票交易平台的概念運作，讓廣告賣方和買方聯繫在一起，在此進行媒合與競價。

- Advertising（廣告主）：出錢買廣告的一方，例如最常見的電商店家。

- Advertorial（業配）：所謂「業配」是「業務配合」的簡稱，也就是商家付錢請電視台的業務部或是網紅對該店家進行採訪，透過電視台的新聞播放或網紅的推薦，例如在自身創作影片上以分享產品及商品介紹為主的內容，達成品牌置入性行銷廣告目的，透過影片即可讓觀眾獲取歸屬感，並跟著對產品趨之若鶩。

- Affiliate Marketing（聯盟行銷）：歐美廣泛運用的廣告行銷模式，是一種讓網友與商家形成聯盟關係的新興數位行銷模式，廠商與聯盟會員利用聯盟行銷平台建立合作夥伴關係，讓沒有產品的推廣者也能輕鬆幫忙銷售商品。

- Agency（代理商）：有些廣告對於廣告投放沒有任何經驗，通常會選擇直接請廣告代理商來幫忙規劃與操作。

- Apple Pay：是 Apple 的手機信用卡付款方式，只要使用該公司推出的 iPhone 或 Apple Watch（iOS 9 以上）相容的行動裝置，並將卡號輸入 iPhone 中的 Wallet App，經過驗證手續後，就可以使用 Apple Pay 來購物，還比傳統信用卡來得安全。

- Application（App）：就是軟體開發商針對智慧型手機及平板電腦所開發的一種應用程式，App 涵蓋的功能包括了圍繞於日常生活的的各項需求。

- Application Service Provider, ASP（**應用軟體租賃服務業**）：透過網際網路或專線，以租賃的方式向提供軟體服務的供應商承租，定期支付租金，即可迅速導入所需之軟體系統，並享有更新升級的服務。

- App Store：是蘋果公司針對使用 iOS 作業系統的應用程式商店，讓用戶可透過手機上網購買或免費試用 App。

- Artificial Intelligence, AI（**人工智慧**）：人工智慧的概念最早是由美國科學家 John McCarthy 於 1955 年提出，目標為使電腦具有類似人類學習解決複雜問題與展現思考等能力，也就是由電腦所模擬或執行，具有類似人類智慧或思考的行為，例如推理、規劃、問題解決及學習等能力。

- Asynchronous JavaScript and XML, AJAX：是一種動態網頁技術，結合了 Java 技術、XML 以及 JavaScript 技術，類似 DHTML。可提高網頁開啟的速度、互動性與可用性，並達到令人驚喜的網頁特效。

- Augmented Reality, AR（**擴增實境**）：一種將虛擬影像與現實空間互動的技術，透過攝影機影像的位置及角度計算，在螢幕上讓真實環境中加入虛擬畫面，強調的不是要取代現實空間，而是在現實空間中添加一個虛擬物件，並且能夠即時產生互動，各位應該看過電影鋼鐵人在與敵人戰鬥時，頭盔裡會自動跑出敵人路徑與預估火力，就是一種 AR 技術的應用。

- Average Order Value, AOV（**平均訂單價值**）：所有訂單帶來收益的平均金額，AOV 越高當然越好。

- Avg. Session Duration（**平均工作階段時間長度**）：指所有工作階段的總時間長度（秒）除以工作階段總數所求得的數值。網站訪客平均單次訪問停留時間，這個時間當然是越長越好。

- Avg. Time on Page（**平均網頁停留時間**）：是用來顯示訪客在網站特定網頁上的平均停留時間。

- Backlink（**反向連結**）：就是從其他網站連到你的網站的連結，如果你的網站擁有優質的反向連結（例如：新聞媒體、學校、大企業、政府網站），代表你的網站越多人推薦，當反向連結的網站越多、就越被搜尋引擎所重視。

- Bandwidth（**頻寬**）：是指固定時間內網路所能傳輸的資料量，通常在數位訊號中是以 bps 表示，即每秒可傳輸的位元數（bits per second）。

- **Banner Ad（橫幅廣告）**：最常見的收費廣告，自 1994 年推出以來就廣獲採用至今，在所有與品牌推廣有關的網路行銷手段中，橫幅廣告的作用最為直接，主要利用在網頁上的固定位置，至於橫幅廣告活動要能成功，全賴廣告素材的品質。

- **Beacon**：藉由低功耗藍牙技術（Bluetooth Low Energy, BLE）進行室內定位技術應用，可做為物聯網和大數據平台的小型串接裝置，具有主動推播行銷應用特性，比 GPS 有更精準的微定位功能，是連結店家與消費者的重要環節，只要手機安裝特定 App，透過藍牙接收到代碼便可觸發 App 做出對應動作，可以包括在室內導航、行動支付、百貨導覽、人流分析，及物品追蹤等近接感知應用。

- **Big Data（大數據）**：由 IBM 於 2010 年提出，大數據不僅僅是指更多資料而已，主要是指在一定時效（Velocity）內進行大量（Volume）且多元性（Variety）資料的取得、分析、處理、保存等動作，主要特性包含四種層面：大量性（Volume）、速度性（Velocity）、多樣性（Variety）及真實性（veacity）。

- **Black Hat SEO（黑帽 SEO）**：是指有些手段較為激進的 SEO 做法，透過欺騙或隱瞞搜尋引擎演算法的方式獲得排名與免費流量，常用的手法包括在建立無效關鍵字的網頁、隱藏關鍵字、關鍵字填充、購買舊網域、不相關垃圾網站建立連結或付費購買連結等。

- **Bots Traffic（機器人流量）**：非人為產生的作假流量，就是機器流量的俗稱。

- **Bounce Rate（跳出率、彈出率）**：是指單頁造訪率，也就是訪客進入網站後在固定時間內（通常是 30 分鐘）只瀏覽了一個網頁就離開網站的次數百分比，這個比例數字越低越好，越低表示你的內容抓住網友的興趣，跳出率太高多半是網站設計不良所造成。

- **Breadcrumb Trail（麵包屑導覽列）**：也稱為導覽路徑，是基本的橫向文字連結組合，透過層級連結來帶領訪客更進一步瀏覽網站的方式，對於提高用戶體驗來說相當有幫助。

- **Business to Business, B2B（企業對企業間）**：指企業與企業間或企業內透過網際網路所進行的一切商業活動。例如上下游企業的資訊整合、產品交易、貨物配送、線上交易、庫存管理等。

- **Business to Customer, B2C（企業對消費者間）**：指企業直接和消費者間的交易行為，一般以網路零售業為主，將實體店面所銷售的實體商品，改以透過網際網路直接面對消費者進行實體商品或虛擬商品的交易活動，大大提高了交易效率，節省了各類不必要的開支。

- Button Ad（**按鈕式廣告**）：是一種小面積的廣告形式，因為收費較低，較符合無法花費大筆預算的廣告主，例如行動呼籲鈕就是一個按鈕式廣告模式，呼籲消費者去採取某些有助消費的活動。

- Buzz Marketing（**話題行銷**）：或稱蜂鳴行銷，和口碑行銷類似，企業或品牌利用最少的方法主動進行宣傳，在討論區引爆話題，造成人與人之間的口耳相傳，如蜜蜂在耳邊嗡嗡作響的 buzz，然後再吸引媒體與消費者熱烈討論。

- Call to Action, CTA（**行動呼籲**）：希望訪客去達到某些目的的行動，希望呼籲消費者去採取某些有助消費的活動，例如故意將訪客引導至網站策劃的「到達頁面」（Landing Page），會有特別的 CTA，讓訪客參與店家企劃的活動。

- Cascading Style Sheets, CSS：一般稱之為串聯式樣式表，其作用主要是為了加強網頁上的排版效果（圖層也是 CSS 的應用之一），可以用來定義 HTML 網頁上物件的大小、顏色、位置與間距，甚至是為文字、圖片加上陰影等等功能。

- Channel Grouping（**管道分組**）：因為每一個流量的來源特性不一致，而且網路流量的來源可能非常多，為了有效管理及分析各個流量的成效，就有必要將流量根據它的性質來加以分類，這就是所謂的管道分組。

- Churn Rate（**流失率**）：代表網站中一次性消費的顧客佔所有顧客的比率，這個比率當然是越低越好。

- Click Through Rate, CTR（**點閱率**）：或稱為點擊率，是指在廣告曝光的期間內，有多少人看到廣告後決定按下的人數百分比，也就是指廣告獲得的點擊次數除以曝光次數的點閱百分比，可作為一種衡量網頁熱門程度的指標。

- Click（**點擊率**）：指網路用戶使用滑鼠點擊某個廣告的次數，每點選一次即稱為 one click。

- Cloud Computing（**雲端運算**）：為下一波電子商務與網路科技結合的重要商機，雲端運算時代來臨將大幅加速電子商務市場發展，「雲端」其實就是泛指「網路」，用來表達無窮無際的網路資源，代表了龐大的運算能力。

- Cloud Service（**雲端服務**）：亦即「網路運算服務」，概念是利用網際網路的力量，透過雲端運算將各種服務無縫式的銜接，讓使用者可以連接與取得由網路上多台遠端主機所提供的不同服務。

- Computer Version, CV（**電腦視覺**）：研究如何使機器「看」的系統，讓機器具備與人類相同的視覺，以做為產品差異化與大幅提升系統智慧的手段。

- **Content Marketing（內容行銷）**：滿足客戶對資訊的需求，與多數傳統廣告相反，是一門與顧客溝通但不做任何銷售的藝術，在於如何設定內容策略，可以既不直接宣傳產品吸引目標讀者，又能夠圍繞在產品周圍，最後驅使消費者採取購買行動的行銷技巧，形式可以包括文章、圖片、影片、網站、型錄、電子郵件等。

- **Conversion Rate, CR（轉換率）**：網路流量轉換成實際訂單的比率，訂單成交次數除以同個時間範圍內帶來訂單的廣告點擊總數，就是從網路廣告過來的訪問者中最終成交客戶的比率。

- **Conversion Rate Optimization, CRO（轉換優化）**：藉由讓網站內容優化來提高轉換率，達到以最低的成本得到最高的投資報酬率。轉換優化是數位行銷當中至關重要的環節，涉及了解使用者如何在網站上移動與瀏覽細節，電商品牌透過優化每一個階段的轉換率，讓顧客對瀏覽的體驗過程更加滿意，提升消費者購買的意願，一步步地把訪客轉換為顧客。

- **Cookie（餅乾）**：小型文字檔，網站經營者可以利用 Cookie 來了解使用者的造訪記錄，例如造訪次數、瀏覽過的網頁、購買過哪些商品等。

- **Cost Per Action, CPA（回應數收費）**：廣告店家付出的行銷成本是以實際行動效果來計算付費，例如註冊會員、下載 App、填寫問卷等，畢竟廣告對店家而言，最實際的就是廣告期間帶來的訂單數，可以有效降低廣告店家的廣告投放風險。

- **Cost Per Click, CPC（點擊數收費）**：一種按點擊數付費的方式，指搜尋引擎的付費競價排名廣告推廣形式，就是按照點擊次數計費，不管廣告曝光量多少，沒人點擊就不用付錢。例如關鍵字廣告一般採用這種定價模式，不過這種方式比較容易作弊，經常導致廣告店家利益受損。

- **Cost Per Impression, CPI（播放數收費）**：傳統媒體多採取這種計價方式，是以廣告總共播放幾次來收取費用，通常對廣告店家較不利，不過由於手機播放較容易吸引用戶的注意，仍然有些行動廣告是使用這種方式。

- **Cost Per Lead, CPL（每筆名單成本）**：以收集潛在客戶名單的數量收費，也算是 CPC 的變種方式，例如根據聯盟行銷的會員數推廣效果來付費。

- Cost Per Mille, CPM（**廣告千次曝光費用**）：全文應該是 Cost Per Mille Impression，指廣告曝光一千次所要花費的費用，就算沒有產生任何點擊，只要千次曝光就會計費，通常多在數百元之間。

- Cost Per Response, CPR（**訪客留言付費**）：根據每位訪客留言回應的數量來付費，這種以訪客的每一個回應計費方式是屬於輔助銷售的廣告模式。

- Cost Per Sales, CPS（**實際銷售筆數付費**）：按照廣告點擊後產生的實際銷售筆數付費，也就是點擊進入廣告不用收費，算是 CPA 的變種廣告方式，目前受到許多電子商務網站歡迎，例如各大網路商城廣告。

- Coverage Rate（**覆蓋率**）：用來記錄廣告實際與希望觸及到了多少人的百分比。

- Creative Commons, CC（**創用 CC**）：源自著名法律學者 Lawrence Lessig 教授，於 2001 年在美國成立 Creative Commons 非營利性組織，目的在提供一套簡單、彈性的「保留部分權利」（Some Rights Reserved）著作權授權機制。

- Creator（**創作者**）：包含創作文字、相片與影片內容的人，例如 Blogger、YouTuber。

- Cross-Border Ecommerce（**跨境電商**）：是全新的一種國際電子商務貿易型態，也就是消費者和賣家在不同的關境（實施同一海關法規和關稅制度境域）交易主體，透過電子商務平台完成交易、支付結算與國際物流送貨、完成交易的一種國際商業活動，讓消費者滑手機，就能直接購買全世界任何角落的商品。

- Cross-selling（**交叉銷售**）：當顧客進行消費的時候，發現顧客可能有多種需求時，說服顧客增加花費而同時售賣出多種相關的服務及產品。

- Crowdfunding（**群眾集資**）：透過群眾的力量來募得資金，使 C2C 模式由生產銷售模式，延伸至資金募集模式，以群眾的力量共築夢想，來支持個人或組織的特定目標。近年來群眾募資在各地掀起浪潮，募資者善用網際網路吸引世界各地的大眾出錢，用少量金額來尋求贊助各類創作與計畫。

- Customer Acquisition Cost, CAC（**客戶購置成本**）：說服顧客到你的網店購買之前投入的所有花費。

- Customer Relationship Management, CRM（**顧客關係管理**）：顧客關係管理是由 Brian Spengler 在 1999 年提出，最早開始發展顧客關係管理的國家是美國。CRM 的定義是指企業運用完整的資源，以客戶為中心的目標，讓企業具備更完善的客戶交流能力，透過所有管道與顧客互動，並提供適當的服務給顧客。

- **Customer's Lifetime Value, CLV（顧客終身價值）**：指每位顧客未來可能為企業帶來的所有利潤預估值，也就是透過購買行為，企業會從一個顧客身上獲得多少營收。

- **Customer to Business, C2B（消費者對企業型的電子商務）**：是一種將消費者帶往供應者端，並產生消費行為的電子商務新類型，也就是主導權由廠商手上轉移到了消費者手中。

- **Customer to Customer, C2C（客戶對客戶型的電子商務）**：個人使用者透過網路供應商所提供的電子商務平台與其他消費者進行直接交易的商業行為，消費者可以利用此網站平台販賣或購買其他消費者的商品。

- **Customization（客製化）**：是廠商依據不同顧客的特性而提供量身定做的產品與服務，消費者可在任何時間和地點，透過網際網路進入購物網站買到各種式樣的個人化商品。

- **Cybersquatter（網路蟑螂）**：指搶先一步登記知名企業網域名稱者，讓網域名稱爭議與搶註糾紛日益增加，不願妥協的企業公司就無法取回與自己企業相關的網域名稱。

- **Database Marketing（資料庫行銷）**：利用資料庫技術維護顧客名單，並尋找出顧客行為模式的潛在需求，也就是回到行銷最基本的核心 - 分析消費者行為，針對不同喜好的客戶給予不同的行銷文宣 以達到企業對目標客戶的需求供應。

- **Data Highlighter（資料螢光筆）**：Google 網站管理員工具，讓您以點選方式進行操作，只需透過滑鼠就可以讓資料螢光筆標記網站上的重要資料欄位（如標題、描述、文章、活動等）。

- **Data Manage Platform, DMP（數據管理平台）**：主要應用於廣告領域，是指將分散的大數據進行整理優化，確實拼湊出顧客的樣貌，進而再使用來投放精準的受眾廣告，在數位行銷領域扮演重要的角色。

- **Data Mining（資料探勘）**：是一種資料分析技術，可視為資料庫中知識發掘的一種工具，可以從一個大型資料庫所儲存的資料中萃取出有價值的知識，廣泛應用於各行各業中，現代商業及科學領域都有許多相關的應用。

- **Data Science（資料科學）**：為企業組織解析大數據當中所蘊含的規律，就是研究從大量的結構性與非結構性資料中，透過資料科學分析其行為模式與關鍵影響因素，也就是在模擬決策模型，發掘隱藏在大數據資料背後的商機。

- Data Warehouse（**資料倉儲**）：於 1990 年由資料倉儲 Bill Inmon 首次提出，是以分析與查詢為目的所建置的系統，目的是希望整合企業的內部資料，並綜合各種外部資料，經由適當的安排來建立一個資料儲存庫。

- Deep Learning, DL（**深度學習**）：算是 AI 的一個分支，也可以看成是具有層次性的機器學習法，源自於類神經網路（Artificial Neural Network）模型，並且結合了神經網路架構與大量的運算資源，目的在於讓機器建立與模擬人腦進行學習的神經網路，以解釋大數據中圖像、聲音和文字等多元資料。

- Demand Side Platform, DSP（**需求方服務平台**）：可以讓廣告主在平台上操作跨媒體的自動化廣告投放，像是設置廣告的目標受眾、投放的裝置或通路、競價方式、出價金額等等。

- Differentiated Marketing（**差異化行銷**）：現代企業為了提高行銷的附加價值，開始對每個顧客量身打造產品與服務，塑造個人化服務經驗與採用差異化行銷，蒐集並分析顧客的購買產品與習性，並針對不同顧客需求提供產品與服務，為顧客提供量身定做式的服務。

- Digital Marketing（**數位行銷**）：或稱為網路行銷（Internet Marketing），是一種雙向的溝通模式，能幫助無數電商網站創造訂單和收入，本質其實和傳統行銷一樣，最終目的都是為了影響目標消費者（Target Audience），主要差別在於行銷溝通工具不同，現在則可透過網路通訊的數位性整合，使文字、聲音、影像與圖片可以結合在一起，讓行銷標的變得更為生動與即時。

- Dimension（**維度**）：Google Analytics 報表中所有的可觀察項目都稱為「維度」，例如訪客的特徵：這位訪客是來自哪一個國家 / 地區，或是這位訪客是使用哪一種語言。

- Directory listing submission, DLS（**網站登錄**）：如果想增加網站曝光率，最簡便的方式可以在知名的入口網站中登錄該網站的基本資料，讓眾多網友可以透過搜尋引擎找到，稱為「網站登錄」。國內知名的入口及搜尋網站如 PChome、Google、Yahoo! 奇摩等，都提供有網站資訊登錄的服務。

- Direct Traffic（**直接流量**）：指訪問者直接輸入網址產生的流量，例如透過別人的電子郵件中的連結到你的網站。

- Down-sell（**降價銷售**）：當顧客對於銷售產品或服務都沒有興趣時，唯一一個銷售策略就是降價銷售。

- E-commerce ecosystem（電子商務生態系統）：指以電子商務為主體結合商 業生態系統概念。

- E-Distribution（電子配銷商）：是最普遍也最容易了解的網路市集，將數千家供應商的產品整合到單一線上電子型錄，一個銷售者服務多家企業，主要優點是銷售者可以為大量的客戶提供更好的服務，將數千家供應商的產品整合到單一電子型錄上。

- E-Learning（數位學習）：是指在網際網路上建立一個方便的學習環境，在線上存取流通的數位教材，進行訓練與學習，讓使用者連上網路就可以學習到所需的知識，且與其他學習者互相溝通，不受空間與時間限制，也是知識經濟時代提升人力資源價值的新利器，可以讓學習者學習更方便、自主化的安排學習課程。

- Electronic Commerce, EC（電子商務）：一種在網際網路上所進行的交易行為，即「電子」加上「商務」，主要是將供應商、經銷商與零售商結合在一起，透過網際網路提供訂單、貨物及帳務的流動與管理。

- Electronic Funds Transfer, EFT（電子資金移轉或稱為電子轉帳）：使用電腦及網路設備，通知或授權金融機構處理資金往來帳戶的移轉或調撥行為。例如在電子商務的模式中，金融機構間之電子資金移轉（EFT）作業就是一種 B2B 模式。

- Electronic Wallet（電子錢包）：是一種符合安全電子交易的電腦軟體，當你在網路上購買東西時，可直接用電子錢包付錢，而不會看到個人資料，將可有效解決網路購物的安全問題。

- Email Direct Marketing（電子報行銷）：依舊是企業經營老客戶的主要方式，多半是由使用者訂閱，再經由信件或網頁的方式來呈現行銷訴求。由於電子報費用相對低廉，加上可以追蹤，大大的節省行銷時間及提高成交率。

- Email Marketing（電子郵件行銷）：含有商品資訊的廣告內容，以電子郵件的方式寄給不特定的使用者，除擁有成本低廉的優點外，更大的好處其實是能夠發揮「病毒式行銷」（Viral Marketing）的威力，創造互動分享（口碑）的價值。

- E-Market Place（電子交易市集）：透過網路與資訊科技輔助所形成的虛擬市集，本身是一個網路的交易平台，具有能匯集買主與供應商的功能，其實就是一個市場，各種買賣都在這裡進行。

- Engaged time（**互動時間**）：了解網站內容和瀏覽者的互動關係，最理想的方式是記錄他們實際上在網站互動與閱讀內容的時間。

- Enterprise Information Portal, EIP（**企業資訊入口網站**）：是指在 Internet 的環境下，將企業內部各種資源與應用系統，整合到企業資訊的單一入口中。EIP 也是未來行動商務的一大利器，以企業內部的員工為對象，只要能夠無線上網，為顧客提供服務時，一旦臨時需要資料，都可以馬上查詢，讓員工幫你聰明地賺錢，還能更多元化的服務員工。

- E-Procurement（**電子採購商**）：是擁有許多線上供應商的獨立第三方仲介，會同時包含競爭供應商和競爭電子配銷商的型錄，主要優點是可以透過賣方的競標，達到降低價格的目的，有利於買方來控制價格。

- E-Tailer（**線上零售商**）：銷售產品與服務給個別消費者，而賺取銷售的收入，使製造商更容易地直接銷售產品給消費者，而除去中間商的部份。

- Exit Page（**離開網頁**）：指於使用者工作階段中最後一個瀏覽的網頁。

- Exit Rate（**離站率**）：訪客在網站上所有的瀏覽過程中，進入某網頁後離開網站的次數除以所有進入包含此頁面的總次數。

- Expert System, ES（**專家系統**）：是將專家（如醫生、會計師、工程師、證券分析師）的經驗與知識建構於電腦上，以類似專家解決問題的方式透過電腦推論某一特定問題的建議或解答。例如環境評估系統、醫學診斷系統、地震預測系統等都是大家耳熟能詳的專業系統。

- eXtensible Markup Language, XML（**可延伸標記語言**）：譯為「可延伸標記語言」，可以定義每種商業文件的格式，並且在不同的應用程式中都能使用，由全球資訊網路標準制定組織 W3C，根據 SGML 衍生發展而來，是一種專門應用於電子化出版平台的標準文件格式。

- External Link（**反向連結**）：就是從其他網站連到你的網站的連結，如果你的網站擁有優質的反向連結（例如：新聞媒體、學校、大企業、政府網站），代表你的網站越多人推薦，當反向連結的網站越多、就越被搜尋引擎所重視。

- Extranet（**商際網路**）：為企業上、下游各相關策略聯盟企業間整合所構成的網路，需要使用防火牆管理，通常 Extranet 是屬於 Intranet 的子網路，可將使用者延伸到公司外部，以便客戶、供應商、經銷商以及其他公司，可以存取企業網路的資源。

- Fashionfluencer（時尚網紅）：在時尚界具有話語權的知名網紅。

- Featured Snippets（精選摘要）：Google 從 2014 年起，為了提升用戶的搜尋經驗與針對所搜尋問題給予最直接的解答，會從前幾頁的搜尋結果節錄適合的答案，並在 SERP 頁面最顯眼的位置產生出內容區塊（第 0 個位置），通常會以簡單的文字、表格、圖片、影片，或條列解答方式，內容包括商品、新聞推薦、國際匯率、運動賽事、電影時刻表、產品價格、天氣，與知識問答等，還會在下方帶出店家網站標題與網址。

- Fifth-Generation（5G）：是行動電話系統第五代，也是 4G 之後的延伸，5G 技術是整合多項無線網路技術而來，包括以前幾代行動通訊的先進功能，對一般用戶而言，最直接的感覺是 5G 比 4G 又更快、更不耗電，預計未來將可實現 10Gbps 以上的傳輸速率。這樣的傳輸速度下可以在短短 6 秒中，下載 15GB 完整長度的高畫質電影。

- File Transfer Protocol, FTP（檔案傳輸協定）：透過此協定，即使不同電腦系統，也能在網際網路上相互傳輸檔案。檔案傳輸分為兩種模式：下載（Download）和上傳（Upload）。

- Filter（過濾）：是指捨棄掉報表上不需要或不重要的數據。

- Financial Electronic Data Interchange, FEDI（金融電子資料交換）：是透過電子資料交換方式進行企業金融服務的作業介面，就是將 EDI 運用在金融領域，可作為電子轉帳的建置及作業環境。

- Fitfluencer（健身網紅）：經常在針對運動、健身或瘦身、飲食分享許多經驗及小撇步，例如知名的館長。

- Followers（追蹤訂閱）：增加訂閱人數，主動將網站新資訊傳送給他們，是提高品牌忠誠度與否的一大指標。

- Foodfluencer（美食網紅）：指在美食、烹調與餐飲領域有影響力的人，通常會分享餐廳、美食、品酒評論等。

- Fourth-Generation（4G）：行動電話系統的第四代，是 3G 之後的延伸，傳輸速度理論值約比 3.5G 快 10 倍以上，能夠達成更多樣化與私人化的網路應用。LTE（Long Term Evolution，長期演進技術）是全球電信業者發展 4G 的標準。

- Fragmentation Era（碎片化時代）：代表現代人的生活被很多碎片化的內容所切割，因此想要抓住受眾的眼球越來越難，同樣的品牌接觸消費者的地點也越來越不固定，接觸消費者的時間越來越短，碎片時間搖身一變成為贏得消費者的黃金時間。

- Fraud（作弊）：特別是指流量作弊。

- Gamification Marketing（遊戲化行銷）：是指將遊戲中有好玩的元素與機制，透過行銷活動讓受眾「玩遊戲」，同時深化參與感，將你的目標客戶緊緊黏住，因此成了各個品牌不斷探索的新行銷模式。

- Global Positioning System, GPS（全球定位系統）：是透過衛星與地面接收器，達到傳遞方位訊息、計算路程、語音導航與電子地圖等功能，目前有許多汽車與手機都安裝有 GPS 定位器作為定位與路況查詢之用。

- Google AdWords（關鍵字廣告）：Google 推出的關鍵字行銷廣告，包辦所有 Google 的廣告投放服務，例如您可以根據目標決定出價策略，選擇正確的廣告出價類型，例如是否要著重在獲得點擊、曝光或轉換。Google Adwords 的運作模式就好像世界級拍賣會，瞄準你想要購買的關鍵字，出一個你覺得適合的價格，如果你的價格比別人高，你就有機會取得該關鍵字，並在該關鍵字曝光你的廣告。

- Google Analytics, GA：Google 所提供的免費且功能強大的跨平台網路行銷流量分析工具，能提供最新的數據分析資料，包括網站流量、訪客來源、行銷活動成效、頁面拜訪次數、訪客回訪等，幫助客戶有效追蹤網站數據和訪客行為，稱得上是全方位監控網站與 App 完整功能的必備網站分析工具。

- Google Analytics Tracking Code（Google Analytics 追蹤碼）：這組追蹤碼會追蹤到訪客在每一頁上所進行的行為，並將資料送到 Google Analytics 資料庫，再透過各種演算法的運算與整理，再將這些資料儲存起來，並在 Google Analytics 以各種類型的報表呈現。

- Google Data Studio：免費的資料視覺化製作報表的工具，它可以串接多種 Google 的資料，再將所取得的資料結合該工具的多樣圖表、版面配置、樣式設定…等功能，讓報表以更為精美的外觀呈現。

- **Google Hummingbird（蜂鳥演算法）**：蜂鳥演算法與以前的熊貓演算法和企鵝演算法模式不同，主要是加入了自然語言處理（Natural Language Processing, NLP）的方式，讓 Google 使用者的查詢，與搜尋結果能更精準且快速，還能打擊過度關鍵字填充，大幅改善 Google 資料庫的準確性，針對用戶的搜尋意圖進行更精準的理解，去判讀使用者的意圖，期望給用戶快速精確的答案，而不再只是一大堆的相關資料。

- **Google Panda（熊貓演算法）**：熊貓演算法是一種確認優良內容品質的演算法，負責從搜索結果中刪除內容整體品質較差的網站，目的是減少內容農場或劣質網站的存在，像是有複製、抄襲、重複或內容不良的網站，特別是避免用目標關鍵字填充頁面或使用不正常的關鍵字用語，這些將會是熊貓演算法首要打擊的對象。

- **Google Penguin（企鵝演算法）**：連結是 Google SEO 的重要因素之一，企鵝演算法是為了避免垃圾連結與垃圾郵件的不當操縱，並確認優良連結品質的演算法，Google 希望網站的管理者應以產生優質的外部連結為目的，垃圾郵件或是操縱任何鏈接都不會帶給網站額外的價值，不要只是為了提高網站流量、排名，刻意製造相關性不高或虛假低品質的外部連結。

- **Google Play**：針對 Android 系統所提供的一個線上應用程式服務平台，透過 Google Play 可以尋找、購買、瀏覽、下載及評比使用手機免費或付費的 App 和遊戲，Google Play 為一開放性平台，任何人都可上傳其所開發的應用程式。

- **Graphics Processing Unit, GPU（圖形處理器）**：指以圖形處理單元（GPU）搭配 CPU，含有數千個小型且更高效率的 CPU，不但能有效處理平行運算（Parallel Computing），還可以大幅增加運算效能。

- **Gray Hat SEO（灰帽 SEO）**：介於黑帽 SEO 跟白帽 SEO 的優化模式，簡單來說，就是會有一點投機取巧，卻又不會嚴重的犯規，用險招讓網站承擔較小風險，遊走於規則的「灰色地帶」，因為這樣可以利用某些技巧來提升網站排名，同時又不會被搜尋引擎懲罰到，例如一些連結建置、交換連結、適當反覆使用關鍵字（盡量不違反 Google 原則）等及改寫別人文章，是很多 SEO 團隊比較偏好的優化方式。

- Growth Hacking（**成長駭客**）：跨領域地結合行銷與技術背景，直接透過「科技工具」和「數據」的力量，短時間內快速成長與達成各種增長目標，所以更接近「行銷 + 程式設計」的綜合體。成長駭客和傳統行銷相比，更注重密集的實驗操作和資料分析，目的是創造真正流量，達成增加公司產品銷售與顧客的營利績效。

- Guy Kawasaki（**蓋伊‧川崎**）：社群媒體的網紅先驅者，經常會分享重要的社群行銷觀念。

- Hadoop：源自 Apache 軟體基金會（Apache Software Foundation）底下的開放原始碼計畫（Open source project），為了因應雲端運算與大數據發展所開發出來的技術，使用 Java 撰寫並免費開放原始碼，用來儲存、處理、分析大數據的技術，兼具低成本、靈活擴展性、程式部署快速和容錯能力等特點。

- Hashtag（**主題標籤**）：只要在字句前加上 #，便形成一個標籤，用以搜尋主題，是社群網路上流行的行銷工具，已經成為品牌行銷重要一環，可以利用時下熱門的關鍵字，並以 Hashtag 方式提高曝光率。

- Heat map（**熱度圖、熱感地圖**）：在一個圖上標記哪項廣告經常被點選，是獲得更多關注的部分，可了解使用者有興趣的瀏覽區塊。

- High Performance Computing, HPC（**高效能運算**）：透過應用程式平行化機制，在短時間內完成複雜、大量運算工作，專門用來解決耗用大量運算資源的問題。

- Horizontal Market（**水平式電子交易市集**）：產品是跨產業領域，可以滿足不同產業的客戶需求。此類網交易商品，都是一些具標準化流程與服務性商品，同時也比較不需要個別產業專業知識與銷售服務，可以經由電子交易市集可進行統一採購，讓所有企業對非專業的共同業務進行採買或交易。

- Host Card Emulation, HCE（**主機卡模擬**）：Google 於 2013 年底所推出的行動支付方案，可以透過 App 或是雲端服務來模擬 SIM 卡的安全元件。HCE 僅需 Android 5.0（含）版本以上且內建 NFC 功能的手機，申請完成後卡片資訊（信用卡卡號）將會儲存於雲端支付平台，交易時由手機發出一組虛擬卡號與加密金鑰來驗證，驗證通過後才能完成感應交易，能避免刷卡時資料外洩的風險。

- Hotspot（**熱點**）：是指在公共場所提供無線區域網路（WLAN）服務的連結地點，讓大眾可以使用筆記型電腦或 PDA，透過熱點的「無線網路橋接器」（AP）連結上網際網路，無線上網的熱點越多，無線上網的涵蓋區域便越廣。

- Hunger Marketing（**飢餓行銷**）：以「賣完為止、僅限預購」來創造行銷話題，製造產品一上市就買不到的現象，促進消費者購買該產品的動力，讓消費者覺得數量有限不買可惜。

- Hypertext Markup Language, HTML：標記語言是純文字型態的檔案，以標記的方式來告知瀏覽器以何種方式將文字、圖像等多媒體資料呈現於網頁之中。通常要撰寫網頁的 HTML 語法時，只要使用 Windows 預設的記事本就可以了。

- Impression, IMP（**曝光數**）：經由廣告到網友所瀏覽的網頁上一次即為曝光數一次。

- Influencer Marketing（**網紅行銷**）：虛擬社交圈更快速取代傳統銷售模式，網紅的推薦甚至可以讓廠商業績翻倍，素人網紅似乎在目前的社群平台比明星代言人更具行銷力。

- Influencer（**影響者 / 網紅**）：在網路上某個領域具有影響力的人。

- Intellectual Property Rights, IPR（**智慧財產權**）：劃分為著作權、專利權、商標權等三個範疇進行保護規範，這三種領域保護的智慧財產權並不相同，在制度的設計上也有所差異，例如發明專利、文學和藝術作品、表演、錄音、廣播、標誌、圖像、產業模式、商業設計等等。

- Internal Link（**內部連結**）：指的是在同一個網站上向另一個頁面的超連結。

- Internet Bank（**網路銀行**）：係指客戶透過網際網路與銀行電腦連線，無須受限於銀行營業時間、營業地點之限制，隨時隨地從事資金調度與理財規劃，並可充分享有隱密性與便利性，即可直接取得銀行所提供之各項金融服務，現代家庭中有許多五花八門的帳單，都可以透過電腦來進行網路轉帳與付費。

- Internet Celebrity Marketing（**網紅行銷**）：就像過去品牌找名人代言，透過與藝人結合，提升本身品牌價值，然而相對於企業砸重金請明星代言，網紅的推薦甚至可以讓廠商業績翻倍，素人網紅似乎在目前的行動平台更具說服力，逐漸地取代過去以明星代言的行銷模式。

- Internet Content Provider, ICP（**線上內容提供者**）：是向消費者提供網際網路資訊服務和增值業務，主要提供有智慧財產權的數位內容產品與娛樂，包括期刊、雜誌、新聞、CD、影帶、線上遊戲等。

- Internet Marketing（**網路行銷**）：由行銷人員將創意、商品及服務等構想，利用通訊科技、廣告促銷、公關及活動方式在網路上執行。

- Internet of Things, IOT（**物聯網**）：特性是將各種具裝置感測設備的物品，例如 RFID、環境感測器、全球定位系統（GPS）雷射掃描器等裝置，與網際網路結合起來形成一個巨大網路系統，並透過網路技術讓各種實體物件、自動化裝置彼此溝通和交換資訊，透過網路把所有東西都連結在一起。

- Internet（**網際網路**）：是一種連接各種電腦網路的網路，以 TCP/IP 為它的網路標準，只要透過 TCP/IP 協定，就能享受 Internet 上所有一致性的服務。網際網路上並沒有中央管理單位的存在，而是數不清的個人網路或組織網路，這網路聚合體中的每一成員自行營運與負擔費用。

- Intranet（**企業內部網路**）：指企業體內的 Internet，將 Internet 的產品與觀念應用到企業組織，透過 TCP/IP 協定來串連企業內外部的網路，以 Web 瀏覽器作為統一的使用者介面，更以 Web 伺服器來提供統一服務窗口。

- JavaScript：直譯式（Interpret）的描述語言，是在客戶端（瀏覽器）解譯程式碼，內嵌在 HTML 語法中，當瀏覽器解析 HTML 文件時就會直譯 JavaScript 語法並執行，JavaScript 不只能讓我們隨心所欲控制網頁的介面，也能夠與其他技術搭配做更多的應用。

- jQuery：是一套開放原始碼的 JavaScript 函式庫（Library），不但簡化了 HTML 與 JavaScript 之間與 DOM 文件的操作，讓我們輕鬆選取物件，並以簡潔的程式完成想做的事情，也可以透過 jQuery 指定 CSS 屬性值，達到想要的特效與動畫效果。

- Key Opinion Leader, KOL（**關鍵意見領袖**）：能夠在特定專業領域對其粉絲或追隨者有發言權及強大影響力的人，也就是我們常說的網紅。

- Keyword Advertisements（**關鍵字廣告**）：是許多商家網路行銷的入門選擇之一，功用可以讓店家的行銷資訊在搜尋關鍵字時，曝光在搜尋結果最顯著的位置，以最簡單直接的方式，接觸到搜尋該關鍵字而產生商機。

- Keyword（**關鍵字**）：就是與各位網站內容相關的重要名詞或片語，也就是在搜尋引擎上所搜尋的一組字，例如企業名稱、網址、商品名稱、專門技術、活動名稱等。

- Landing Page（**到達頁**）：到達網頁是指使用者拜訪網站的第一個網頁，這一個網頁不一定是該網站的首頁，只要是網站內所有的網頁都可能是到達網頁。到達頁和首頁最大的不同，就是到達頁只有一個頁面就要完成讓訪客馬上吸睛的任務，通常這個頁面是以誘人的文案請求訪客完成購買或登記。

- **Law of Diminishing Firms（公司遞減定律）**：由於摩爾定律及梅特卡夫定律的影響，專業分工、外包、策略聯盟、虛擬組織將比傳統業界來的更經濟及更有績效，形成一價值網路（Value Network），而使得公司的規模有遞減的現象。

- **Law of Disruption（擾亂定律）**：主要是指社會、商業體制與架構以漸進的方式演進，但是科技卻以幾何級數發展，速度遠遠落後於科技變化速度，當這兩者之間的鴻溝越來越擴大，使原來的科技、商業、社會、法律間的平衡被擾亂，因此產生了所謂的失衡現象，就越可能產生革命性的創新與改變。

- **LINE Pay**：主要以網路店家為主，將近 200 個品牌都可以支付，LINE Pay 支付的通路相當多元化，越來越多商家加入 LINE 購物平台，可讓您透過信用卡或現金儲值，信用卡只需註冊一次，同時支援線上與實體付款，而且 LINE Pay 累積點數非常快速，且許多通路都可以使用點數折抵。

- **Location Based Service, LBS（定址服務）**：或稱為「適地性服務」，是行動行銷中相當成功的環境感知創新應用，透過行動隨身設備的各式感知裝置，例如當消費者在到達某個商業區時，可以利用手機快速查詢所在位置周邊的商店、場所以及活動等即時資訊。

- **Logistics（物流）**：是電子商務模型的基本要素，指產品從生產者移轉到經銷商、消費者的整個流通過程，透過有效管理程序，並結合包括倉儲、裝卸、包裝、運輸等相關活動。

- **Long Tail Keyword（長尾關鍵字）**：網頁上相對不熱門，不過也可以帶來搜索流量，但接近主要關鍵字的關鍵字詞。

- **Long Term Evolution, LTE（長期演進技術）**：是以現有的 GSM／UMTS 的無線通信技術為主來發展，不但能與 GSM 服務供應商的網路相容，用戶在靜止狀態的傳輸速率達 1Gbps，而在行動狀態也可以達到最快的理論傳輸速度 170Mbps 以上，是全球電信業者發展 4G 的標準。例如各位傳輸 1 個 95M 的影片檔，只要 3 秒鐘就完成。

- **Machine Learning, ML（機器學習）**：機器透過演算法來分析數據、在大數據中找到規則，機器學習是大數據發展的下一個進程，可以發掘多資料元變動因素之間的關聯性，進而自動學習並且做出預測，充分利用大數據和演算法來訓練機器。

- **Marketing Mix（行銷組合）**：可以看成是一種協助企業建立各市場系統化架構的元素，藉著這些元素來影響市場上的顧客動向。美國行銷學學者 Jerome McCarthy 在 20 世紀的 60 年代提出了著名的 4P 行銷組合，所謂行銷組合的 4P 理論是指行銷活動的四大單元，包括產品（Product）、價格（Price）、通路（Place）與促銷（Promotion）等四項。

- **Market Segmentation（市場區隔）**：是指任何企業都無法滿足所有市場的需求，應該著手建立產品的差異化，行銷人員根據市場的觀察進行判斷，在經過分析市場的機會後，接著便在該市場中選擇最有利可圖的區隔市場，並且集中企業資源與火力，強攻下該市場區隔的目標市場。

- **Merchandise Turnover Rate（商品迴轉率）**：指商品從入庫到售出時所經過的這一段時間和效率，也就是指固定金額的庫存商品在一定的時間內週轉的次數和天數，可以作為零售業的銷售效率或商品生產力的指標。

- **Metcalfe's Law（梅特卡夫定律）**：是一種網路技術發展規律，使用者越多，其價值便大幅增加，對原來的使用者而言，反而產生的效用會越大。

- **Metrics（指標）**：觀察項目量化後的數據被稱為「指標（Metrics）」，也就是進一步觀察該訪客的相關細節，這是資料的量化評估方式。舉例來說，「語言」維度可連結「使用者」等指標，在報表中就可以觀察到特定語言所有使用者人數的總計值或比率。

- **Micro Film（微電影）**：又稱為「微型電影」，它是在一個較短時間且較低預算內，把故事情節或角色／場景，以視訊方式傳達其理念或品牌，適合在短暫的休閒時刻或移動的情況下觀賞。

- **Mixed Reality（混合實境）**：介於 AR 與 VR 之間的綜合模式，打破真實與虛擬的界線，同時擷取 VR 與 AR 的優點，透過頭戴式顯示器將現實與虛擬世界的各種物件進行更多的結合與互動，產生全新的視覺化環境，並且能夠提供比 AR 更為具體的真實感，未來很有可能會是視覺應用相關技術的主流。

- **Mobile Advertising（行動廣告）**：在行動平台上做的廣告，與一般傳統與網路廣告的方式並不相同，擁有隨時隨地互動的特性。

- **Mobile Commerce, m-Commerce（行動商務）**：電商發展新趨勢，促進了許多另類商機的興起，更改變現有的產業結構。自從 2015 年開始，現代人人手一機，人們的視線已經逐漸從電視螢幕轉移到智慧型手機上，從網路優先（Web First）向行動優先（Mobile First）靠攏的數位浪潮上亦越來越明顯。

- Mobile-Friendliness（行動友善度）：是讓行動裝置操作環境能夠盡可能簡單化與提供使用者最佳化行動瀏覽體驗，包括閱讀時的舒適程度，介面排版簡潔、流暢的行動體驗、點選處是否有足夠空間、字體大小、橫向滾動需求、外掛程式是否相容等等。

- Mobile Marketing（行動行銷）：指伴隨著手機和其他以無線通訊技術為基礎的行動終端的發展，而逐漸成長起來的全新行銷方式，突破了傳統定點式網路行銷受到空間與時間的侷限，也就是透過行動通訊網路來進行的商業交易行為。

- Mobile Payment（行動支付）：指消費者透過手持式行動裝置對所消費的商品或服務進行帳務支付的方式，很多人以為行動支付就是用手機付款，其實手機只是一個媒介，平板電腦、智慧手錶，只要可以連網都可以。

- Moore's law（摩爾定律）：表示電子計算相關設備不斷向前快速發展的定律，指一個尺寸相同的 IC 晶片上，所容納的電晶體數量，因為製程技術的不斷提升與進步，每隔約十八個月會加倍，執行運算的速度也會加倍，但製造成本卻不會改變。

- Multi-Channel（多通路）：指企業採用兩條或以上完整的零售通路進行銷售活動，每條通路都能完成銷售的所有功能，例如同時採用直接銷售、電話購物或在 PChome 商店街上開店，也擁有自己的品牌官方網站，每條通路都能完成買賣的功能。

- Native Advertising（原生廣告）：一種讓大眾自然而然閱讀下去，不容易發現自己在閱讀廣告的廣告形式，讓訪客瀏覽體驗時的干擾降到最低，不僅傳達產品廣告訊息，也提升使用者的接受度。

- Natural Language Processing, NLP（自然語言處理）：讓電腦擁有理解人類語言的能力，藉由大量的文本資料搭配音訊數據，並透過複雜的數學聲學模型（Acoustic model）及演算法來讓機器去認知、理解、分類並運用人類日常語言的技術。

- Nav tag（nav 標籤）：能夠設置網站內的導航區塊，可用來連結到網站其他頁面，或者連結到網站外的網頁，例如主選單、頁尾選單等，能讓搜尋引擎把這個標籤內的連結視為重要連結。

- Near Field Communication, NFC（**近場通訊**）：是由 PHILIPS、NOKIA 與 SONY 共同研發的一種短距離非接觸式通訊技術，可在您的手機與其他 NFC 裝置之間傳輸資訊，例如手機、NFC 標籤或支付裝置，逐漸成為行動交易、行銷接收工具的最佳解決方案。

- Network Economy（**網路經濟**）：是一種分散式的經濟，帶來了與傳統經濟方式完全不同的改變，最重要的優點就是可以去除傳統中間化，降低市場交易成本，整個經濟體系的市場結構也出現了劇烈變化，這種現象讓自由市場更有效率地靈活運作。

- Network Effect（**網路效應**）：對於網路經濟所帶來的效應而言，有一個很大的特性就是產品的價值取決於其總使用人數，透過網路無遠弗屆的特性，一旦使用者數目跨過門檻，也就是越多人有這個產品，那麼它的價值自然越高，登時展開噴出行情。

- New Visit（**新造訪**）：沒有任何造訪記錄的訪客，數字越高表示廣告成功地吸引了全新的消費訪客。

- Nofollow tag（nofollow **標籤**）：由於連結是影響搜尋排名的其中一項重要指標，nofollow 標籤就是用於向搜尋引擎表示目前所處網站與特定網站之間沒有關聯，這個標籤是在告訴搜尋引擎，不要前往這個連結指向的頁面，也不要將這個連結列入權重。

- Offline Mobile Online, OMO **或** O2M：更強調的是行動端，打造線上 - 行動 - 線下三位一體的全通路模式，形成實體店家、網路商城、與行動終端深入整合行銷，並在線下完成體驗與消費的新型交易模式。

- Offline to Online（**反向** O2O）：從實體通路連回線上，消費者可透過在線下實際體驗後，透過 QR Code 或是行動終端連結等方式，引導消費者到線上消費，並且在線上平台完成購買並支付。

- Omni-Channel（**全通路**）：利用各種通路為顧客提供交易平台，以消費者為中心的 24 小時營運模式，並且消除各個通路間的壁壘，以前所未見的速度與範圍連結至所有消費者，包括在實體和數位商店之間的無縫轉換，去真正滿足消費者的需要，提供了更客製化的行銷服務，不管是透過線上或線下都能達到最佳的消費體驗。

- Online Analytical Processing, OLAP（**線上分析處理**）：是多維度資料分析工具的集合，使用者在線上即能完成的關聯性或多維度資料庫（例如資料倉儲）的資料分析作業，並能即時快速地提供整合性決策。

- Online and Offline, ONO：是將線上網路商店與線下實體店面高度結合的共同經營模式，從而實現線上線下資源互通，雙邊的顧客也能彼此引導與消費的局面。

- Online Broker（**線上仲介商**）：主要的工作是代表其客戶搜尋適當的交易對象，並協助其完成交易，藉以收取仲介費用，本身並不會提供商品，包括證券網路下單、線上購票等。

- Online Community Provider, OCP（**線上社群提供者**）：聚集相同興趣的消費者形成一個虛擬社群來分享資訊、知識、甚或販賣相同產品。多數線上社群提供者會提供多種讓使用者互動的方式，可以為聊天、寄信、影音、互傳檔案等。

- Online Interacts with Offline, OIO：線上線下互動經營模式，近年電商業者陸續建立實體據點與體驗中心，除了電商提供網購服務之外，並協助實體零售業者在既定的通路基礎上，給予消費者與商品面對面接觸，並且為消費者提供交貨或者送貨服務，彌補了電商平台經營服務的不足。

- Online Service Offline, OSO：並不是線上與線下的簡單組合，而是結合 O2O 模式與 B2C 的行動電商模式，把用戶服務納進來的新型電商運營模式，即線上商城 + 直接服務 + 線下體驗。

- Online to Offline, O2O：整合「線上（Online）」與「線下（Offline）」兩種不同平台所進行的行銷模式，是將網路上的購買或行銷活動帶到實體店面的模式。

- OnlINE Transaction Processing, OLTP（**線上交易處理**）：指經由網路與資料庫的結合，以線上交易的方式處理一般即時性的作業資料。

- Organic Traffic（**自然流量**）：指訪問者透過搜尋引擎，由搜尋結果進去你的網站的流量，通常品質是較好。

- Page View, PV（**頁面瀏覽次數**）：是指在瀏覽器中載入某個網頁的次數，如果使用者在進入網頁後按下重新載入按鈕，就算是另一次網頁瀏覽。簡單來説就是瀏覽的總網頁數。數字越高越好，表示你的內容被閱讀的次數越多。

- Paid Search（**付費搜尋流量**）：這類管道和自然搜尋有一點不同，它不像自然搜尋是免費的，反而必須付費的，例如 Google、Yahoo 關鍵字廣告（如 Google

Ads 等關鍵字廣告），讓網站能夠在特定搜尋中置入於搜尋結果頁面，簡單的說，它是透過搜尋引擎上付費廣告的點擊進入到你的網站。

- Parallel Processing（平行處理）：這種技術是同時使用多個處理器來執行單一程式，借以縮短運算時間。其過程會將資料以各種方式交給每一顆處理器，為了實現在多核心處理器上程式性能的提升，還必須將應用程式分成多個執行緒來執行。

- PayPal：是全球最大的線上金流系統與跨國線上交易平台，適用於全球 203 個國家，屬於 ebay 旗下的子公司，可以讓全世界的買家與賣家自由選擇購物款項的支付方式。

- Pay Per Click, PPC（點擊數收費）：按點擊數付費方式，指搜尋引擎的付費競價排名廣告推廣形式，是按照點擊次數計費，不管廣告曝光量多少，沒人點擊就不用付錢，多數新手都會使用單次點擊出價。

- Pay Per Mille, PPM（廣告千次曝光費用）：這種收費方式是以曝光量計費，也就是廣告曝光一千次所要花費的費用，就算沒有產生任何點擊，只要千次曝光就會計費，這種方式對商家的風險較大，不過最適合加深大眾印象，需要打響商家名稱的廣告客戶，並且可將廣告投放於有興趣客戶。

- Pop-Up Ads（彈出式廣告）：當網友點選連結進入網頁時，會彈跳出另一個子視窗來播放廣告訊息，強迫使用者接受，並連結到廣告主網站。

- Portal（入口網站）：是進入 WWW 的首站或中心點，它讓所有類型的資訊能被所有使用者存取，提供各種豐富個別化的服務與導覽連結功能。當各位連上入口網站的首頁，可以藉由分類選項來達到各位要瀏覽的網站，同時也提供許多的服務，諸如：搜尋引擎、免費信箱、拍賣、新聞、討論等，例如 Yahoo、Google、蕃薯藤、新浪網等。

- Porter five forces analysis（五力分析模型）：全球知名的策略大師 Michael E. Porter 於 80 年代提出以五力分析模型作為競爭策略的架構，他認為有五種力量促成產業競爭，每一個競爭力都是為對稱關係，透過這五方面力的分析，可以測知該產業的競爭強度與獲利潛力，並且有效的分析出客戶的現有競爭環境。五力分別是供應商的議價能力、買家的議價能力、潛在競爭者進入的能力、替代品的威脅能力、現有競爭者的競爭能力。

- Positioning（**市場定位**）：檢視公司商品能提供之價值，向目標市場的潛在顧客介紹商品的價值。品牌定位是 STP 的最後一個步驟，也就是針對作好的市場區隔及目標選擇，為企業立下一個明確不可動搖的層次與品牌印象。

- Pre-roll（**插播廣告**）：影片播放之前的插播廣告。

- Private Cloud（**私有雲**）：是將雲基礎設施與軟硬體資源建立在防火牆內，以供機構或企業共享數據中心內的資源。

- Public Cloud（**公用雲**）：透過網路及第三方服務供應者，提供一般公眾或大型產業集體使用的雲端基礎設施，通常公用雲價格較低廉。

- Publisher（**出版商**）：平台上的個體，廣告賣方，例如媒體網站 Blogger 的管理者，以提供網站固定版位給予廣告主曝光。例如 Facebook 發展至今，已經成為網路出版商（Online Publishers）的重要平台。

- Quick Response Code, QR Code：1994 年由日本 Denso-Wave 公司發明，利用線條與方塊，除了文字之外，還可以儲存圖片、記號等相關資訊。QR Code 連結行銷相關的應用相當廣泛，可針對不同屬性活動搭配不同的連結內容。

- Radio Frequency IDentification, RFID（**無線射頻辨識技術**）：是一種自動無線識別數據獲取技術，可以利用射頻訊號以無線方式傳送及接收數據資料，例如在所出售的衣物貼上晶片標籤，透過 RFID 的辨識，可以進行衣服的管理，例如全球最大的連鎖通路商 Wal-Mart 要求上游供應商在貨品的包裝上裝置 RFID 標籤，以便隨時追蹤貨品在供應鏈上的即時資訊。

- Reach（**觸及**）：一定期間內，用來記錄廣告至少一次觸及到了多少人的總數。

- Real-time Bidding, RTB（**即時競標**）：即時競標為近來新興的目標式廣告模式，相當適合強烈網路廣告需求的電商業者，由程式瞬間競標拍賣方式，廣告購買方對某一個曝光出價，價高者得標，贏家的廣告會馬上出現在媒體廣告版位，可以提升廣告主的廣告投放效益。至於無得標（Zero Win Rate）則是在即時競價（RTB）中，沒有任何特定廣告買主得標的狀況。

- Referral Traffic（**推薦流量**）：其他網站上有你的網站連結，訪客透過點擊連結，進去你的網站的流量。

- Referral（**參照連結網址**）：Google Analytics 會自動識別是透過第三方網站上的連結而連上你的網站，這類流量來源則會被認定為參照連結網址，也就是從其他網站到我們網站的流量。

- Relationship Marketing（**關係行銷**）：以建構在「彼此有利」為基礎的觀念上，強調銷售是關係的開始，而非交易的結束，發展出了解顧客需求，而進行顧客服務，以建立並維持與個別顧客的關係，謀求雙方互惠的利益。

- Repeat Visitor（**重複訪客**）：訪客至少有一次或以上造訪記錄。

- Responsive Web Design, RWD：新一代的電商網站設計趨勢，被公認為是能夠對行動裝置用戶提供最佳的視覺體驗，原理是使用 CSS3 以百分比的方式來進行網頁畫面的設計，在不同解析度下能自動改變網頁頁面的佈局排版，讓不同裝置都能以最適合閱讀的網頁格式瀏覽同一網站，不用一直忙著縮小放大拖曳，給使用者最佳瀏覽畫面。

- Retention Time（**停留時間**）：是指瀏覽者或消費者在網站停留的時間。

- Return of Investment, ROI（**投資報酬率**）：指透過投資一項行銷活動所得到的經濟回報，以百分比表示，計算方式為淨收入（訂單收益總額 – 投資成本）除以「投資成本」。

- Return on Ad Spend, ROAS（**廣告收益比**）：計算透過廣告所有花費所帶來的收入比率。

- Revenue Per Mille, RPM（**每千次觀看收益**）：代表每 1,000 次影片觀看次數，你所賺取的收益金額，RPM 就是為 YouTuber 量身定做的制度，RPM 是根據多種收益來源計算而得，也就是 YouTuber 所有項目的總瀏覽量，包括廣告分潤、頻道會員、Premium 收益、超級留言和貼圖等等，主要就是概算出你每千次展示的可能收入，有助於你了解整體營利成效。

- Revolving-door Effect（**旋轉門效應**）：許多企業往往希望不斷的拓展市場，經常把焦點放在吸收新顧客上，卻忽略了手邊原有的舊客戶，如此一來，也就是費盡心思地將新顧客拉進來時，被忽略的舊用戶又從後門悄悄的溜走了。

- Search Engine Marketing, SEM（**搜尋引擎行銷**）：與搜尋引擎相關的各種直接或間接行銷行為，由於傳播力量強大，吸引了許多網路行銷人員與店家努力經營。廣義來說，也就是利用搜尋引擎進行數位行銷的各種方法，包括增進網站的排名、購買付費的排序來增加產品的曝光機會、網站的點閱率與進行品牌的維護。

- Search Engine Optimization, SEO（**搜尋引擎最佳化**）：也稱作搜尋引擎優化，是近年來相當熱門的網路行銷方式，是一種讓網站在搜尋引擎中取得 SERP 排名優先方式，終極目標就是要讓網站的 SERP 排名能夠到達第一。

- Search Engine Results Page, SERP（**搜尋引擎結果頁**）：使用關鍵字經搜尋引擎根據內部網頁資料庫查詢後，所呈現給使用者的自然搜尋結果的清單頁面，SERP 的排名是越前面越好。

- Secure Electronic Transaction, SET（**安全電子交易協定**）：由信用卡國際大廠 VISA 及 MasterCard，在 1996 年共同制定並發表的安全交易協定，並陸續獲得 IBM、Microsoft、HP 及 Compaq 等軟硬體大廠的支持，加上 SET 安全機制採用非對稱鍵值加密系統的編碼方式，並採用知名的 RSA 及 DES 演算法技術，讓傳輸於網路上的資料更具有安全性。

- Secure Socket Layer, SSL（**安全資料傳輸層協定**）：1995 年間由網景（Netscape）公司所提出，是 128 位元傳輸加密的安全機制，大部分的網頁伺服器或瀏覽器，都能夠支援 SSL 安全機制。

- Segmentation（**市場區隔**）：指任何企業都無法滿足所有市場的需求，應該著手建立產品的差異化，企業在經過分析市場的機會後，接著便在該市場中選擇最有利可圖的區隔市場，並且集中企業資源與火力，強攻下該市場區隔的目標市場。

- Service Provider（**服務提供者**）：是比傳統服務提供者更有價值、便利與低成本的網站服務，收入可包括訂閱費或手續費。例如翻開報紙的求職欄，幾乎都被五花八門分類小廣告佔領所有廣告版面，而一般正當的公司企業，除了偶爾刊登求才廣告來塑造公司形象外，大部分都改由網路人力銀行中尋找人才。

- Session（**工作階段**）：代表指定的一段時間範圍內在網站上發生的多項使用者互動事件；舉例來說，一個工作階段可能包含多個網頁瀏覽、滑鼠點擊事件、社群媒體連結和金流交易。當一個工作階段的結束，可能就代表另一個工作階段的開始，一位使用者可開啟多個工作階段。

- Shopping Cart Abandonment, CTAR（**購物車放棄率**）：是指顧客最後拋棄購物車的數量與總購物車成交數量的比例。

- Six Degrees of Separation（**六度分隔理論**）：哈佛大學心理學教授 Stanely Milgram 所提出的「六度分隔理論」運作，是說在人際網路中，要結識任何一位陌生的朋友，中間最多只要透過六個朋友就可以。換句話說，最多只要透過

六個人，你就可以連結到全世界任何一個人，例如 Facebook 類型的 SNS 網路社群就是六度分隔理論的最好證明。

- Social、Location、Mobile, SoLoMo（SoLoMo 模式）：是由 KPCB 合夥人 John Doerr 在 2011 年提出的一個趨勢概念，強調「在地化的行動社群活動」，主要是因為行動裝置的普及和無線技術的發展，讓 Social（社交）、Local（在地）、Mobile（行動）三者合一能更為緊密結合，顧客會同時受到社群（Social）、行動裝置（Mobile）、以及本地商店資訊（Local）的影響，稱為 SoLoMo 消費者。

- Social Media Marketing（社群行銷）：透過各種社群媒體網站，讓企業吸引顧客注意而增加流量的方式。由於大家都喜歡在網路上分享與交流，透過朋友間的串連、分享、社團、粉絲頁與動員令的高速傳遞，創造了互動性與影響力強大的平台，進而提高企業形象與顧客滿意度，並間接達到產品行銷及消費，所以被視為是便宜又有效的行銷工具。

- Social Networking Service, SNS（社群網路服務）：Web 2.0 體系下的技術應用架構，隨著各類部落格及社群網站（SNS）的興起，網路傳遞的主控權已快速移轉到網友手上，從早期的 BBS、論壇，一直到近期的部落格、Plurk（噗浪）、Twitter（推特）、Pinterest、Instagram、微博、Facebook 或 YouTube 影音社群，主導了整個網路世界中人跟人的對話。

- Social Traffic（社交媒體流量）：指透過社群網站的管道來拜訪你的網站的流量，例如 Facebook、IG、Google+，當然來自社交媒體也區分為免費及付費，藉由流量分析，可以作為投放廣告方式及預算的決策參考。

- Spam（垃圾郵件）：網路上亂發的垃圾郵件之類的廣告訊息。

- Spark：Apache Spark 由加州大學柏克萊分校的 AMPLab 所開發，是大數據領域中受矚目的開放原始碼（BSD 授權條款）計畫，Spark 相當容易上手使用，可以快速建置演算法及大數據資料模型，許多企業也採用 Spark 做為更進階的分析工具，是新一代大數據串流運算平台。

- Start Page（起始網頁）：訪客用來搜尋您網站的網頁。

- Stay at Home Economic（宅經濟）：在許多報章雜誌中都可以看見它的身影，「宅男、宅女」是從日本衍生而來，指整天在家中看 DVD、玩線上遊戲等的消費群，在這一片不景氣當中，宅經濟帶來的「宅」商機卻創造出另一個經濟奇蹟，也為遊戲產業注入一股新的活水。

- **Streaming Media（串流媒體）**：是一種網路多媒體傳播方式，將影音檔案經過壓縮處理後，再利用網路上封包技術，將資料流不斷地傳送到網路伺服器，而用戶端程式則會將這些封包一一接收與重組，即時呈現在用戶端的電腦上，讓使用者可依照頻寬大小來選擇不同影音品質的播放。

- **Structured Data（結構化資料）**：指目標明確，有一定規則可循，每筆資料都有固定的欄位與格式，偏向一些日常且有重覆性的工作，例如薪資會計作業、員工出勤記錄、進出貨倉管記錄等。

- **Structured Schema（結構化資料）**：是指放在網站後台的一段 HTML 中程式碼與標記，用來簡化並分類網站內容，讓搜尋引擎可以快速理解網站，好處是可以讓搜尋結果呈現最佳的表現方式，然後依照不同類型的網站就會有許多不同資訊分類，例如在健身網頁上，結構化資料就能分類工具、體位和體脂肪、熱量、性別等內容。

- **Supply Chain Management, SCM（供應鏈管理）**：觀念源自於物流（Logistics），目標是將上游零組件供 應商、製造商、流通中心，以及下游零售商串連成為夥伴，以降低整體庫存之水準或提高顧客滿意度為宗旨。如果企業能作好供應鏈的管理，可大為提高競爭優勢，而這也是企業不可避免的趨勢。

- **Supply Side Platform, SSP（供應方平台）**：幫助網路媒體（賣方，如部落格、FB 等），託管其廣告位和廣告交易，就是擁有流量的一方，出版商能夠在 SSP 上管理自己的廣告位，獲得最高的有效展示費用。

- **SWOT Analysis（SWOT 分析）**：是由世界知名的麥肯錫諮詢公司所提出，又稱為態勢分析法，是一種很普遍的策略性規劃分析工具。當使用 SWOT 分析架構時，可以從對企業內部優勢與劣勢、面對競爭對手所可能的機會與威脅來進行分析，然後從面對的四個構面深入解析，分別是企業的優勢（Strengths）、劣勢（Weaknesses）、與外在環境的機會（Opportunities）和威脅（Threats），就此四個面向去分析產業與策略的競爭力。

- **Target Audience, TA（目標受眾）**：又稱為目標顧客，是一群有潛在可能會喜歡你品牌、產品或相關服務的消費者，也就是一群「對的消費者」。

- **Targeting（市場目標）**：指完成了市場區隔後，我們就可以依照我們的區隔來進行目標的選擇，把這適合的目標市場當成你的最主要的戰場，將目標族群進行更深入的描述，設定那些最可能族群，從中選擇適合的區隔做為目標對象。

- Target Keyword（**目標關鍵字**）：是網站確定的主打關鍵字，也就是網站上目標使用者搜索量相對最大與最熱門的關鍵字，會為網站帶來大多數的流量，並在搜尋引擎中獲得排名的關鍵字。

- The Long Tail（**長尾效應**）：Chris Anderson 於 2004 年首先提出長尾效應的現象，也顛覆了傳統以暢銷品為主流的觀念，過去一向不被重視，在統計圖上像尾巴一樣的小眾商品，因為全球化市場的來臨，即眾多小市場匯聚成可與主流大市場相匹敵的市場能量，可能就會成為具備意想不到的大商機，足可與最暢銷的熱賣品匹敵。

- The Sharing Economy（**共享經濟**）：這樣的經濟體系是讓個人都有額外創造收入的可能，就是透過網路平台所有的產品、服務都能被大眾使用、分享與出租的概念，例如類似計程車「共乘服務」（Ride-sharing Service）的 Uber。

- The Two Tap Rule（**兩次點擊原則**）：一旦 App 要點擊兩次以上才能完成使用程序，就應該馬上重新設計。

- Third-Party Payment（**第三方支付**）：在交易過程中，除了買賣雙方外，由具有實力及公信力的「第三方」設立公開平台，做為銀行、商家及消費者間的服務管道代收與代付金流，就可稱為第三方支付。第三方支付機制建立了一個中立的支付平台，為買賣雙方提供款項的代收代付服務。

- Traffic（**流量**）：是指該網站瀏覽頁次（Page view）的總合名稱，數字越高表示你的內容被點擊的次數越高。

- Trueview（**真實觀看**）：通常廣告出現 5 秒後便可以跳過，但觀眾一定要看滿 30 秒才有算有效廣告，這種廣告被稱為「Trueview」，YouTube 會向廣告主收費後，才會分潤給 YouTuber。

- Trusted Service Manager, TSM（**信任服務管理平台**）：是銀行與商家之間的公正第三方安全管理系統，也是一個專門提供 NFC 應用程式下載的共享平台，主要負責中間的資料交換與整合，在台灣建立 TSM 平台的業者共有四家，商家可向 TSM 請款，銀行則付款給 TSM。

- Ubiquinomics（**隨經濟**）：盧希鵬教授所創造的名詞，是指因為行動科技的發展，讓消費時間不再受到實體通路營業時間的限制，行動通路成了消費者在哪裡，通路即在哪裡，消費者隨時隨處都可以購物。

- **Ubiquity（隨處性）**：能夠清楚連結任何地域位置，除了隨處可見的行銷訊息，還能協助客戶隨處了解商品及服務，滿足使用者對即時資訊與通訊的需求。

- **Uniform Resource Locator, URL（全球資源定址器）**：主要是在 WWW 上指出存取方式與所需資源的所在位置來享用網路上各項服務，也可以看成是網址。

- **Unique Page View（不重複瀏覽量）**：是指同一位使用者在同一個工作階段中產生的網頁瀏覽，也代表該網頁獲得至少一次瀏覽的工作階段數（或稱拜訪次數）。

- **Unique User, UV（不重複訪客）**：在特定的時間內所獲得的不重複（只計算一次）訪客數目，如果來造訪網站的一台電腦用戶端視為一個不重複訪客，所有不重複訪客的總數。

- **Unstructured Data（非結構化資料）**：是指目標不明確，不能數量化或定型化的非固定性工作、讓人無從打理起的資料格式，例如社交網路的互動資料、網際網路上的文件、影音圖片、網路搜尋索引、Cookie 記錄、醫學記錄等資料。

- **Upselling（向上銷售、追加銷售）**：鼓勵顧客在購買時是最好的時機進行追加銷售，能夠銷售出更高價或利潤率更高的產品，以獲取更多的利潤。

- **Urchin Tracking Module, UTM**：是發明追蹤網址成效表現的公司縮寫，作法是將原本的網址後面連接一段參數，只要點擊到帶有這段參數的連結，Google Analytics 都會記錄其來源與在網站中的行為。

- **User Experience, UX（使用者體驗）**：著重在「產品給人的整體觀感與印象」，這印象包括從行銷規劃開始到使用時的情況，也包含程式效能與介面色彩規劃等印象。所以設計師在規劃設計時，不單只是考慮視覺上的美觀清爽而已，還要考慮使用者使用時的所有細節與感受。

- **User Generated Content, UGC（使用者創作內容）**：是代表由使用者來創作內容的一種行銷方式，這種聚集網友創作的內容，也算是近年來蔚為風潮的內容行銷手法的一種。

- **User Interface, UI（使用者介面）**：是虛擬與現實互換資訊的橋樑，以浩瀚的網際網路資訊來說，UI 是人們真正會使用的部分，它算是一個工具，用來和電腦做溝通，以便讓瀏覽者輕鬆取得網頁上的內容。

- User（**使用者**）：在 GA 中，使用者指標是用識別使用者的方式（或稱不重複訪客），所謂使用者通常指同一個人，「使用者」指標會顯示與所追蹤的網站互動的使用者人數。例如使用者 A 使用「同一部電腦的相同瀏覽器」在一個禮拜內拜訪了網站 5 次，並造成了 12 次工作階段，這種情況就會被 Google Analytics 記錄為 1 位使用者、12 次工作階段。

- Video On Demand, VoD（**隨選視訊**）：使用者可不受時間、空間的限制，透過網路隨選並即時播放影音檔案，並且可以依照個人喜好「隨選隨看」，不受播放權限、時間的約束。

- Viral Marketing（**病毒式行銷**）：身處在數位世界，每個人都是一個媒體中心，可以快速的自製並上傳影片、圖文，行銷如病毒般擴散，並且一傳十、十傳百地快速轉寄這些精心設計的商業訊息，病毒行銷要成功，關鍵是內容必須在「吵雜紛擾」的網路世界脫穎而出，才能成功引爆話題。

- Virtual Hosting（**虛擬主機**）：是網路業者將一台伺服器分割模擬成為很多台的「虛擬」主機，讓很多個客戶共同分享使用，平均分攤成本，也就是請網路業者代管網站的意思，對使用者來說，就可以省去架設及管理主機的麻煩。

- Virtual Reality Modeling Language, VRML（**虛擬實境技術**）：主要是利用電腦模擬產生一個三度空間的虛擬世界，提供使用者關於視覺、聽覺、觸覺等感官的模擬，利用此種語法可以在網頁上建造出一個 3D 的立體模型與空間。VRML 最大特色在於其互動性與即時反應，可讓設計者或參觀者在電腦中就可以獲得相同的感受，如同身處在真實世界一般，並且可以與場景產生互動，360 度全方位地觀看設計成品。

- Virtual YouTuber, Vtuber（**虛擬頻道主**）：不是真人，而是以虛擬人物（如動畫、卡通人物）來進行 YouTube 平台相關的影音創作與表現。

- Visibility（**廣告能見度**）：指廣告有沒有被網友看到，也就是確保廣告曝光的有效性，例如以 IAB ╱ MRC 所制定的基準，是指影音廣告有 50% 在持續播放過程中至少可被看見兩秒。

- Voice Assistant（**語音助理**）：依據使用者輸入的語音內容、位置感測而完成相對應的任務或提供相關服務，讓你完全不用動手，輕鬆透過說話來命令機器打電話、聽音樂、傳簡訊、開啟 App、設定鬧鐘等功能。

- Web Analytics（**網站分析**）：所謂網站分析就是透過網站資料的收集，進一步作為網站訪客行為的研究，接著彙整成有用的圖表資訊，透過所得到的資訊與關鍵績效指標來加以判斷該網站的經營情況，以作為網站修正、行銷活動或決策改進的依據。

- Webinar：是指透過網路舉行的專題討論或演講，稱為「網路線上研討會」（Web Seminar 或 Online Seminar），目前多半可以透過社群平台的直播功能，提供演講者與參與者更多互動的新式研討會。

- Website（**網站**）：用來放置網頁（Page）及相關資料的地方，當我們使用工具設計網頁之前，必須先在自己的電腦上建立一個資料夾，用來儲存所設計的網頁檔案，而這個檔案資料夾就稱為「網站資料夾」。

- White Hat SEO（**白帽 SEO**）：以正當方式優化 SEO，核心精神是只要對用戶有實質幫助的內容，排名往前的機會就能提高，例如加速網站開啟速度、選擇適合的關鍵字、優化使用者體驗、定期更新貼文、行動網站優先、使用較短的 URL 連結等。

- Widget Ad：是一種桌面的小工具，可以在電腦或手機桌面上獨立執行，讓店家花極少的成本，就可迅速匯集超人氣，由於手機具有個人化的優勢，算是目前市場滲透率相當高的行銷裝置。

- YouTuber（**頻道主**）：指經營 YouTube 頻道的影音內容創作者，或稱為頻道主、直播主或實況主。

MEMO